U0172968

首都空间布局研究

Research on Spatial Planning of the Capital City Region

吴唯佳　等著

中国建筑工业出版社

审图号：GS 京（2023）1310 号

图书在版编目（CIP）数据

首都空间布局研究 = Research on Spatial Planning of the Capital City Region / 吴唯佳等著. —北京：中国建筑工业出版社，2023.3

ISBN 978-7-112-28317-0

Ⅰ.①首… Ⅱ.①吴… Ⅲ.①城市空间—规划布局—研究—北京 Ⅳ.①TU984.21

中国国家版本馆 CIP 数据核字（2023）第 017440 号

责任编辑：黄　翊　陆新之
责任校对：孙　莹

首都空间布局研究
Research on Spatial Planning of the Capital City Region
吴唯佳　等著
*
中国建筑工业出版社出版、发行（北京海淀三里河路 9 号）
各地新华书店、建筑书店经销
北京雅盈中佳图文设计公司制版
天津图文方嘉印刷有限公司印刷
*
开本：880 毫米 ×1230 毫米　1/16　印张：$19^1/_2$　字数：299 千字
2023 年 7 月第一版　2023 年 7 月第一次印刷
定价：**168.00** 元
ISBN 978-7-112-28317-0
(40742)
版权所有　翻印必究
如有内容及印装质量问题，请联系本社读者服务中心退换
电话：（010）58337283　QQ：2885381756
（地址：北京海淀三里河路9号中国建筑工业出版社604室　邮政编码：100037）

序

首都北京与京津冀地区的人居环境规划建设是我与清华大学建筑与城市研究所团队数十年来持续关注和研究的课题。2014年筹备国家博物馆“清华大学人居科学研究展”期间，吴唯佳老师带领团队对首都空间布局和首都核心区又进行了深化研究。2016年，在国家有关部门的支持下，研究工作陆续完善。我对这项研究一直格外关切，在长期研究过程中，团队也多次与我讨论。现在，研究成果终于问世，甚感欣慰。

首都空间布局是首都规划建设决策的重要基础。首都核心区是全国政治中心、文化中心和国际交往中心的核心承载区，是历史文化名城保护的重点地区，是展示国家首都形象的重要窗口地区。研究首都空间布局和首都核心区对中国式现代化的国家首都建设具有特别重要的理论和实际价值。期待这项工作能够持续推进，促进北京乃至京津冀地区的高质量发展，服务首都空间布局，推动首都和首都核心区成为理想人居环境的实践之地、典范之区。

吴良镛

2023年2月15日

Preface

The planning and construction of human settlements of the capital city region Beijing and the Beijing–Tianjin–Hebei region have been a subject of continuous attention and research for decades by me and the team at *the Institute of Architecture and Urbanism of Tsinghua University*. In 2014, while preparing for the "*The Sciences of Human Settlements Research Exhibition* of *Tsinghua University*" at the National Museum, Prof. Wu Weijia led the team to conduct additional research on the spatial planning of the capital and its core area. In 2016, with the support of national government, the research work was further improved. I was particularly interested in this study, and the team discussed it with me many times during the long–term research process. I am very pleased that the research results are now available.

The spatial planning of the capital is a crucial foundation for making planning and construction decisions. The core area of the capital serves as the national political, cultural, and international communication center, as well as a key area for preserving historical and cultural sites. It is also an important window for showcasing the image of the national capital. The study of the spatial layout of the capital and the core area of the capital has a particularly important theoretical and practical value for the Chinese path to modernization of the national capital construction. It is hoped that this work will continue to promote the high–quality development of Beijing and the Beijing–Tianjin–Hebei region, facilitate the planning of the capital's spatial layout, and establish the capital and its core area as a model area for well planned human settlements.

Wu Liangyong

February 15, 2023

前言

首都包括“都”和“城”两个方面，本书主要讨论首都北京“都”的空间布局。首都是国家中央政府所在地，是国家的政治、文化中心，是国家主权的代表和民族统一的象征。

中国历朝历代十分重视首都的选址、布局和规划建设。设都于天下之中，象天法地，崇尚天人合一，强调居中而治，突出政治秩序和礼制，努力塑造国家形象与威望，彰显国家意志，是中国首都规划建设一直秉持的政治和文化传统。

世界各国对首都建设也多十分重视。18 世纪欧洲现代国家体系建立，由巴黎执政官奥斯曼领导对法国首都的大规模城市改建，建设林荫大道、城市轴线体系、国家广场、国家宫殿和公共建筑群，奠定了西方现代国家首都形式的基本模式，影响了包括美国华盛顿特区等在内的众多西方国家首都的规划建设。

城市规划与研究学者彼得・霍尔按照多功能首都、全球首都、政治首都、昔日首都、前帝国首都、地方首都和全球首都七个类型对 20 世纪世界范围内的首都进行了分类概括，指出世界政治、经济以及技术和政策变革影响了当代国家首都在全球和地方的地位与作用，认为经济全球化、多元化社会以及科学技术的发展进一步塑造和影响了世界格局的变化，并影响首都的未来发展。

北京已有 3000 多年的建城史。自元以降，约 800 年来，北京成为统一的多民族的国家首都。北京的都城建设，凝聚了 5000 年来中国都城建设的经验，继承了天下之中的国都意识，象天法地的布局理念，宗庙祭祀的国家礼制，首善之区的文明教化，中轴贯穿的壮美秩序的历史传统，以及楼塔起伏、坛庙错落的艺术手法，梁思成先生称之为“都市计划的无比杰作”。北京都城在中国和世界都城史中都具有重要的地位。

北京被确立为中华人民共和国首都后，受制于当时薄弱的经济基础、紧张的国际政治环境，也包括对新的国家制度的革新认识，在如何建设中华人民共和国首都方面出现多种思路，中央行政中心选址成为难题，中央和国家机构事实上主要布局在老城内。随着北京城市现代化建设的推进，城墙被拆除，交通、基础设施得到改善，老城的历史文化保护面临越来越大的压力。改革开放以来，北京城市人口和建设用地规模迅速增长，随着央企的改革、经济的发展、交通的改善，越来越多的经济部门和国家企事业单位集中在老城和中心城区，城市面临越来越严重的交通拥堵、环境污染等“大城市病”，以及区域发展差异扩大的不协调发展等问题。近年来，我国经济规模不断扩大，综合国力日益提升，成为世界第二大经济体。如何解决首都的“大城市病”和区域不协调发展问题，更好地为在京的中央和国家机构工作服务，为国家的国际交往服务，为科技和教育发展服务，为改善人民群众生活服务；如何建设首都和建设怎样的首都，为实现中华民族伟大复兴的历史使命服务，为建成富强、民主、文明、和谐、美丽的社会主义现代化强国服务，成为新时代首都北京规划建设迫切需要回答的问题。

2015 年，习近平总书记视察河北和北京，部署京津冀协同发展战略，要求着力加强顶层设计；着力加大对协同发展的推动，自觉打破自家“一亩三分地”的思维定式；着力调整优化城市布局和空间结构，促进城市分工协作；着力扩大环境容量生态空间；着力构建现代化交通网络系统；着力加快推进市场一体化进程；要求北京市明确城市战略定位，疏解非首都功能，坚持和强化首都全国政治中心、文化中心、国际交往中心、科技创新中心的核心功能，深入实施人文北京、科技北京、绿色北京战略，努力把北京建设成为国际一流的和谐宜居之都。京津冀协同发展战略提出要进一步安排好首都功能，为党和国家工作大局服务的新的要求；既为解决北京“大城市病”和保护历史都城创造条件，也为建成社会主义现代化强国首都创造宝贵的历史机遇。

1998 年在吴良镛先生领导下，清华大学建筑与城市研究所开始了京津冀地区城乡空间发展规划研究，探索以京津冀为腹地，支撑北京进入全球城市行列，同时解决北京历史文化名城保护难题，再现中国都城历史辉煌的发展路径和方向。20 多年来，随着国家经济社会发展能力的不断提升，北京城市发展取得了显著成就，跻身于全球城市的顶级层次。针对北京城市发展速度快、“大城市病”严峻等问题，2003 年后清华大学团队在参与北京、天津城市发展战略研究、城市总体规划制定等一系列工作的基础上，开展了京津冀城乡空间协同发展的重点地区和重点领域等的研究，对北京的首都功能空间格局开展了相应的工作，以期进一步强化城市与区域腹地的协同发展，提升区域的发展水平，服务首都功能，建设世界一流的首都地区，推动北京发展成为世界的和谐之都，迈上发展新台阶。2014 年国家博物馆举办了人居科学研究成果展，展出了研究团队关于京津冀协同发展和首都空间布局的有关研究成果。李克强总理参观展览，对研究团队工作给予了高度评价。京津冀地区城乡空间发展规划研究，为 2015 年京津冀协同发展的国家战略制定作出了科技支撑和战略咨询的重要贡献，也为本研究奠定了学术和理念基础。

本研究开始于 2013 年发表的《京津冀城乡空间发展规划研究三期报告》研究期间，2014 年准备国家博物馆“清华大学人居科学研究展”首都核心区部分的过程中又进一步作了深化研究。2016年在国家有关部门的支持下，相关研究工作继续完善，由于多种原因，部分研究内容未列入本书中。本研究的主要目的在于针对京津冀协同发展和非首都功能疏解，探讨在京的中央和国家机构用地布局优化的机遇以及功能提升的可能方向。2018年3月，中共中央发布《深化党和国家机构改革方案》，为首都功能优化提升和空间布局调整创造了条件。此后，清华大学建筑与城市研究所开展多轮调研和研讨，结合《首都功能核心区控制性详细规划（街区层面）》编制等新的情况开展了技术深化，最终形成了本研究的主要观点、思路和成果。

本研究的主要内容包括：研究背景，中国古代都城的文化基因、空间布局与规划经验，世界大国首都空间布局与规划建设经验，首都空间布局的现状与问题，首都功能空间布局研究的基本思路、布局原则、发展目标与前景展望，塑造提升国家形象的首都文化功能体系组织及空间安排，首都空间布局的实施保障等方面；以及中国古代都城规划的历史经验，“梁陈方案”与中华人民共和国成立初期的首都规划，国家首都城市的规划建设要点与功能疏解应对，首都城市文化功能体系的组织与空间布局研究，北京中轴南延地区布局研究，全国与首都地区国家纪念地，加快“首都法”立法等专题研究。

本书的主要结论如下。

（1）首都是国家政治和文化的标征。中华人民共和国成立70余年来，首都功能空间布局缺乏整体规划，与城市布局高度混合，难以满足国家治理现代化要求。京津冀协同、非首都功能疏解，以及建设北京城市副中心、雄安新区等一系列重大战略的部署实施，为优化首都空间布局，提升首都政治、文化功能提供了千载难逢的机遇。开展首都空间布局工作，构建传承历史传统、服务现代化国家首都功能需要的空间布局，建设首都核心区是开启新时代首都规划建设、开创建设中华文明伟大复兴标识新征程的重要标志，对于凝聚中华民族精神、展示国家伟大成就、完成建设社会主义现代化强国国家首都的历史使命具有重要意义。

（2）首都是国家政体的重要形象。要突出中央和国家机构在首都空间布局和首都核心区中的重要地位，将政治中心、文化中心、国际交往中心等功能进行有序整合。首都空间布局应避免就街区论街区、就政治中心论政治中心，要重视国家文化中心的布局，实现政治与文化辉映；处理好国家政治中心建设与民族精神凝聚传承，国家纪念地和文化遗产保护与发展的关系；承担起彰显国家尊严、标识民族精神、统领民族伟大复兴的重任；在对外交往中更好地展示国家地位和世界形象，发挥首都的全球政治、文化影响力。

（3）首都空间布局应尊重历史和现状，致力于提升首都核心区的空间组织效率。首都功能空间布局要吸取现代国家首都规划建设的经验，吸取中国古代都城规划的历史经验。中国古代都城往往采取“纲维有序”的空间布局秩序，拥有明确的都城中心，国家政治枢纽和仪礼中心（宫城）一般位于都城中央；其他功能包括政事（衙署）、文教、军事、外交等，依其与国家政治枢纽关系的远近，圈层式布置于周围，层次分明；秩序谨严的中轴线，往往是井然有序的首都都城空间的主干。

中华人民共和国成立以后，受条件的制约，中央和国家机构利用明清都城的部分机构设施，在一定程度上延续了北京古代都城功能布局的大致安排。随着国家机构的调整和扩大，部分机关扩建、改建、新建，受早前布局的影响，总体上出现了集中与分散结合的局面，留有北京都城“东文西武”的布局痕迹。今天可以结合当前中央和国家机构空间布局现状，采取分散和集中相结合的方式，形成几个相对集中的区域，如皇城、天安门及其东西交民巷地区，集中了党中央、国务院、全国人大、高等法院等国家最高机构，作为国家管理中枢区；西长安街—三里河—金融街地区，包括国家发改委、财政部、“一行三会”等在内的国家经济管理核心部门，以及中央军委等部门作为国家经济管理、军事管理等的“硬实力”区，也就是所谓的“西武”；东长安街—建国门地区，包括外交部、海关总署、商务部等在内的国家对外交管理核心部门，作为国家对外交往管理区，也就是“东文”，进而展现中国首都核心区的空间秩序和特色。当然，现代国家治理结构非常复杂，涉及部门多，在三个大的区域中，还可以根据街区划分为若干小的政务街区。

（4）规划设计要体现人民当家作主的社会主义国家特色，体现5000多年历史的中华文明特色，体现习近平总书记提出的“人民对美好生活的向往，就是我们的奋斗目标”。从历史看，为展现天人合一，中国古代都城往往采用礼乐交融的国家公共建筑布局。北京作为都城，除皇城、衙署、民居胡同以外，还建设有中、南、北海等六海，天、地、日、月等坛庙，以及皇家和私家园林。国家政治枢纽等国家公共建筑群布置，既遵守权威性、礼仪性的规整格局，又将自然、灵动的园林融入其中，展现了政治功能之下礼乐交融、刚柔交错的文化情怀。

今天，这些坛庙、园林、苑囿不仅仅是首都功能、都城秩序的承载，也已经成为城市生活的一部分。未来首都功能各片区组织也可以围绕天、地、日、月等坛庙进行规划设计，成为兼有国家政务功能、文化交往功能、国家纪念功能和市民、旅游活动功能的国家公共空间。

（5）要弘扬中国都城的国家格局意识，加强首都功能在更大区域中的空间布局和组织，进一步完善首都核心区。历经多年发展，除了东、西城组成的首都功能核心区以外，国家政治中心、文化中心、国际交往中心等还应包括玉泉山片区与颐和园等共同组成的“三山五园”部分地区，以及朝阳的使馆区等。北京建都800多年来，“三山五园”地区始终与北京都城保持紧密的国家政治、文化联系。今天，它也是拥有以世界文化遗产颐和园为代表的古典皇家园林群，集聚世界一流高等学府等传统历史文化与新兴文化交融的复合型地区。以玉泉山片区为核心的“三山五园”应该成为北京传承都城山水文化的典范地区、国家政治活动和对外交往活动的重要载体。

此外，为了突出北京首都的都城骨架与山水联系，中轴线和长安街轴线尤为重要。中轴线及其延长线是自北向南串联“燕山山脉—北京老城—南苑苑囿—白洋淀”的山水城轴线，是首都的历史轴线和民族精神象征，是体现国家都城文化自信的代表性区域和国家的精神脊梁；长安街轴线是中华人民共和国成立以来首都发展的新轴线，是全国各族人民对首都的认知轴线。长安街及其延长线自西向东串联“永定河西山—北京古城—京杭大运河—渤海湾”，联系了太行山和渤海湾，是首都的重要区域轴线。

在这个十字轴线上，有几个节点尤其值得注意和战略预留。一是南面的中轴线南延。中轴线南延的南苑地区，在明清时期是北京都城南侧的重要皇家园苑。结合南苑机场的疏解和改造，在南四环与南苑地区的中轴线南延地区可以预留新的首都功能用地，重点布置国家政务、文化服务等职能，建设南苑国家公园。二是北面的中轴线北延，可以考虑中轴线北至小汤山、银山塔林地区，建设京北国家公园，在温榆河、小汤山地区预留国家的文化和对外交往功能。

（6）要加强完整社区和宜居环境的建设。坚持行政与民生协同，以人民为中心，建设人民的首都。在首都核心区规划建设时，应着力改善街区、街道公共空间和人居环境，补充完善基本公共服务和旅游服务功能，设立首都功能的公众开放区和国家纪念空间，便于旅游参观，体现执政为民，弘扬民族奋斗历史，展示国家精神和首都魅力，将优化提升首都功能和完善首都空间布局作为全国人民的民心工程。

坚持效率与保障兼顾。切实保证国家管理职能高效和安全运行的同时，合理配置服务和安全保障职能，统一建设和配套标准，深化住房制度改革，为中央和国家机构工作人员提供便利、完善的工作服务和生活服务。

（7）要加强新技术在首都建设中的运用。首都核心区作为国家政治中枢地区和新时代国家建设的典范，应在新的交通技术、通信技术、市政基础设施技术、智慧管理技术等方面有所创新应用，以满足未来安全、反恐、便利生活、高效办公等需求。

（8）要将首都空间作为国家资产来管理。对首都的各项空间规划进行统筹协调，使首都功能空间得到科学合理的利用，以确保国家政务高效运作。

研究的项目组成员由吴唯佳、武廷海、赵亮、于涛方、黄鹤、唐燕、郭璐、王英、孙诗萌、郭磊贤、秦李虎、程思佳、刘艺等组成。研究报告部分由吴唯佳、赵亮、武廷海执笔，集体讨论完成。专题部分分别由郭璐（中国古代都城选址、功能布局、空间建构的历史经验，“梁陈方案”与中华人民共和国成立初期的首都规划）、赵亮（首都功能空间布局优化和功能提升研究）、唐燕（国家首都城市的规划建设要点与功能疏解应对）、黄鹤（首都城市文化功能的组织与空间布局研究）、王怡鹤（服务首都功能提升的长安街地区空间质量比较评估）、王英（北京中轴线南延地区空间布局研究）、程思佳（全国与首都地区国家纪念地研究）及吴唯佳、武廷海（加快立法，从国家视角统筹处理“都”与“城”的关系）负责。本书的编辑整理由刘艺负责。研究进程中，研究团队多次向吴良镛院士汇报，并得到吴先生高瞻远瞩的教诲和直接指导。

多年来，研究所许多硕、博研究生同学们参与了本项研究工作，国家机关事务管理局、首都规划建设委员会办公室和北京市教育委员会对本项研究给予了很大的支持，英国剑桥大学建筑系副主任金鹰教授抽出时间校核了本书的序和前言英文翻译。在此表示衷心的感谢。

二〇二二年七月　清华园

Foreword

The capital city region comprises both the "*capital*" and the "*city*" , and this book centers on the spatial planning of the "*capital*" of Beijing. As the seat of the central government, the capital is the political and cultural hub of the country, representing national sovereignty and serving as a symbol of national unity.

Throughout the history of China, successive dynasties have placed significant emphasis on the process of selecting, laying out, and planning the construction of the capital city region. Situated at the center of the world, take heaven as the spectacle, earth as the rule, the capital city region upholds the unity of man and nature. It emphasizes governance through a central authority, highlights political order and traditional rites, and strives to shape the national image and prestige, thereby showcasing the will of the state. These political and cultural traditions have been steadfastly upheld in the planning and construction of China's capital city region.

Many countries in the world also attach great importance to the construction of the capital. In the 18th century, the modern European national systems were established. The large-scale urban reconstruction of the French capital led by Haussmann as the Prefect of Seine involved the construction of boulevards, urban axis systems, national squares, national palaces and public buildings, which established the patterns of Western modern national capitals. The basic model has influenced the planning and construction of the capitals of many western countries, including Washington D.C. of the United States.

Urban planning and research scholar Peter Hall categorized the capital cities worldwide in the 20th century into seven types: multifunctional capital, global capital, political capital, former capital, former imperial capital, regional capital, and global capital. He pointed out that the world's political, economic, technological, and policy changes have influenced the status and role of contemporary national capitals in both global and local contexts. He believed that economic globalization, diverse societies, and the development of science and technology further shape and influence the changes in the world order and affect the future development of capital cities.

Beijing has a history of over 3,000 years of city construction. Since *the Yuan Dynasty*, for about 800 years, Beijing has been the capital of a unified multi-ethnic country. The construction of Beijing's capital city region has condensed the experience of 5,000 years of Chinese capital city region construction, inherited the sense of a national capital in the center of the world, the layout concept of " take heaven as the spectacle and earth as the rule", the national ritual system of temple worship, the civilization and education of the "first district of goodness", the historical tradition of the magnificent order of the central axis, and the artistic techniques of undulating buildings and towers and staggering altars and temples. The late Prof. Liang Sicheng called it an "*incomparable masterpiece of urban planning*". Beijing's capital city region has an important status in both Chinese and world capital city region history.

After Beijing was established as the capital of *the People's Republic of China*, various ideas emerged on how to develop the capital due to weak economic foundations, a tense international political environment, as well as the innovative interpretation of the new state system. Selecting a location for the central administrative center became a challenging task, actually most central and national institutions was situated in the old city. As the modernization of Beijing's urban development progressed, the city wall was demolished, and the transportation and infrastructure were improved. However, the historical and cultural preservation of the old city faced increasing pressure. Since the beginning of the reform and opening-up policy, the population and construction land scale of Beijing have rapidly increased. More and more economic sectors, national enterprises, and public institutions have concentrated in the old and central city areas. As a result, the city is facing increasingly serious traffic congestion, environmental pollution and other "*big city diseases*", as well as the uncoordinated development of widening regional development differences. In recent years, China's economic scale has continued to expand, and its comprehensive national strength has been increasingly enhanced, making it the world's second-largest economy. Addressing the "big city disease" and uncoordinated regional development in the capital city region, better serving the central and national institutions working in Beijing, facilitating international exchanges, promoting scientific and educational development, improving people's livelihoods, and determining how to build the capital are urgent questions that must be answered in the planning and serve the construction of a strong, democratic, civilized, harmonious, and beautiful socialist modernized country. These are urgent questions that need to be answered for the planning and construction of capital Beijing in the new era.

In 2015, General Secretary Xi Jinping visited Hebei and Beijing and deployed t*he Coordinated Development of the Beijing-Tianjin-Hebei Region* strategy, calling for efforts to strengthen top-level design; efforts to increase cooperative development, and consciously break the one-sided thinking stereotype; Additionally, efforts to adjust and optimize urban layout and spatial structure to promote urban division of labor; efforts to expand environmental capacity and ecological space; efforts to construct a modern transportation network system; efforts to accelerate the process of market integration; and Beijing was required to clarify its strategic urban positioning, to relieve functions non-essential to its role as China's capital, and adhere to and strengthen the core functions of the capital as a national political center, cultural center, international communication center, and science and technology innovation center, implement the strategy of humanistic Beijing, scientific and technological Beijing, and green Beijing, and strive to build Beijing into a harmonious and livable international city. Furthermore, the Beijing-Tianjin-Hebei Synergistic Development Strategy aimed to further arrange the functions of the capital to serve the general situation of the Party and the State, while also creating conditions for solving the "big city disease" of Beijing and preserving the historical capital, and presented a valuable historical opportunities for building a strong socialist modern capital.

In 1998, under the leadership of Prof. Wu Liangyong, the Institute of Architecture and Urbanism of Tsinghua University began a study on urban and rural space development planning in the Beijing-Tianjin-Hebei region, exploring the development path and direction of Beijing-Tianjin-Hebei as a hinterland to support Beijing's integration into the global city rankings, while also addressing the challenge of preserving the historic and cultural cities of Beijing and recreating the historical glory of China's capital city region. Over the course of 20 years, Beijing has achieved remarkable progress in urban development with the continuous improvement of the country's economic and social development capacity, attaining a position among the top global cities. In view of the rapid development of Beijing and the seriousness of "big city disease", the Tsinghua University team, based on its participation in the research of urban development strategies of Beijing and Tianjin and the formulation of urban master plans, carried out research on the key areas and key fields of urban-rural synergistic development in Beijing, Tianjin and Hebei after

2003, and carried out corresponding work on the spatial pattern of Beijing's capital functions, with a view to further strengthening the synergistic development of the city and the regional hinterland, enhancing the development level of the region, serving the capital functions, building a world–class capital region, and promoting Beijing's development into a harmonious capital of the world and taking a new step in development. In 2014, the National Museum held an exhibition of the scientific research results of *The Sciences of Human Settlements*, which exhibited the team's research results related to the coordinated development of Beijing, Tianjin and Hebei and the spatial planning of the capital. Premier Li Keqiang visited the exhibition and spoke highly of the research team's work. The research on urban and rural spatial development planning in the Beijing–Tianjin–Hebei region made an important contribution to the formulation of the national strategy of *the Coordinated Development of the Beijing-Tianjin-Hebei Region* in 2015 in terms of scientific and technological support and strategic consultation, and also laid the academic and conceptual foundation for this study.

This study started during *the Beijing-Tianjin-Hebei Urban-Rural Spatial Development Planning Study Phase III Report* published in 2013, and was further deepened during the preparation of the National Museum's " *The Sciences of Human Settlements Research Exhibition of Tsinghua University*" of the core area of the capital in 2014. In 2016, with the support of relevant state departments, related research work has continued to be improved, and some of the research contents have not been introduced into this book due to various reasons. The main purpose of this study is to explore the opportunities for optimizing the land layout of central and state institutions in Beijing and the possible directions for functional upgrading in view of the *Coordinated Development of Beijing-Tianjin-Hebei Region* and *to relieve Beijing of functions non-essential to its role as China's capital*. In March 2018, *the Central Committee of the Communist Party of China* (CPC) released *the Program for Deepening the Reform of Party and State Institutions*, which created conditions for the optimization and enhancement of the capital's functions and spatial planning adjustment. Since then, the Institute of Architecture and Urbanism of Tsinghua University has conducted several rounds of research and discussion, and carried out technical deepening in the context of new situations such as the preparation of *the Detailed Control Plan for the Core Area of*

Capital Functions (Neighborhood Level), and finally formed the main ideas, thoughts and results of this study.

The main contents of this study include: the background of the study, the cultural genes, spatial planning and planning experiences of ancient Chinese capitals, as well as the spatial planning and the planning and construction experiences of world capitals, and it also covers the current situation and challenges surrounding the spatial planning of the capital, the basic ideas, planning principles, development goals and prospects of the study of capital functions' the spatial planning, and the organization and spatial planning of the cultural function system to shape and enhance national images and the implementation guarantee of the spatial planning of the capital. The study also looks at the historical experience of capital city region planning in ancient China, the "Liang–Chen Plan" and the capital planning in the early period of the founding of *the People's Republic of China*, the main points of planning and construction of the national capital region and the response to the decentralization of functions.Additionally, the study explores the organization and spatial layout of the cultural function system of the capital city region, specifically the layout of the southern extension of the central axis of Beijing. It considers national and capital region national monuments and examines the acceleration of the legislation of the Capital Law.

The main conclusions of this book are as follows.

(1) The capital city region is the political and cultural symbol of the country. Over the past 70 years since the establishment of *the People's Republic of China*, the capital's functional spatial planning has lacked comprehensive planning and has become highly integrated with the urban layout, making it difficult to meet the requirements of national governance modernization. The deployment and implementation of a series of major strategies such as *Coordinated Development of the Beijing-Tianjin-Hebei Region*, to *relieve Beijing of functions non-essential to its role as China's capital*, and the construction of *Beijing Municipal Administrative Center* and *Xiong'an New Area* presents an unparalleled opportunity to optimize the spatial planning of the capital and enhance its political and cultural functions. Carrying out the spatial planning of the capital, constructing a spatial planning that inherits historical traditions and serves the functional needs of the modernized national capital, and building the core area of the capital are important symbols

for opening a new era of capital planning and construction and creating a new journey of building a great rejuvenation mark of Chinese civilization, and are of great significance for gathering the spirit of the Chinese nation, demonstrating the great achievements of the country, and fulfilling the historical mission of building the national capital of a modern and powerful socialist country. Furthermore, it also serves as an important symbol for gathering the spirit of the Chinese nation, showcasing the country's great achievements, and fulfilling the historical mission of constructing a modern and powerful socialist capital.

(2) The capital city region is an important image of the national polity. It is crucial to emphasize the significant position of the central and state institutions in the spatial planning of the capital and the core area of the capital, and to integrate the functions of political, cultural and international communication center in an orderly manner. The spatial planning of the capital should avoid discussing neighborhoods as neighborhoods and political centers as political centers, and pay attention to the layout of the national cultural center to realize the reflection of politics and culture; it is also important to manage the relationship between the construction of the national political center and the cohesive transmission of the national spirit, the preservation and development of national monuments and cultural heritage; the capital city region has an essential duty to assume the important task of manifesting national dignity, marking the national spirit, and leading the great rejuvenation of the nation; and the city can better demonstrate its national status and global image in foreign exchanges, and exert global political and cultural influence on the capital.

(3) The spatial planning of the capital should respect the history and current situation, and strive to improve the efficiency of spatial organization in the core area of the capital. The spatial planning of the capital should draw on the experience of modern capital planning and construction, as well as the historical experience of ancient Chinese capital planning. In ancient China, the capitals often laid out in an orderly manner with a clear capital center. And the national political hub and ceremonial center like the palace were generally located in the capital center. Other functions, such as government office for political affairs, culture and education, military and diplomacy, were arranged in circles with clear layers, according to their proximity to the political hub of the country. And the orderly central axis was often the backbone of the well-ordered capital

city region space.

After the founding of the People's Republic of China, the central government and state agencies were constrained to use some of the institutional facilities in the capitals of the Ming and Qing Dynasties, continuing the general arrangement of the functional layout of Beijing's ancient capital to some extent. With the restructuring and expansion of state institutions, some of their office buildings were expanded, reconstructed, or newly built. And influenced by the previous layout, a combination of centralization and decentralization in the general lay out emerged, leaving traces of the "Culture Governance in the East and Military Governance in the West" layout of Beijing capital. Today, we can adopt the layout pattern with a combination of decentralization and centralization, referring the current spatial planning of the central government and state institutions, and then form several relatively centralized areas. For example, in the Imperial City–Tiananmen Square–Beijing Legation Quarter area, the Party Central Committee, the State Council, the National People's Congress, the High Court and other national highest institutions are concentrated here. In the West Chang'an Avenue–Sanli River–Financial Street area, also known as the Military Governance in the West, the core departments of national economic management including the National Development and Reform Commission, the Ministry of Finance, the "One Bank and Three Councils" are located, as well as the Central Military Commission and other departments which serve as the "hard power" areas for national economic management and military management. The East Chang' an Avenue–Jianguomen area is the core of the country's foreign affairs management, including the core departments such as the Ministry of Foreign affairs, the General Administration of Customs, the Ministry of Commerce, which is also known as the Culture Governance in the East, thus showing the spatial order and characteristics of the core area in this Chinese capital. Certainly, as the governance structure of a modern country is very complex and involves many departments, within the three large areas, there are also several small government districts divided according to the neighborhoods.

(4) The planning and design should reflect the characteristics of a socialist country in which the people are the masters of the country, the characteristics of the Chinese civilization with a history of over 5000 years, and the goal of our struggle proposed by the general secretary Xi Jinping

that the people's aspiration for a better life is our goal. From a historical perspective, in order to demonstrate the unity of nature and human, ancient Chinese capitals often adopted the layout of national public buildings with the integration of ritual and music. As the capital city region, Beijing has not only the imperial city, government offices, and residential Hutongs, but also the six seas including the Central, South, and North Seas, and temples of the Heaven, the Earth, the Sun, and the Moon, as well as royal and private gardens. The layout of the national public buildings, such as national political hubs, not only adheres to the authoritative and ritualistic pattern, but also incorporates natural and dynamic gardens, demonstrating the cultural sentiments of the integration of ritual and music, also the interplay of rigidity and flexibility under the political function.

Today, these temples and gardens are not only the carrier of the functions and the order of the capital, but also become a part of urban life. In the future, the organization of the capital's functional areas can also be planned and designed around the temples of the Heaven, the Earth, the Sun, and the Moon, becoming a national public space with functions of state administration, cultural interaction, national commemorations, and civic and tourist activities.

(5) It is necessary to promote the awareness of national pattern of the Chinese capital, and strengthen the spatial planning and organization of the capital's functions in a wilder region, so as to further improve the core area of the capital. After years of development, in addition to the functional core area of the capital in the Dongcheng District and Xicheng District, the national political center, cultural center, and international communication center should also include part of the Three Mountains and Five Gardens composed of the Yuquanshan area and the Summer Palace, as well as Chaoyang's Embassy area, etc. For more than 800 years since the establishment of the capital, the Three Mountains and Five Gardens area has been closely linked to the capital in terms of national politics and culture.Today, it is also a complex area with classical royal gardens represented by the world cultural heritage Summer Palace, gathering world-class institutions of higher learning and other traditional historical cultures and emerging cultures. The Three Mountains and Five Gardens, with the Yuquanshan area as the core, should become a model area of Beijing's cultural heritage, and an important carrier for national political activities and foreign communication.

In addition, the Central Axis and the axis of Chang'an Avenue are particularly important in highlighting the capital skeleton of Beijing and the connection between the landscape and the city. The Central Axis and its extensions are the city axis of mountains and water, linking Yanshan Mountains–Old City of Beijing–Nanyuan–Baiyangdian from north to south. And it is the historical axis of the capital and a symbol of national spirit, as well as a representative region of the cultural confidence of the national capital and the spiritual backbone of the country. The Chang'an Avenue axis is the new axis for the capital's development since the founding of the People's Republic of China, and is the axis for the people of all ethnic groups in the country to perceive the capital. The Chang'an Avenue and its extension line is an important regional axis of the capital, connecting Yongding River and West Mountain–Beijing Ancient City–Beijing–Hangzhou Grand Canal–Bohai Bay from west to east, linking Taihang Mountain and Bohai Bay.

On this cross–axis, there are several nodes that are particularly noteworthy and strategically reserved. One is the extension of the central axis in the south, which is also known as Nanyuan area, was an important royal garden on the southern side of the Beijing capital in the Ming and Qing dynasties. Combined with the decommission and transformation of Nanyuan Airport, the southern extension area of the central axis in the South Fourth Ring Road and Nanyuan area can be reserved for new capital functions, focusing on the arrangement of national government, cultural services, and the construction of Nanyuan National Park. The second is the northern extension of the central axis. It can be considered that the Xiaotangshan and Yinshan Tallinn areas in the north of the central axis will be used to build the Beijing North National Park. And the cultural and foreign communication functions of the country will be reserved in the Wenyu River and Xiaotangshan areas.

(6) It is necessary to strengthen the construction of complete communities and a livable environment. We should adhere to the coordination between administration and people's livelihood, consider the people as the key of our work, and build the capital belonging to the people. When planning and constructing the core area of the capital, we should make efforts to improve the living environment and the functions of basic public services and tourism services. And public open areas and national commemorative spaces for capital functions should be set up to facilitate tourism and visits, to embody the administration for the people, to promote the history of national struggle and to demonstrate the spirit of the country and the charm of the capital. In short, the optimization and

enhancement of the capital functions and spatial planning patterns should be considered as the core project for the people of the country.

The balance between efficiency and security should be maintained to ensure the efficient and safe operation of state management functions. At the same time, the service and security functions should be rationally allocated and the construction and support standards should be unified to provide convenient and comprehensive work and living services for the staff of central and state institutions.

(7) It is necessary to strengthen the application of new technologies in the construction of the capital. As the national political hub and a model for the construction in the new era, the core area of the capital should achieve the innovative application of new transportation technologies, communication technologies, municipal infrastructure technologies, intelligent management technologies, to meet the future needs of security, anti-terrorism, convenient living and efficient work.

(8) The capital space should be managed as a national asset. Coordinate the spatial planning of the capital, so that the functional space of the capital can be used scientifically and rationally, so as to ensure the efficient operation of the state administration.

The members of the research project team are Wu Weijia, Wu Tinghai, Zhao Liang, Yu Taofang, Huang He, Tang Yan, Guo Lu, Wang Ying, Sun Shimeng, Guo Leixian, Qin Lihu, Cheng Sijia, Liu Yi, etc. The research report was written by Wu Weijia, Zhao Liang, and Wu Tinghai after group discussions. The thematic research is divided into several sections. Guo Lu was responsible for the part of historical experiences in site selection, functional layout, and spatial construction of ancient Chinese capitals, and the Liang-Chen Plan and capital planning in the early days after the founding of the People's Republic of China. Zhao Liang contributed his research on the optimization of the capital's functional space layout and function enhancement. Tang Yan contributed the key points of planning and construction of the capital city region and response to function deconstruction. Huang He studied the organization and spatial planning of cultural functions in the capital city region. Wang Yihe contributed the comparative evaluation of the spatial quality of the Chang'an Avenue area, which helps to improve the capital city region's functions. Wang Ying contributed her research on the spatial planning of the southern extension of Beijing's central axis. Cheng Sijia researched on national monuments in the country and the capital region. Wu Tinghai advocated to speed up legislation and deal with the relationship between "capital" and "city" from a national perspective. Liu Yi was responsible for the editing of this book. During the research process, the research team reported to Academician Prof. Wu Liangyong on many occasions, and received his far-sighted teaching and direct guidance.

Over the years, many postgraduate students of our Institute have participated in this research work. The National Government Offices Administration, the Office of Capital Planning and Construction Committee, and Beijing Municipal Education Commision offered great support to this research. And Professor Ying Jin, Deputy Head of Department of Architecture, University of Cambridge, UK, helped a lot to check the English translation of the preface and the foreword of this book. I would like to express my heartfelt thanks to all of them.

Wu Weijia

July 2022, Tsinghua University

目录

Content

Chapter 8 Topic 4 the Key Points of Planning and the Response to Functional Decentralization of Major Capital City Regions of the World

Chapter 9 Topic 5 Organization and Spatial Arrangement of Cultural Functions in the Capital City Region Beijing

第一部分

首都空间布局研究

1

第一章

研究背景与历史经验

1.1 研究背景

1.1.1 首都历来是国家政治和文化的标征

中华人民共和国是全国各族人民共同缔造的统一的多民族国家。中华民族有5000多年的文明历史，创造了灿烂的中华文明。在中国统一的多民族国家形成与发展的历史进程中，首都作为全国政治中心和文化礼仪中心，一直发挥着文化认同、民族凝聚、国家象征的重要作用。北京是中华人民共和国的首都，传承了金中都、元大都、明清北京城800多年的古都文化，山河秀美，文物丰富，是统一的多民族国家的世界首都典范，也是我国历史底蕴深厚、各民族多元一体、文化多样和谐的5000多年文明的伟大标志和最高表现。

1.1.2 中华人民共和国成立70多年来，首都功能与城市功能高度混合，难以满足国家治理现代化要求

中华人民共和国成立后，党中央高度重视首都北京的规划建设。中央行政中心区选址的“梁陈方案”之争，就是对首都规划建设重大关切的具体表现。70多年来，北京逐步形成了以天安门广场为中心，沿长安街布置主要中央和国家机构及重大公共设施的首都政治和文化中心空间格局。受制于各时期的经济社会条件，北京的国家行政和相关职能布局一直没有机会进行整体规划安排，呈现“大分散、小集中”的分布特征，与城市功能高度混合，在空间上淡化了与北京古都传统格局的联系和传承，文化内涵得不到彰显；在布局上中央和国家机构之间联系不便捷，与构建国家现代化治理体系、提升治理能力的要求有显著差距，与日益提升的国家地位不相适应。

1.1.3 疏解非首都功能、建设北京城市副中心和雄安新区等一系列重大战略的实施，为优化首都空间布局，提升首都政治、文化功能，完成建设社会主义现代化强国国家首都的历史使命提供了千载难逢的机遇

首都建设不是一地一域之事，而是关系中华民族伟大复兴的国家大事，是“一带一路”倡议、京津冀协同发展等国家战略的统领和示范。2014年2月以来，习近平总书记三次视察北京并发表重要讲话，指出“北京作为首都，

是我们伟大祖国的象征和形象，是全国各族人民向往的地方，是向全世界展示中国的首要窗口”，并提出“建设一个什么样的首都，怎样建设首都”的问题。在习近平总书记亲自部署下，一系列战略性规划相继展开。2017年中共中央、国务院批复《北京城市总体规划（2016年—2035年）》，要求与迈向“两个一百年”奋斗目标和中华民族伟大复兴中国梦的历史进程相适应，建设国际一流和谐宜居之都，建设政务环境优良、文化魅力彰显和人居环境一流的首都功能核心区（图1-1）。2018年12月，国务院批复《河北雄安新区总体规划》，中共中央、国务院批复《北京城市副中心控制性详细规划（街区层面）》。北京非首都功能疏解工作有序稳步推进，为优化首都空间布局，建设好首都核心区，提升首都政治、文化功能，完成建设社会主义现代化强国国家首都的历史使命提供了千载难逢的机遇，创造了前所未有的战略条件。

1.1.4　开展首都空间布局研究是开启新的征程、凝聚民族精神、树立执政为民建设典范的重要基础

首都空间布局对统筹安排首都功能的基本条件，开展新时代首都功能优化与空间布局研究工作具有一系列重要的意义。

第一，是我国开启全面建设社会主义现代化国家新征程的重要标志。建设新时代的伟大首都，充分发挥首善之区物质文明和精神文明的典范作用、社会主义政治和文化的表征作用，对团结全国各族人民，引领实现“两个一百年”社会主义现代化强国的奋斗目标具有重要意义。

第二，是实现中华民族伟大复兴、民族统一国家信念力量的重要展现。“天下之本在国”。突出中华五千年文明形成的“天地人和”文化思想，回归中国都城山川拱卫、纲维有序、礼乐交融的空间秩序；有序布局中央和国家机构以及国事庆典、国家文化、国家功勋纪念等职能设施，缅怀先烈，牢记民族统一和革命历史，凸显以德治国，体现时代精神，对于捍卫国家尊严，凝聚全国各族人民精神力量，推动中华民族迈向伟大复兴中国梦的历史进程，实现国家统一具有重要意义。

第三，是不忘初心，实现“以人民为中心”治国理政核心理念的重要体

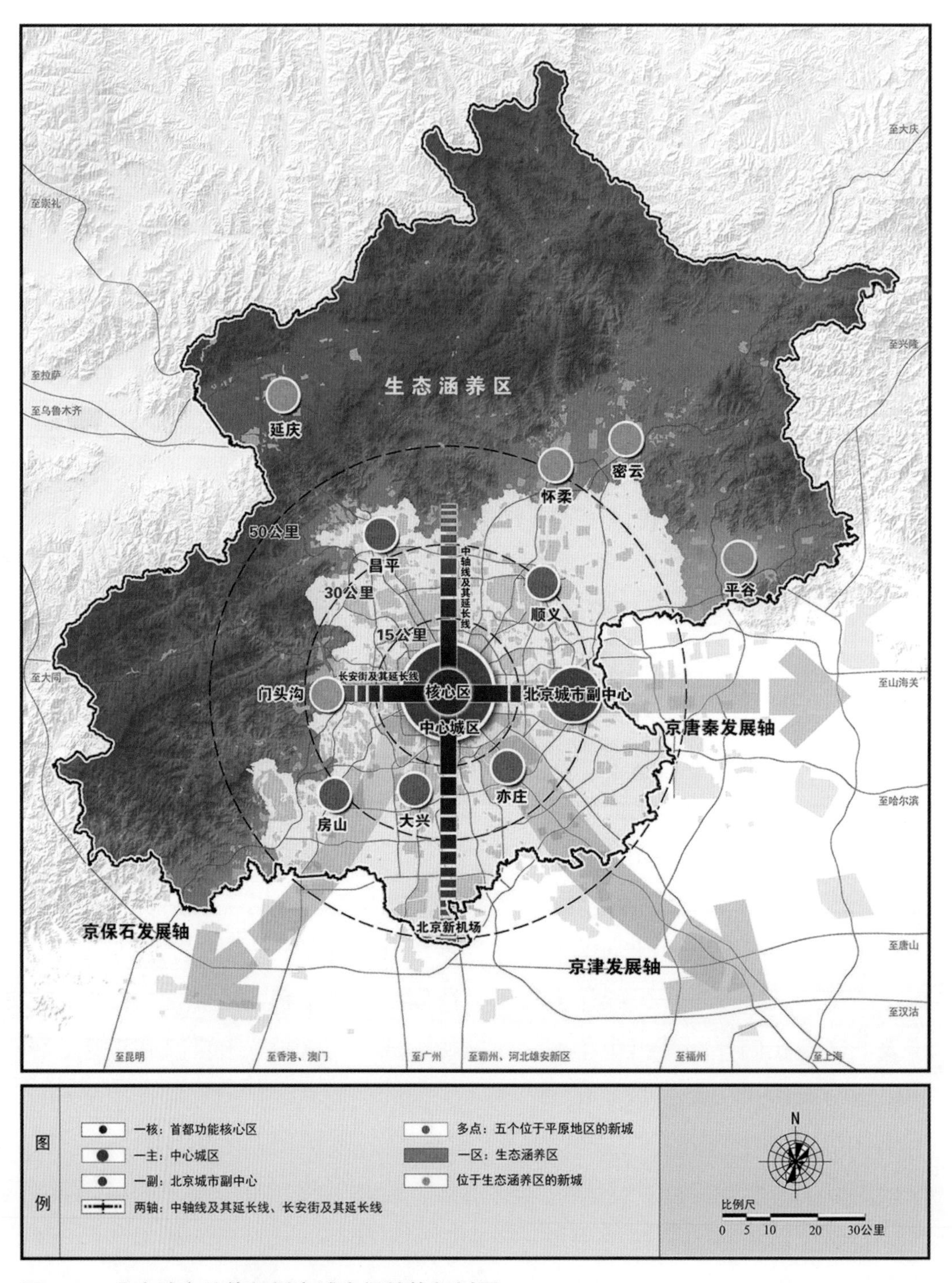

图 1-1　北京城市总体规划市域空间结构规划图

（图片来源：《北京城市总体规划（2016 年 -2035 年）》）

现。完善首都空间格局，提升中央和国家机构办事效率与政务保障水平，满足日益增长的民主、法制、公平、正义、安全、环境的国家管理需要，对贯彻落实新发展理念，推进国家治理体系和治理能力的现代化，突出国家政治生活的人民性，服务全国人民具有重要意义。

1.2　中国古代首都的文化基因、空间布局与规划经验

首都是中华民族统一的精神标识、国家治理的政治中心。古代中国形成了一整套完整而独具特色的首都规划布局模式，即通过建构山川拱卫、纲维有序、礼乐交融的空间秩序，强化国家中心地位，彰显政治中枢功能，塑造大朝正殿的宏阔形象。

北京是中国古代都城的“最后结晶”，也是中国统一的多民族国家首都之肇始，被梁思成先生誉为“都市计划的无比杰作”。以元大都—明清北京为代表的中国古代都城规划建设经验是珍贵的历史文化遗产，对于今天建设社会主义现代化国家首都具有重要的启发意义。

1.2.1　中国古代首都的国家地位：国家标征、政治中枢、民族认同

在中国古都建设史上，择中立都是一个悠久的传统，在中华文明早期即已十分明确，后世更是奉之为圭臬。所谓“中”，不是自然地理意义上的“中”，而是精神文化之“中”、国家政治统领之“中”。

在中国历史演进中，首都一直是民族凝聚的精神内核、政治统领的中枢，与国家统一的命运息息相关，凭借其深厚的文化积淀与民族认同，具有强有力的延续性和稳定性。一部首都史，就是一部中华民族统一的国家认同史、历史认同史和文化认同史。

以都城为标志，自秦始皇统一天下，中华民族统一进程可以分为两大阶段：一是秦汉至唐宋，以中原为主体的中华民族形成，定都今西安与洛阳的“长安—洛阳时代”；二是辽金元明清时期，以汉族为主体，包括汉、蒙、满、藏、回、维等多民族统一的中华民族全面形成，定都今北京的“北京时代”。元代定都今北京，规划建设大都城，标志着中国统一的多民族国家的形成。

1.2.2 中国古代首都功能的空间布局原则：以政治、仪礼为核心，以京畿为辅弼

中国古代首都的核心功能是国家政治中心、文化仪礼中心，对内教化，对外交往。中国古代首都的功能布局并不限制在都城范围之内，广阔的外围地区往往发挥着辅助功能，包括政治文化辅弼、军事力量拱卫、经济生态保障、水陆交通支撑。以北京为例，元代设有大都路，明清设有直隶、顺天府，范围包括今长城以南，遵化以西，拒马河、大清河、海河以北，远远超出了今天的北京市域，囊括了京津冀大部分地区。

1.2.3 中国古代首都的空间秩序：山川拱卫、纲维有序、礼乐交融

中国历代首都历来坚持山川拱卫、纲维有序、礼乐交融的空间秩序。

第一，山川拱卫的区域格局。首都空间布局讲究与山水格局相互交融。一方面，都城借助壮观的区域山水格局，形成制衡天下的形势，展现宏阔壮丽的国土景象。北京形胜是右太行，左沧海，枕居庸，抚中原，“燕山—太行山—昆仑山”“运河—渤海—太平洋”构成壮阔的山—水—城格局；另一方面，基于自然山水环境，塑造都城美好的人居环境。北京西有西山、玉泉山，东有潮白河、温榆河，山环水绕、山清水秀，一些标志性自然山水要素通过轴线等形式，共同组成良好的人居环境。

第二，纲维有序的都城空间。首都往往拥有明确的都城中心，国家政治枢纽和仪礼中心（宫城）一般位于都城中央，其他功能包括政事（衙署）、文教、军事、外交等，依其与国家政治枢纽关系的远近，圈层式布置于周围，层次分明；秩序谨严的中轴线往往是井然有序的都城空间的主干。

第三，礼乐交融的国家公共建筑布局。北京作为都城，除皇城、衙署、民居胡同以外，还建设有中、南、北海等六海，天、地、日、月等坛庙，以及皇家和私家园林。国家政治枢纽等国家公共建筑群布置，既遵守权威性、礼仪性的规整格局，又将自然、灵动的园林融入其中，展现了礼乐交融、刚柔交错的文化情怀（图 1–2）。

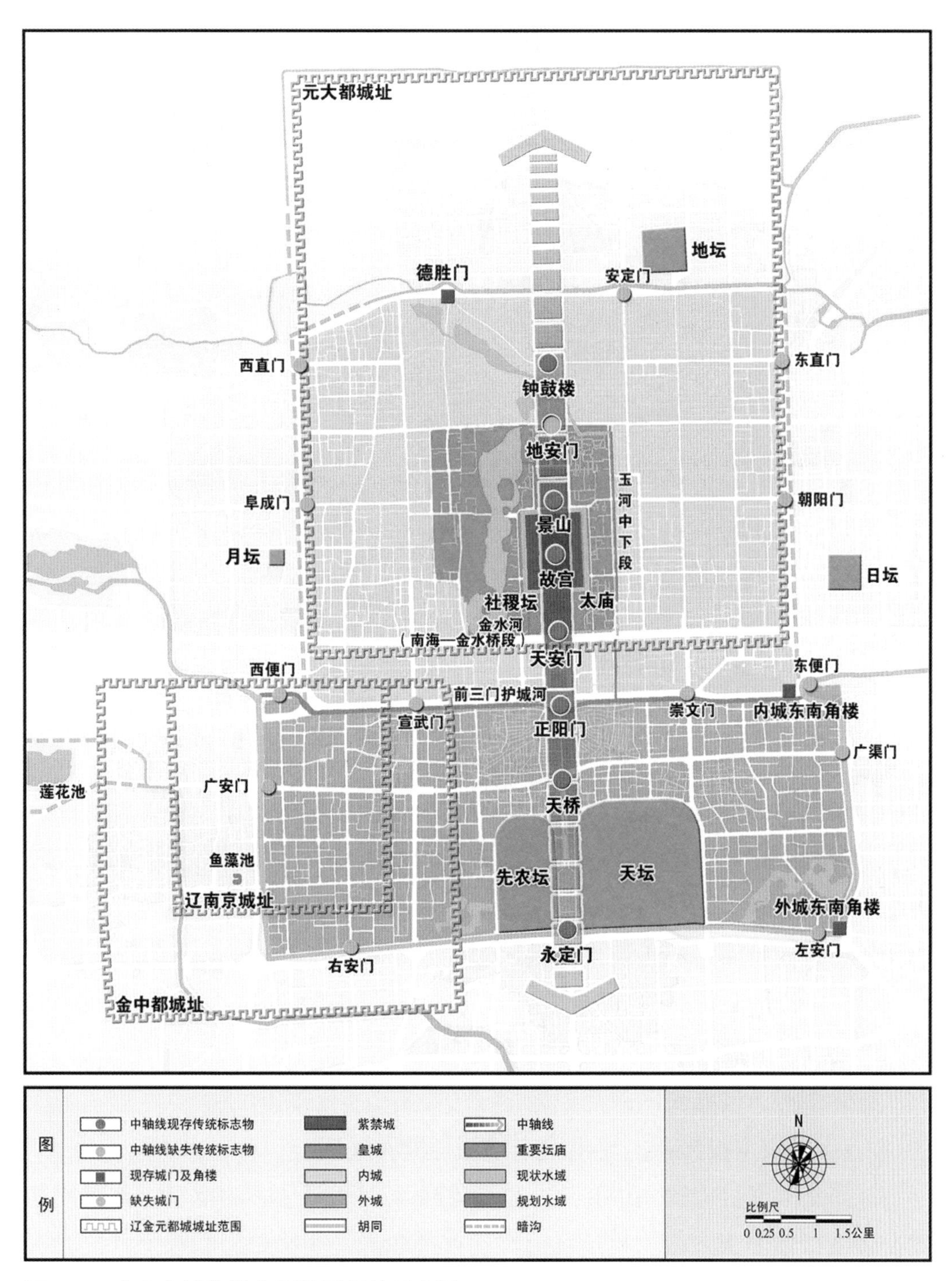

图 1-2　北京老城传统空间格局保护示意图

（图片来源：《北京城市总体规划（2016 年 -2035 年）》）

1.3　世界大国首都空间布局与规划建设经验

世界城市规划与研究大师彼得·霍尔在《首都的七种类型》和《首都的未来》中指出，世界大国首都不仅仅是国家政治中心和中央政府所在地，也是全球治理的要地[①]。为了面对未来 20~50 年全球政治、经济和技术力量的变化，世界大国首都也在不断调整规划建设的发展策略。

1.3.1　世界大国首都空间布局的原则：重精神、讲功能、塑特色

世界大国首都空间布局与国家行政办公区主要立足于“精神（形）—职能（用）—空间（体）”三个维度发挥国家首都的作用。

一是精神——国家标识。首都是国家形象的集中代表和标志，象征着国家的主权、文化、地位。

二是职能——首都功能。首都与一般城市最大的不同在于要承载特殊的“首都功能”，主要包括国家政治、文化、外交、安全四个方面。一些功能复合的大国首都在城市的经济、高端服务、商贸管理、旅游等方面也表现不凡，形成了“4+N”的功能格局。

三是空间——特色展现。首都规划建设尤其强调空间特色，要将国家的“精神”与“功能”作用实际落地。世界大国的国家管理职能通常在全国、区域、首都等层面分散布置，并在首都的特殊地段形成相对密集的国家“政务集聚区”，在空间塑造上，通过城市轴线、山水关系、国家建筑群、纪念物和纪念空间等塑造壮美的空间秩序和国家形象。

1.3.2　世界大国首都空间布局的主要经验

具体来看，世界大国首都规划建设主要有五个方面的经验。

（1）国家主权为重，突出国家象征与世界地位

首都是国家机构的集中驻地，是管理国家和联系全国的枢纽。首都规划建设必须体现国家主权。莫斯科为实现首都职能，明确要为联邦国家权力机构、联邦行政主体代表处、外国外交代表机构等安排用地，为在莫斯科进行国家和国际活动创造条件。巴黎、伦敦、华盛顿等世界大国首都均承担着重

要的国家职能，是国家的符号和象征，是众多世界和国际组织机构的入驻地，是开展国家间交往活动的世界平台，因而也是世界首都。

（2）关注国家行政部门布局，打造首都政治功能集聚地

国家政治功能在首都的空间分布具有一定聚集性，构建成特色化的国家政务地区。美国华盛顿基于国会大厦确定的东西向轴线，形成由林肯纪念堂、杰斐逊纪念堂、国会大厦和白宫构成的十字结构，成为重要的国家政治中枢地；英国在伦敦“中央活动区”（CAZ）的威斯敏斯特地区集中设立国家政务功能区域，强化首都核心政务功能的布局与发展；法国国家政治活动主要围绕巴黎壮丽的城市轴线，在半径15~40km范围的原王室与贵族领地上开展和组织；莫斯科在中心城区明确划定了首都代表区与历史中心区。

（3）壮美人居环境，首都特色与人文品质相辅相成

世界大国首都一般城市形象鲜明、空间特色突出、功能相对复合，是具有优美宜居环境、独特文化发展潜力以及政治经济管理全球影响力和控制力的世界城市，通过富有魅力的城市设计、文化遗产、景观资源等充分展示首都的人文品质和国家特色。

（4）平衡区域发展，推进国家管理职能区域疏散

以首都为核心，在区域乃至更大的全国范围内合理安排国家管理职能，是当前世界大国首都区域布局的主要趋势，主要原因在于平衡区域发展、缓解首都人口过度聚集和分散国家机构安全风险等。美国的国家行政职能机构并不全部设置在华盛顿，在纽约、费城等也有分布；英国的国家行政部门以伦敦为主要聚集地，在英国东南部地区也广有布局；德国的国家机构则在柏林、波恩和卡尔斯鲁厄等地分布。现代国家治理体系的精细化发展催生了大量管理后台、数据平台、决策咨询机构，促使它们在首都周边地区布局和拓展。

（5）加强建设管理，建立规划实施机构与机制

美国、英国、德国、俄罗斯等国家的中央政府均设立专门机构，代表国家对首都规划和中央政府机构设施建设进行直接管理，以确保首都功能的合理布局和有效运作。华盛顿特区专门成立国家首都规划委员会，作为首都的最大土地拥有方，代表联邦政府对华盛顿特区规划和国家纪念、文化设施进行直接管理，同时对华盛顿大都市区范围内的马里兰州、弗吉尼亚州部分县市规划负有代表和维护联邦政府利益的责任。

注 释

① 彼得·霍尔在《首都的七种类型》一文中将首都区分为七类——多功能首都（集中国家全部或大部分高等职能，如伦敦、巴黎、马德里）、全球首都（在政治、商业方面或同时在这两方面扮演着超乎国家角色的城市，如伦敦、东京）、政治首都（主要作为国家政府所在地，缺乏在传统商业城市中留存下来的功能，如海牙、华盛顿、堪培拉）、昔日首都（失去了作为国家政府所在地的职能，但保留了其他历史功能，如费城、里约热内卢）、前帝国首都（尽管帝国不复存在，但这些曾经的帝国首都仍然作为国家首都，在原帝国领地范围内承担重要的商业和文化职能，如伦敦、马德里、里斯本）、地方首都（联邦制国家的一种特例，这些城市曾经作为事实上的首都，但现已失去了首都的地位，不过仍然保留了影响其周边地域的功能，如悉尼、墨尔本、慕尼黑）和超级首都（这些城市作为国际组织中心，有可能是国家首都，也可能不是，如布鲁塞尔、日内瓦、纽约）。

2

第二章
现状问题与研究思路

2.1 首都空间布局的现状与问题

对于今天的北京首都政治中心，目前国内外的一般认识是天安门广场、“十大建筑”、长安街等。在实现中华民族伟大复兴，建设社会主义现代化强国首都进程中，北京首都空间布局仍需解决一系列问题。

2.1.1 首都空间秩序淡化，不能适应作为展示中华民族伟大复兴的窗口的要求

中华人民共和国成立以来，首都规划大多是从经济、财政、民生等角度来解决中央和国家机构建设的基本需求，淡化了中国都城历代坚持的空间秩序追求。1950 年 2 月，梁思成和陈占祥共同提出《关于中央人民政府行政中心区位置的建议》，当时北京人口 420 万，今天北京已经是 2000 多万人口的特大城市。除天安门广场这一全国人民心目中的精神中心以外，体现国家治理和文明意识的国家机构、文化设施淹没于高楼大厦之间，无法展示中华文明薪火相传、包容共赢的文化内涵，与展示中华民族伟大复兴中国梦国家窗口的要求有很大差距。

2.1.2 国家行政单位布局分散，难以保障国家行政管理高效运转

由于经济困难等原因，中华人民共和国成立之初，中央和国家机构多数利用清代、民国建筑设施，之后的建设缺乏统一规划，呈现出总体分散、相对集中的格局。直到今天，中央和国家机构之间的空间关系不清晰，交通联系不便捷，服务设施重复配置、不能共享；与市、区、社区功能和居民混合布置，安全保障难度大，难以保障重大国事活动的常态化运行。

2.1.3 部分机构占用文物保护单位，不能适应保护北京老城、提升人居环境质量的要求

各级文物遗产、保护区和历史街区以及中华人民共和国成立后的优秀建筑，共同承载着北京古都和新北京的城市记忆与风貌。然而，部分中央和国家机构不合理地占用文物保护单位，不利于利用北京老城优秀文化遗产来展

现5000年文明的国家历史积淀和首都特色，也影响了老城保护。

2.1.4 需要完善首都功能空间布局的规划建设体制机制，有效协调“都”与“城”的关系

1983年中共中央、国务院在成立首都规划建设委员会的决定中指出：“北京是我们伟大社会主义祖国的首都，是我国面对世界的窗口。为了使北京的城市建设充分体现这个特点，符合这个要求，从根本上解决北京市建设上存在的问题，必须有一个统一的规划，一套保证统一规划得以实施的法规，一个合理的建设体制，一个协调各方面关系的、具有高度权威的统一领导。”长期以来，中央和国家机构及其配套设施的建设大多采取一事一议的方式，“都”和“城”的规划建设与管理关系没有理顺。2019年中央对首都规划建设委员会组成人员进行了调整，将首都规划建设委员会调整为双主任。首都规划建设委员会也通过了规划重大事项向中央报告制度。首都规划建设委员会的调整为构建一个理顺各方关系、统一“都”与“城”的规划建设、构建具有高度权威的领导机制提供了重要保障。但也必须看到，城市是不断发展的，首都空间布局优化调整是一个不断努力的过程。当前，新的北京城市总体规划、核心区控制性详细规划等获得中央批复，包括“一核两翼”在内的京津冀协同战略正在有序进行，首都规划体系的“四梁八柱”已经形成，首都规划建设进入了新的历史阶段。要实现打造优良的中央政务环境，建设弘扬中华文明的典范地区，建设人居环境一流的首善之区的战略目标，完善首都空间布局，需要进一步强化首都规划建设委员会的职能作用，落实和协同“都”和“城”的双方责任，形成强有力的体制机制保障，央地联动，切实推进中央战略决策具体落实到首都规划建设之中。

2.2 首都空间布局研究的基本思路

从建设社会主义现代化强国首都的战略高度、“以人民为中心”的伟大首都的认识深度、多民族统一国家千年之都的历史厚度、有全球影响力的世

界之都的视野宽度，以首善的标准研究国际一流和谐宜居之都的首都功能空间未来愿景。

2.2.1 面向未来，谋划社会主义现代化强国的首都空间布局

从世界文明史看，在不同的文明黄金时代崛起了不同的大国首都，首都特色与所处的黄金时代密切关联。例如，在英国工业革命和贸易全球化的黄金时代，伦敦成为全球航运、贸易、金融中心为特征的首都；在法国建构现代意义国家治理体系的黄金时代，巴黎成为展现法国现代国家制度、凝聚文化精神的首都；在美国争霸世界的发展历程中，华盛顿特区成为具有鲜明联邦统一和军事领导特征的首都；在两德统一的转折阶段，柏林成为体现东西欧一体化意志的首都。

我国正值和平崛起的黄金时代，党的十九大提出全面建成社会主义现代化强国的国家目标。优化提升首都功能，完善首都空间布局，建设富强民主文明和谐美丽的国家窗口，创建社会主义现代化强国的国家首都和人民首都特色，是时代赋予的伟大使命和重大历史任务。

2.2.2 立足本来，谋划多民族统一国家千年之都的首都空间布局

“都邑者，国家政治与文化之标征也”。北京历史文化是中华文明源远流长的伟大见证，特别是金元明清 800 多年来，北京见证了以汉族为主体的中华民族全面形成，进入了都城建设的“北京时代”，成为中国统一的多民族国家的首都，并一直延续至今。在迈向中华民族伟大复兴的历史进程中，优化提升首都功能，完善首都空间布局，为更加精心保护和利用古都历史遗产、传承历史文脉，以及凸显北京作为多民族统一国家首都的精神标识创造了条件。保护老城，规划首都空间布局，强化“首都风范、古都风韵、时代风貌”，传承 5000 年文明，让古都的历史文化保护与首都的现代化建设交相辉映，对凝聚民族精神、促进国家统一，实现中华民族伟大复兴具有突出的战略意义。

2.2.3 吸收外来，谋划有全球影响力的世界之都的首都空间布局

“大道之行也，天下为公”，和平、发展、公平、正义、民主、自由是全人类的共同价值和崇高目标。当今世界，各国相互依存、休戚与共。中国作为崛起的世界第二大经济体，在全球倡导人类命运共同体意识，推动包容发展的国际秩序，引领“一带一路”建设。面向2050年，中国在全球治理和国际合作中扮演的角色愈发重要，需要有更好的服务于日益增长的国事活动、对外交往和国际组织活动的设施与空间条件。

首都是国家参与国际活动、发挥全球影响力的重要地区。将优化首都功能，完善首都空间布局，与国家参与全球治理活动的需要结合起来，吸收世界其他国家首都建设的经验，以中国特色、全球视野、国际标准，规划世界之都的空间布局，提升首都政治活动的保障能力和文化魅力的全球影响力，是有效促进中国参与全球治理活动、维护国家利益的重要举措。

2.2.4 团结全国各族人民，实现国家机构与“以人民为中心”的伟大首都有机统一

人民是历史的创造者，是国家的建设者，是中国特色社会主义发展的根本动力、依靠力量和服务归属。社会主义国家是人民的国家，社会主义政治是人民的政治。“民情可见”，人民当家作主。首都空间布局要努力为设立国家机构公众开放区创造条件，纪念革命奋斗史、国家建设史，展现为人民服务的社会主义国家政治民主，突出以人民为主体的社会政治独特性质和独有优势，服务树立全国各族人民是国家主人的国家意识，真正做到人民首都为人民，实现国家机构有效运转和“以人民为中心”的有机统一。

2.2.5 依托首都空间布局，建设国际一流的和谐宜居之都的首善之区与杰出代表

“建首善自京师始”，首都是首善之区，首都的建设是国家发展阶段的展现和代表。我国已进入社会主义新的发展阶段，既要解决北京交通拥堵、

环境污染的“大城市病”等近年来发展中的难题，也要解决统筹发展首都和保护老城这一长期想要解决而没能解决的问题。

首都空间布局要立足于“都”，展现社会主义道路自信、制度自信，在重塑首都空间布局的大格局中建设首都核心区，解决“都”与“城”、发展与保护的矛盾，以最先进的理念、最高的标准、最好的质量，突出文化自信和绿色发展，为首都北京建设成为国际一流和谐宜居之都的首善之区，引领实现国家现代化树立示范。

3

第三章

首都空间布局原则、发展目标与前景展望

3.1 首都空间布局原则

承载历史，立足今天，面向未来。首都空间布局要努力贯彻京津冀协同发展国家战略、落实党中央、国务院批复的北京市总体规划，致力于实现建成社会主义现代化强国首都、“以人民为中心”的伟大首都、统一的多民族国家的千年之都、世界一流和谐宜居之都的未来愿景，可执行以下原则。

（1）政治与文化辉映

首都承载国家治理功能和参与全球事务将不断增多，在优化首都空间布局的同时，要立足于构建首都空间秩序，处理好统筹中央和国家机构布局联系，适应国家治理体系和治理能力现代化的要求；处理好国家政治中心建设与历史文化保护发展的关系，承担起彰显国家尊严、标识民族精神、统领民族伟大复兴的重任；在对外交往中要更好地展示国家地位和世界形象，发挥全球政治、文化影响力。

（2）行政与民生协同

“以人民为中心”，建设人民的首都。在首都空间布局规划、发展首都核心区时，应着力改善首都人居环境，补充完善基本公共服务和旅游服务功能，设立中央和国家机构的公众开放区与国家纪念空间，体现执政为民，弘扬民族奋斗历史，展示首都魅力，将首都功能提升和首都空间格局规划实施作为全国人民的民心工程。

（3）疏解与提升并举

面向建设社会主义现代化强国首都，以提升首都政治、文化、对外交往功能为中心，深刻把握好“都”与“城”、“舍”与“得”、疏解与提升、“一核”与“两翼”的关系，推动中心城区“减量发展”和非紧密联系型行政辅助服务职能有序合理疏解；结合疏解用地和更新老旧建筑，在首都核心区优先配置有利于进一步提高国家治理能力和治理水平的办公、文化设施与保障功能，实现首都政治、文化功能优化。

（4）效率与保障兼顾

处理好首都核心区内中央和国家机构与国家政务活动、外事活动的关系，继承并优化中华人民共和国成立以来形成的中央和国家机构小集中、大分散的既有格局，充分利用存量用地和疏解腾退空间，着重塑造若干首都政治、文化和国际交往活动集中片区，切实保证国家管理职能高效和安全运行。合理配置服务和安全保障职能，统一建设和配套标准，为中央和国家机构工作人员提供便利、完善的工作服务和生活服务。

（5）近期与远期结合

首都功能的布局优化应厉行节约，避免浪费，兼顾近期可行性和远期发展愿景，有控制、有调整、有发展、有预留。

3.2　首都空间布局的发展目标

与迈向“两个一百年”奋斗目标和中华民族伟大复兴中国梦的历史进程相适应，开展首都空间布局优化调整，建设在政治、文化和国际交往等方面具有广泛国际影响力的大国首都，成为高效的国家管理和运行中枢、国家和民族复兴的文化枢纽、民族凝聚的精神家园，再创5000年中华文明首都新的辉煌。

为此，在发展目标上，建议要充分利用国家机构调整和机构改革、北京市政府东迁通州腾出的办公空间机遇，推动非首都功能和非紧密联系型行政服务功能的疏解与置换，优化首都功能，完善首都空间格局，提升中央政务、国际交往的配套服务水平。

面向第二个百年，近期首都核心区空间布局基本完善，重要国家纪念广场、国家纪念建筑、首都文化和生态基础设施基本建成，国家文化中心地位进一步增强，服务国家治理体系和治理能力现代化的空间条件显著改善，奠定新时期首都政治文化功能的空间图景框架，以全新面貌迎接中华人民共和国成立80周年。

中期，首都政治、文化和国际交往功能进一步优化，首都空间格局基本形成，运行效率和保障水平全面提升，具备服务保障首都国家治理体系和现代化的能力。北京成为拥有世界一流优质国家政务条件和国际交往环境的大国首都，成为彰显中华文化自信与多元包容魅力的世界文化名城。

远期，传统与现代交融的首都空间布局全面完成，具备全面服务保障首都国家治理体系和现代化的能力。北京全面建成富强民主文明和谐美丽的社会主义现代化强国首都，成为具有广泛和重要国际影响力的大国首都，成为弘扬中华文明和引领时代潮流的世界文脉标志。

3.3 首都空间布局的前景展望

中国建设什么样的首都，怎样建设首都？我们要建设的是民族复兴的首都、文化自信的首都、社会主义现代化强国的首都，要在首都建设中展示中华5000年文明的中国智慧、民族团结统一的力量以及中国倡导的全球政治、经济、文化格局和人类命运共同体的大国风范，体现建设国际一流和谐宜居之都为人民谋幸福的国家信念。为此，规划从三个层次谋划首都空间布局的发展愿景。

3.3.1 促进首都的国家政治、文化、交往功能在京津冀合理布局，建设“新畿辅”

首都国家政治和文化功能的有序运作，将直接影响国家的政治决策力、外交影响力、经济控制力、科技创新力、文化推动力和持续发展力的有效发挥。建设好首都核心区，从更大的区域范围适度布局首都的国家政治、文化、交往功能，及其衍生出来的旅游、休养等职能，不仅可以在一定程度上缓解北京目前面临的人口拥挤、交通拥堵等问题，保障国家治理工作的有序运作，还可以将首都优势转化为京津冀的区域优势，促进首都地区经济、社会、文化的整体繁荣。

构建首都地区国家政治文化交往功能多中心布局的空间框架，包括优化首都政治文化交往功能中心区，完善首都政治文化交往功能拓展区，建设首都政治文化交往功能延伸区（图3-1）。

（1）首都政治文化交往功能中心区

首都政治文化交往功能中心区指北京中心城区，核心是首都核心区，集中承载中央和国家机构办公及相关配套设施，集中体现国家政治、文化交往中心形象。研究认为，在完善既有城区的公共服务设施之外，于中心城区内和边缘选择空间相对开阔的地区，结合“三山五园”、南苑、北中轴小汤山等，以国家功勋纪念、自然科学与人文历史、科技创新史、对外交流史等为

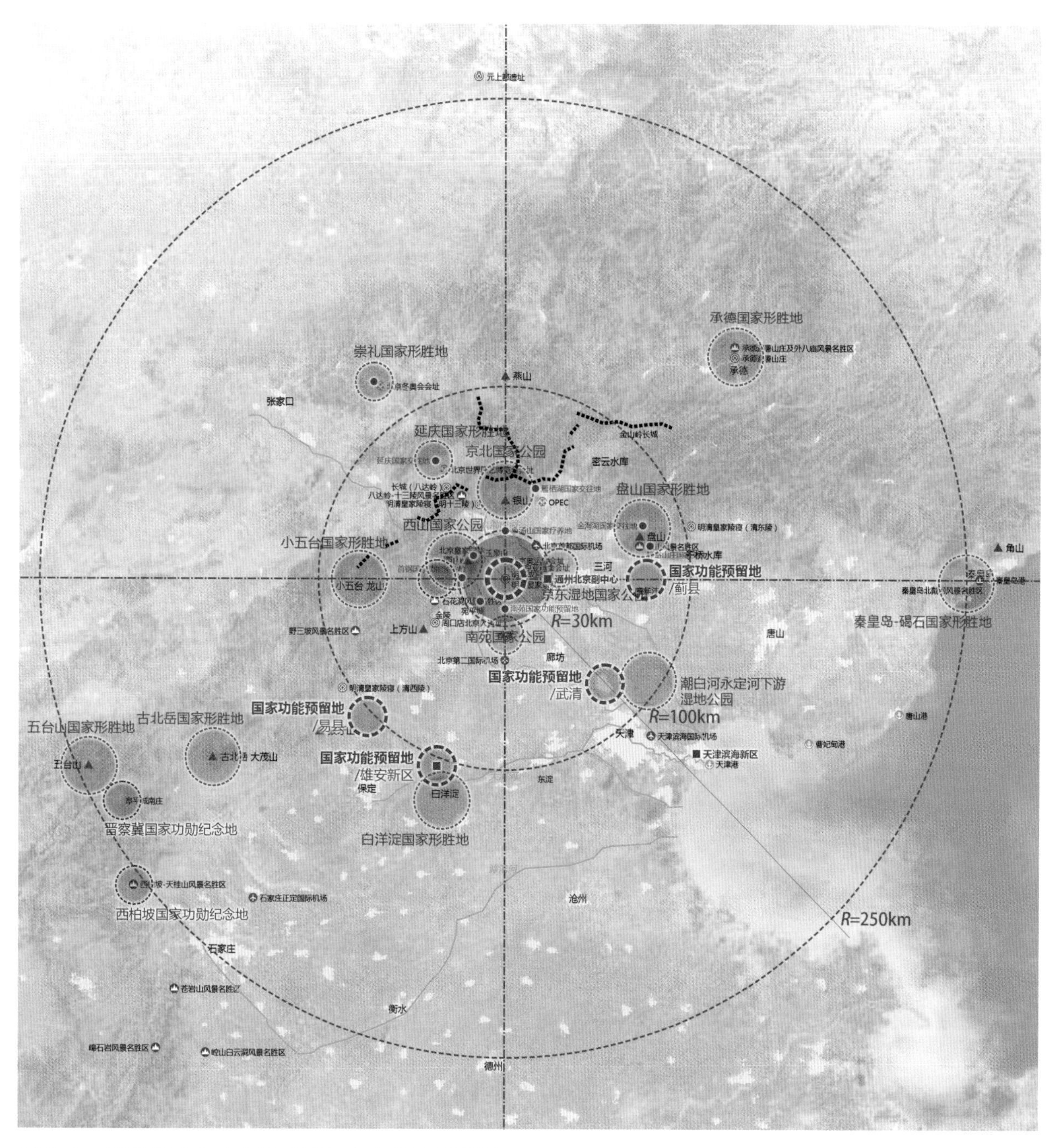

图 3-1　国家政治文化交往功能多中心格局示意图

（底图来源：国家地理信息公共服务平台天地图，审图号 GS（2022）3124 号）

主题，设立国家纪念地或国家游憩地。将标志性的自然山水和历史遗迹纳入区域山水格局之中，包括城东的庆丰闸、八里桥及城南的南海子、莲花池，西南的卢沟桥、潭柘寺，城西北的玉泉山、香山、妙峰山及诸皇家苑囿寺观，城北的银山塔林等，浑然一体，气势壮阔。

（2）首都政治文化交往功能拓展区

首都政治文化交往功能拓展区指北京中心城区外的市域及京津邻近地区。研究认为，应借助自然山水形势，形成壮丽恢宏的首都区域空间形象。根据山水格局、历史文化遗存和土地利用现状，分别在北京中轴线南延长线、长安街东延长线、太行山前、大运河畔等处构建集中容纳工作人员需求数量较大的管理后台、咨询、研究、研发机构等非紧密联系型国家管理服务集中承载地，统筹首都功能区域布局，并为首都人民提供居住、游憩空间。除中轴线南延长线附近雄安新区的国家科技创新职能以外，一是位于长安街轴线东延长线的天津蓟州区盘山以南平原地区，西接首都，东达北戴河，北望盘山，南瞰青淀洼，蓟运河、州河环绕，周边有盘山、静寄山庄等历史景观，可考虑安排文化服务等相关职能；二是位于太行山前狼牙山东部的易县、定兴、涞水区域，北易水和中易水之间，易县古城以南，太行山余脉从北、西、南三面环绕，山环水绕，环境优美，是通往易县古城、紫荆关长城的重要通道，易于安全保障，可考虑其他服务职能；三是位于大运河畔的天津武清地区，地处京津之间，拥有大运河世界遗产和良好的滨水环境，交通便利，可考虑安排经济、服务等相关职能。

（3）首都政治文化交往功能延伸区

首都政治文化交往功能延伸区指首都政治文化交往功能拓展区的外围地区。首都政治文化交往功能延伸区在国家政治文化、军事安全、生态环境、水资源、农产品、能源、港口运输等方面为首都提供区域支撑和保障，是首都的区域腹地、国家的重要经济区域。研究认为，丰富的自然景观和历史文化遗产，为首都政治文化功能的区域延伸创造了条件，可以在西柏坡、城南庄等地设立国家纪念地；在秦皇岛北戴河、承德、张家口、白洋淀等地设立国家休养地，承担国事活动、非正式国家交往等职能。

3.3.2　优化整合首都核心区的布局及相应服务保障

第一，优化首都国家政治、文化、外交功能的首都功能核心区。其主要包括东城、西城两区的首都核心区，是北京历史文化名城保护的重点地区、展示国家形象的重要窗口，以及“三山五园”部分地区，和朝阳区的使馆区等。对于首都功能核心区，结合历史文化名城保护，国家纪念空间和国家文化设施建设，实现首都国家政治中心、国家文化中心与5000年文明历史的完美结合。研究建议突出长安街轴线的国家政治功能、中轴线的国家文化功能，重塑首都独有的壮美空间秩序，形成其间中央政务为主，南、北两侧城市生活为主的功能安排。

对于“三山五园”地区，除了要进一步衔接相关的首都功能安排外，还要重视加强自然和历史文化遗产的保护和利用。北京建都800年以来，“三山五园”地区始终与北京都城保持紧密的国家政治文化联系，是北京都城的水源地和特色农产品供应地，在清代成为中央政权夏季办公和休养地、国家多民族交流地。今天，“三山五园”地区已成为拥有以世界遗产颐和园为代表的古典皇家园林群，集聚世界一流高等学府的传统历史文化与新兴文化交融的复合型地区。研究建议“三山五园”发展成为北京传承都城山水文化的典范地区、国家对外交往活动的重要载体。首先，可考虑以圆明园西区、西苑等作为外交活动的新载体，增强服务中央和国事活动保障能力；其次，保护与传承历史文化，加大文物和遗址保护力度，深入挖掘“三山五园”地区文化资源，实施圆明园大宫门历史风貌保护和功德寺景观提升等工程，保护和展现御园宫门、古镇、村落、御道等重要历史节点；再次，建议建设西山国家公园，提升植被质量，保护山脉生态环境，恢复历史水系和山水田园的自然历史风貌，建设国家农耕纪念园，展现历史盛期水系格局和景观特色，形成公园成群、绿树成荫、历史环境与绿水青山交融的西郊景观风貌。

第二，构建首都空间布局的都城骨架，即首都的中轴线和长安街轴线。

中轴线及其延长线是体现国家文化自信的代表地区，是首都的历史轴线和民族精神象征、国家的精神脊梁，是自北向南串联“燕山山脉—北京老城—南苑苑囿—白洋淀”的山水城轴线。中轴线及其延长线定位建议如下。

①以世界文化遗产的标准，疏解、保护、提升北京老城历史中轴线的文化底蕴，完善轴线空间秩序，全面展示北京都城的历史文化精髓，再现中国都城无比杰作的辉煌。

②开展奥林匹克中心区国际交往、国家体育文化功能建设；提升中轴线北延至小汤山、银山塔林地区的生态保育功能；温榆河、小汤山地区预留国家文化和对外交往功能，建设京北国家公园，凸显自北京城至燕山山脉的山水气势。

③结合南苑地区疏解和改造，在南四环与南苑地区的中轴线南延地区预留新的首都功能用地，重点布置国家政务、文化等服务职能，建设南苑国家公园。高质量开展北京新机场临空经济区建设，预留国际交往功能，着力改善中心城区南北发展不均衡状况。

长安街轴线是中华人民共和国成立以来首都发展的新轴线，是全国各族人民对首都的认知轴线。长安街及其延长线自西向东串联“永定河—西山—北京古城—京杭大运河—渤海湾”，联系了太行山和渤海湾，是首都的重要区域轴线。长安街及其延长线各段定位建议如下。

①以天安门广场、中南海地区为重点，优化以故宫为依托的国家形象窗口，高水平服务保障国家中枢运作和重大国事外交活动。

②以金融街、三里河地区为重点，完善国家政务等管理功能。

③以三里河以西为核心，完善国家军事管理及相关服务职能。

④整合石景山、门头沟地区空间资源，塑造永定河—西山与长安街轴线的山水城节点，为首都空间格局优化预留空间。

⑤建国门及以东地区，进一步提升国际交往和商务管理职能，与北京通州副中心和运河文化交相辉映。

第三，着眼于首都功能未来发展，建议预留空间资源，支撑重要国事活动、对外交往活动、国家纪念活动，展示民族凝聚力和中华文化等。其中，以两轴为骨架，预留南苑的南中轴等南部片区、首钢的首钢—永定河片区、小汤山的奥运公园等北部片区等，支撑国家行政管理、科技创新、国家文化活动。选择对国家统一、民族复兴具有重大历史意义和纪念价值的宛平城等，预留国家纪念活动空间。结合雁栖湖、使馆区等布置国家对外交往功能（图 3–2）。

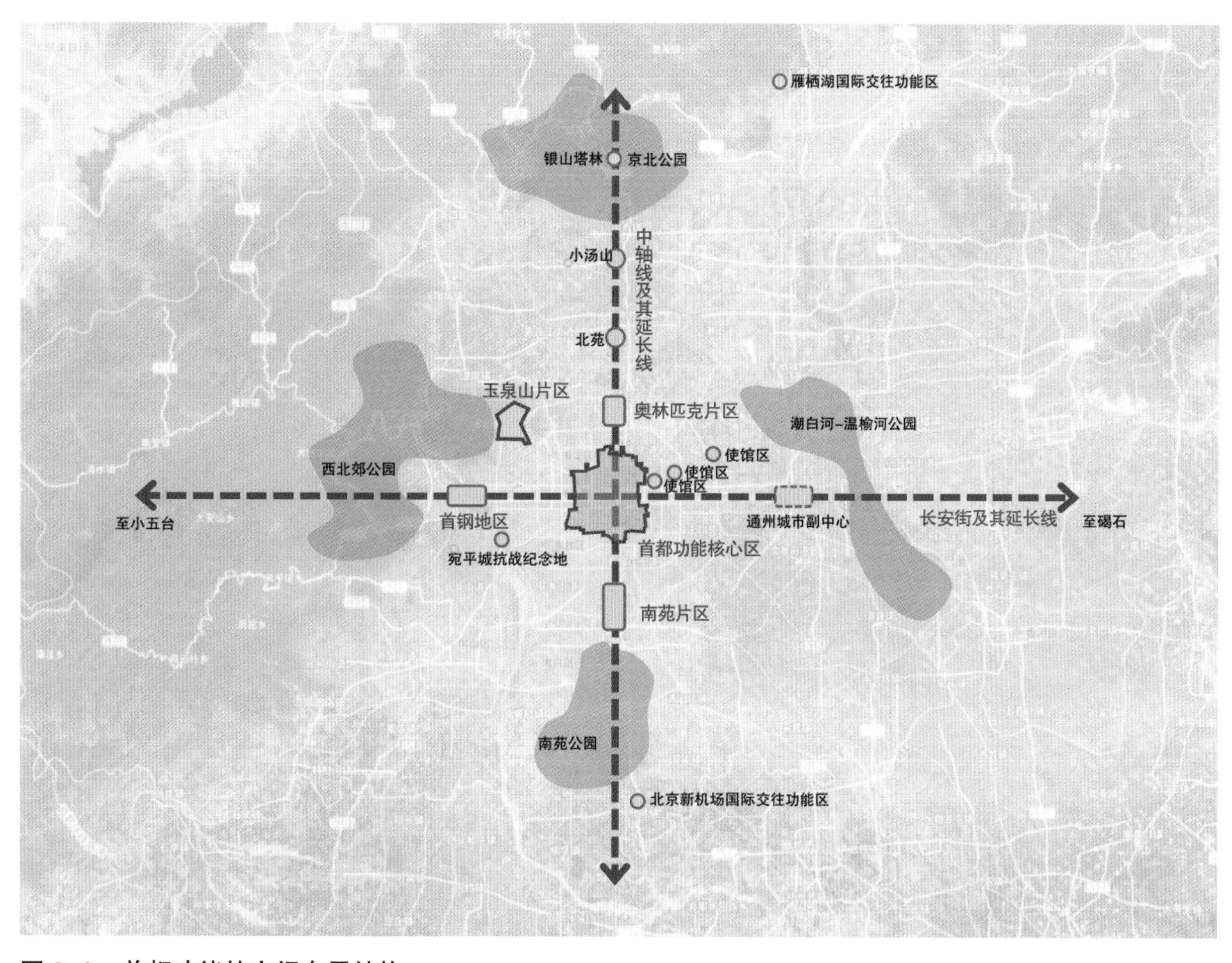

图 3–2　首都功能的空间布局结构

3.3.3　积极利用世界级文化遗产，展现国家政治中心的文化魅力

首都功能核心区的首都功能可以集中分布形成三个片区，涵盖中央和国家机构部门的 80% 左右，是国家政务管理、国事活动、对外交往最为集中的区域，是首都功能的核心地区。建议三个片区以中轴线为轴，左右对称，沿长安街轴线分布。依据老城传统格局和日坛、月坛等文化遗产，结合功能疏解腾挪出的空间，进行街区整治、功能优化，恢复历史水系，完善绿地系统，形成形象鲜明的首都功能的空间布局特色（图 3–3）。

（1）国家管理中枢片区

国家管理中枢片区分布有党中央、国务院、全国人大、高等法院等国家最高机构，是中央政治枢纽。研究建议国家管理中枢片区以天安门广场为中心进行国家公共空间体系的组织，形成庄严、厚重的国家形象，展现中华文明的文化魅力和对全国人民及全球华人的精神凝聚力，主要包括以下几个方面内容。

以天安门广场为核心，以午门、端门、天安门城楼、国旗、人民英雄纪念碑、毛主席纪念堂、正阳门为标识，形成天安门国家广场序列和典礼空间。在天安门广场东侧，结合国家博物馆，完善城市空间，营造尊尚、表彰和纪念革命英雄烈士、民族先贤先烈、重大历史事件的国家纪念性庆典礼仪场所；在天安门广场北侧，以紫禁城为依托，结合午门、端门、太庙、社稷坛，塑造具有中国文化厚重感的国典、国事礼仪空间和文化礼仪空间；在天安门广场西侧，以人民大会堂的人大常委会为重点，联系中南海，完善相关设施，建设国家政治活动公共区，体现国家政治生活的人民性；在天安门广场南侧永定门内，结合天坛、先农坛，完善前门外大街、天坛南大街林荫大道，设立国家纪念地和国家纪念碑，形成从新机场、南苑到天安门广场

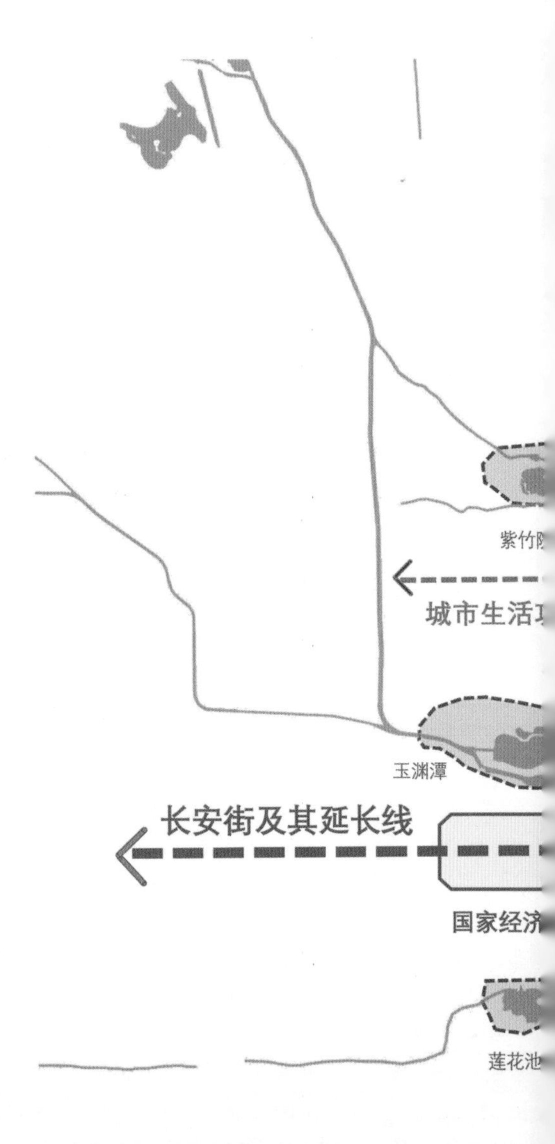

图 3–3 首都核心区首都功能空间布局结构

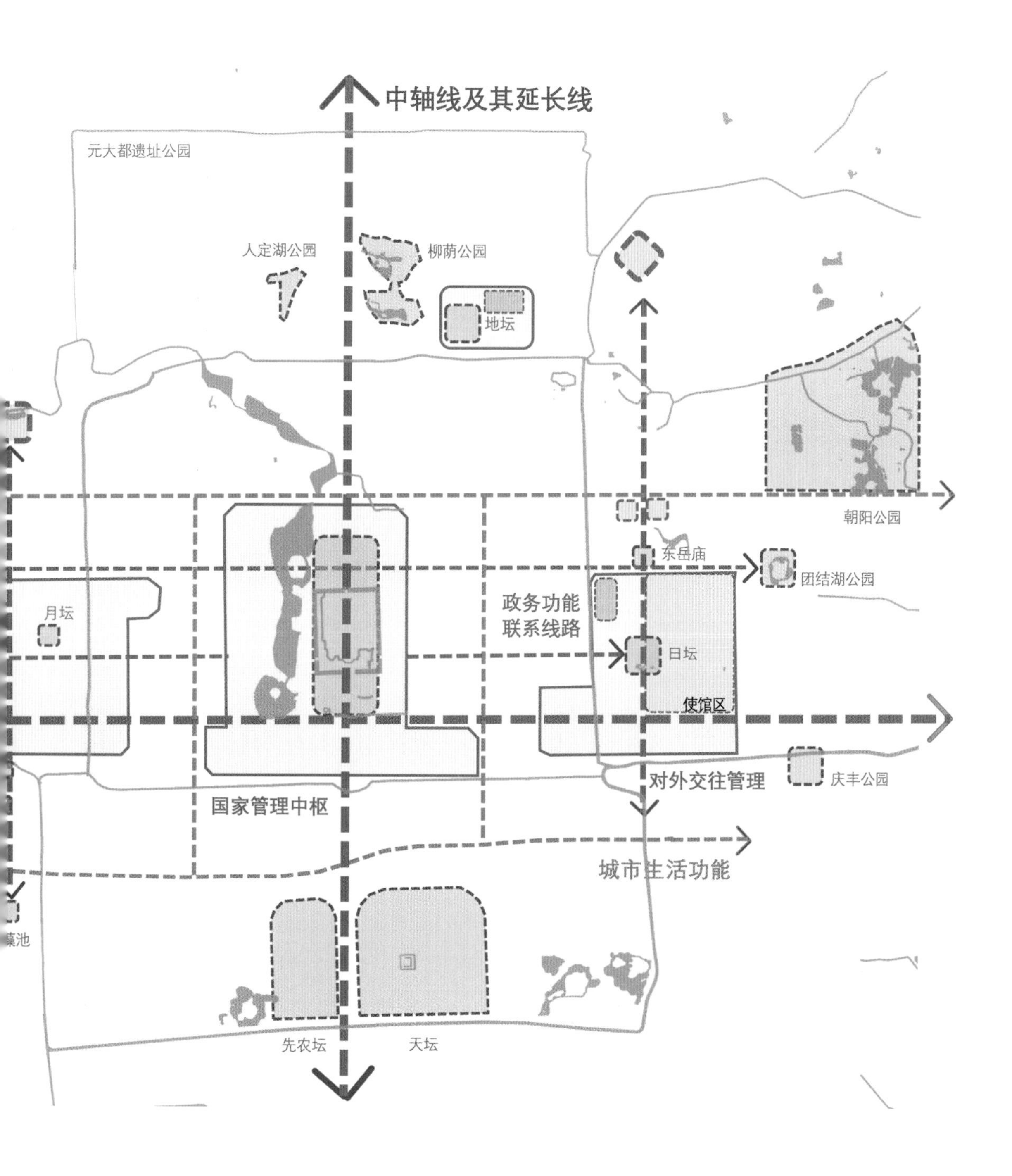
中轴线及其延长线
元大都遗址公园
人定湖公园
柳荫公园
地坛
朝阳公园
东岳庙
团结湖公园
月坛
政务功能
联系线路
日坛
使馆区
庆丰公园
对外交往管理
国家管理中枢
城市生活功能
先农坛
天坛

的首都序列迎宾礼仪空间的一个节点。

结合平房四合院及历史保护区内建筑与环境整治改造，实现现有功能腾退，逐步补充完善国家管理、国事活动等的辅助功能设施。恢复前三门护城河、东皇城根玉河、金水河及南海南历史水系，沟通什刹海、前海、北海与中南海东侧步行联系，形成由什刹海、前海、北海、中南海、皇城根玉河、前三门护城河水系环绕的国家管理中枢区。完善和恢复景山、地安门、鼓楼等都城景观联系和地标性构筑物。

（2）国家经济管理片区

国家经济管理片区分布有包括国家发改委、财政部、“一行三会”等在内的国家经济管理核心部门，以及广电总局等部门。研究建议以月坛为中心进行公共空间梳理，整治和优化周边环境，结合月坛体育馆等空间腾退，形成以月坛及周边为核心的国家军事、科技纪念性空间，构建玉渊潭—月坛—西华门景观轴线，通过梳理现有办公空间、改造调整老旧居住区，腾出更多的公共开放空间，塑造国家内政管理有效、从容、内敛的城市形象。

优化提升西长安街和两侧环境，自西向东形成科技和经济、金融管理等主题的行政办公空间。

结合老旧居住区的改造和整治，优化三里河路、月坛南街、真武庙等地区的职住关系。

（3）国家对外交往管理片区

国家对外交往管理片区分布有包括外交部、海关总署等在内的国家对外交往管理核心部门，以及交通运输部等部门。建议以日坛为中心进行公共空间梳理，构建日坛—东华门景观轴线，通过对沿线历史街区的保护，形成与长安街平行的城市生活轴线，与西侧王府井地区、东侧CBD片区共同营造开放、包容的城市形象。

整治和优化日坛及周边环境，结合现有机构等空间腾退，形成以日坛及周边为核心的国际交往和外事纪念性空间，并塑造向西到东华门的景观轴线。

优化提升东长安街和两侧环境，结合逐步腾退出来的空间，补充、完善行政办公职能。优化和整治使馆区环境。

4

第四章

首都空间布局的实施保障

4.1　国家形象的首都文化功能体系组织及空间安排

首都的文化意义，对内是国家统一、民族认同的标征，对外是集中展示国家文化形象的最大舞台。国家形象的首都文化要立足于中华民族 5000 年文明延续、多民族统一的中国特色、富强民主文明和谐美丽的国家价值体系和价值追求以及世界强国的国家地位。

首都文化功能体系的重要构成，主要集中在突出国家意识、国家文化传承、国家成就展示、对外交往等方面的体系化功能活动组织及空间安排。

第一，国家意识彰显。建议强化国家认同、国家主权、国家统一、国家安全的国家意识，完善天安门广场、长安街轴线、都城中轴线以及首都功能核心区的国家形象规划设计。依托人民大会堂、天安门、紫禁城等，以及前门大街、天坛南大街等公共空间主干，突出国家形象和国家政治生活的人民性；依托长安街轴线，设立首都功能公众开放区，展现社会主义国家人民当家作主的主体性；设立国家革命纪念地，设立纪念革命英雄烈士、中华民族先贤先烈、重大历史事件（如卢沟桥）的国家纪念馆、纪念地，展现不屈不挠的革命史和民族奋斗史；设立革命纪念馆、纪念碑、纪念公园，缅怀、纪念国家功勋、革命先驱为国家发展、改革开放所起到的重要作用。划定八宝山国家公墓、无名烈士公墓，设立为推进国家现代化重大进程、国家社会科技发展、文化艺术发展作出卓越贡献的杰出人物和群体的纪念设施，纪念为中华人民共和国成立和社会进步作出重大贡献的个人和群体。

第二，国家文明传承。建议以都城中轴线和历史文化遗产、自然山水环境为依托，保存和展示国家民族发展的历史传统与自然环境。

强化中轴线的文化职能，在永定门内的南中轴段，利用天坛和先农坛之间的城市街道公共空间，构建纪念区，纪念国家统一和多民族融合；在奥林匹克公园的中轴线北延长段，设立国家传统文化展示研究区，弘扬中华民族历史文化。

尊重千年尺度上中华民族的“天地—社稷—先祖”祭祀体系，在太庙及社稷坛举行以缅怀先烈、民族奋斗和中华民族复兴为主题的国事典礼，依托天坛、地坛、日坛、月坛，拓展周边城市空间，分别以民族复兴、多民族融合、国际友谊合作、科技文化创新等为主题，设立国家纪念、重大民族和国家事件纪念等国家公共活动场所，承接城市文化公共生活功能。

在强化都城中轴线国家文化职能的基础上，连通经过国家经济管理片区的首都博物馆与白云观、天宁寺、金中都鱼藻池，北至现北京展览馆的首都西侧南北副轴，以及经过国家对外管理片区的国际展览馆、东岳庙和日坛的首都东侧南北轴，与北京都城中轴线及其延长线（中华文明轴）并列，与长安街相交，形成首都核心区城市轴线体系，辅以西侧的长河、动物园、紫竹院公园、永定河引水渠、玉渊潭和莲花池，以及东侧的亮马河、朝阳公园、团结湖公园、通惠河、庆丰公园，连通高梁河和永定河水系之间的元明清城池、河湖体系，完善老城生态水系，展现绿水青山的生态文明理念。

上述文化功能通过中轴线和东、西副轴，国家文化遗产、国家纪念地、国家公园、坛庙体系、纪念场馆，拓展以城市开放空间和公共广场等为主体的公共活动地区，辅以谨严有序、礼乐交融的城市公共文化活动，突出“以人民为中心”的发展思想，体现中华民族的绵延昌盛。

第三，国家成就展示。建议依托长安街、东西走向的城市街区，以及西侧的南北副轴地区，设置国家现代化治理和社会经济发展成就的纪念地与展示宣传体系。在西侧的南北副轴北端点，筹划国家建设成就展览馆，展陈国内社会经济发展成就。

除了通过国庆庆典展示国家建设成就外，可在“三山五园”地区结合香山革命纪念地复种京西稻，建立农业历史纪念地；在首钢地区利用现有遗存建立工业遗产纪念地；在海淀山后地区结合航天城、中关村园区等设立科技发展纪念地；为具有突出价值的事件、事迹设立纪念馆、纪念物，展现国家建设的历程与成就。

第四，国家对外交流。研究建议依托长安街轴线以及东侧的南北副轴地区，设置国际交往和国家外事纪念性广场等。在国际文化交流等方面，原有西坝河的国际展览馆可承接对外展览的相关活动，与周边使馆、CBD 地区均有较好的联系。

在国事活动组织上，可考虑改造东交民巷，回应历史上的功能布局；同时，将社稷坛和太庙作为国事典礼活动地，利用天安门和午门之间的空间组织国宾仪式，总体流线更加紧凑，降低现有活动多受城市干扰的影响。

4.2 首都空间布局的实施保障

4.2.1 明确规划实施的重点

以更高的空间品质、更好的服务支撑、更美的自然环境为目标，完善首都空间布局，研究建议重点包括以下几个方面。

第一，民族精神标识。立足于塑造5000年文明国家首都新辉煌的要求，连接首都的历史、现在与未来，实现“都”与“城”的更优整合。尊重历史文脉，采取积极的措施，推动首都核心区占用文物的机构腾退和功能疏解，结合历史经典建筑和园林绿地的修缮与综合整治，为国典、国事、国家外交活动、国家历史文化纪念和展示提供更多具有历史意义、优美环境、文化内涵的场所设施；为全国各族人民参与国家政治生活、树立国家意识、彰显民族自信创造空间条件。

第二，政务活动保障。厉行节约，立足现有中央和国家机构的现状，充分利用现有建筑，综合改善政务街区办公条件，保障中央和国家机构工作的高效运转。

第三，空间品质提升。积极保护和利用具有历史价值的公共与居住建筑，加强首都核心区的广场、公园绿地等公共空间规划设计，突出文化自信，提高文化品质，以更多、更好的公共空间展示日新月异的首都人文精神。

第四，服务配套完善。完善中央和国家机构工作和国事、国际活动的社会化服务，结合首都核心区首都功能各片区的总体定位，就近配套，提高保障水平。增强道路、市政、公共设施等支撑体系的服务能力，开放并激活城市空间，提升城市场所的吸引力和共享性。

4.2.2 划设管控区，保障首都核心区政务安全，提升整体的空间形象

为保障中央和国家政务安全，提供工作配套、生活配套和安全保障，提升整体形象，研究建议划定一定范围的管控区。管控策略如下。

第一，加强首都核心区各政务街区周边适当距离内安全隐患和环境治理，建立协调统一的安全管控机制，对管控区内的规划建设、设施布置进行有效控制，妥善处理公共区与内部工作区的空间联系，以确保重要中央和国家工作的有序运转、安全保障和环境品质。

第二，落实北京市总体规划，逐步腾退非首都功能，腾退后的空间优先用于中央和国家机构办公人员的居住以及公共服务等方面的保障。

第三，恢复历史水系、城市绿廊等公共空间，确保首都核心区各政务街区与周边地区城市风貌、公共空间体系的整体协调，为管控区提供优越的历史、文化、生态空间氛围。

习近平总书记指出："北京是世界著名古都，丰富的历史文化遗产是一张金名片"。党的十九大展望，到21世纪中叶，中华人民共和国成立100周年，将建成社会主义现代化强国，届时首都北京将迎来建都900周年，百年强国之都与千年统一之都将共同见证中华民族5000年的灿烂文明史和200年的伟大复兴史。让我们努力理清完善首都空间布局的基本思路，迈开步伐，扎实行动，精心保护利用好中华文明源远流长伟大见证的北京历史文化，完善和提升国家现代化治理的服务保障水平和民族精神标识的国家形象特色，为建设社会主义现代化强国首都、"以人民为中心"的伟大首都、统一的多民族国家的千年之都、世界一流和谐宜居之都而奋斗！

第二部分

首都空间布局专题研究

5

第五章　专题一

中国古代都城选址、功能布局、空间建构的历史经验——以北京为例

在中国5000年文明的长河中，都城始终都是国家之表征、政治之中枢，在文明进程中占据着至关重要的地位。中国历史上的都城超过百座，仅统一王朝的都城就有数十座，这在世界各国中是绝无仅有的。这些都城的形成虽各有历史背景和地理条件，但是在规划建设中也体现出诸多具有鲜明文化特色的共同特征，具体体现在都城选址、功能布局、空间建构等不同方面。这是中国都城的文化基因，也是可资借鉴的宝贵历史财富。

北京是中华人民共和国的首都，是中国古代都城的“最后结晶”，也是中国统一的多民族国家首都之肇始，被梁思成先生誉为“都市计划的无比杰作”。本章将以元大都—明清北京为重点，综合研究各历史时期都城建设的经验，挖掘中国古代都城规划建设中具有鲜明文化特色的历史规律，旨在为当代都城规划建设提供借鉴。

5.1　都城选址：择中立都，计及万世

都城的选址是都城规划建设的首要任务，更是关乎王朝政权兴废存亡的国家大事。历代王朝都将都城选址作为最高统治集团的大事，反复论证，并最终以基本国策的形式确定下来，作为王朝生存和发展的根基，正如隋文帝迁都诏书所谓：“定鼎之基永固，无穷之业在斯”（《隋书·高祖本纪》）。

不同时代都城的选址有其各自的标准和方法，涉及军事、经济、交通、文化等多方面的要素。通览中国古代历代都城的选址，其中有两点规律一直世代传承并形成鲜明的中华文化特色：其一，中国历代都城在选址中都体现出了对“中”的执着追求，这是中国历史的特色，也是中华文化的特色；其二，虽然中华大地城邑众多，历史上朝代更迭亦频，都城的选址却具有相当程度的稳定性，都城史可以凝练而集中地体现中华民族的历史发展进程。

5.1.1　择中立都

中国古代统治者在建立都城时，都要不遗余力地寻中、得中、居中。择中建都的传统在中华文明早期即已十分明确，后世更是奉之为圭臬。

都城选址中对“中”的追求在历史典籍中被反复强调。清华简《保训》记载了舜求中、得中的故事；商代的都城即有“中商”之称[1]；周人亦矢志不移地求中以建都，《何尊》铭文有“唯武王既克大邑商，则廷告于天，曰：余其宅兹中国，自兹乂民”，《尚书·召诰》《逸周书·作雒解》《史记·周本纪》等对此也多有记述；班固《东都赋》载汉洛阳：“光汉京于诸夏，总八方而为之极”；左思《魏都赋》载曹魏邺城：“考之四隈，则八埏之中，测之寒暑，则霜露所均”；李时勉《北京赋》载明北京：“视万国之环拱，适居中而建极”。可以看出，对“中”孜孜以求，并以“中”为都城之址，是中国历史上源远流长的传统。

这个“中”不是自然地理意义上的“中”，中国历史上处于不同地理位置的都城都可以自称为“中”。这个“中”是精神文化之“中”，都城是文明之表征，是国家和民族凝聚的精神内核。《周礼·地官·大司徒》载：“……谓之地中：天地之所合也，四时之所交也，风雨之所会也，阴阳之所和也。然则百物阜安，乃建王国焉。”也就是说，这个“中”是天地交通之处，都城必须得“中”，君主才能承受天命，获得政治和文化上的正统性和凝聚力。这个“中”也是政治统治之“中”，都城是统治的中枢，是国家治理的政治核心。《韩非子·扬权》载：“事在四方，要在中央，圣人执要，四方来效。”都城就是这个控制和治理“四方”之事的“中央”。

5.1.2　计及万世

在中国历史上，都城在文化和政治方面一直具有至关重要的地位，与国家和民族的命运息息相关；与此同时，都城自身也要依赖于长期累积形成的深厚的文化积淀与复杂的政治网络来施展其文化与政治职能。因此，历朝历代对都城的选址、迁建等都非常慎重，要经过反复论证。正如《历代宅京记·序言》中所述：“卜都定鼎，计及万世，必相天下之势而厚集之。”

因此，中国历史上的都城选址本身也带有相当的稳定性，正如姜宸英所谓：“余考自古帝王建都之地，多且久者，莫如关中，今则燕京而已”（《日下旧闻·姜宸英序》）。都城史可以凝练而集中地体现中华民族的历史发展进程。自秦始皇统一天下，中华民族的历史可以分为两个大的阶段：一是“长安—洛阳”时代，即秦、汉到唐、宋，以汉族为主体的中华民族形成并初步发展；二是“北京”时代，即辽、金、元、明、清，以汉族为主体，包括汉、蒙、满、藏、回、维等多民族的中华民族全面形成，多民族统一国家确立，基本奠定了近现代国家与“国族”的基础[2]。

5.2 都城功能：政治仪礼中枢，京畿拱卫辅弼

都城是国家的表征和中枢，都城兴衰与国家命运紧密结合在一起。就其功能而言，不能仅仅是服务于一般的城市发展，而是要从国家兴亡的高度来看待。中国古代政治与仪礼往往紧密结合在一起，构成都城功能的中枢，以树立政治核心，展示国家形象。与此同时，都城具有重要的文化、外交功能，教化是维持长治久安的重要治理手段。都城还肩负有军事职能，保障政治中枢的安全并指挥广域国土的军事力量。此外，作为广域国家的中枢，中国古代的首都功能布局并不仅仅限制在都城的范围内，而是有广阔的京畿地区发挥辅助作用。

5.2.1 以政治、仪礼为核心

作为国家表征和政治枢纽，中国古代都城的功能呈现出以仪礼与政治为核心的特征，前者旨在展示国家形象、凝聚文化内核，后者则重在树立政治核心、实施政治统治。在历史上，这两种功能常常融合为一体。

如果缺失了政治和仪礼功能，则都城不能称之为都城。这是中华文明早期即已确立的传统。《左传·庄公二十八年》中有云：“凡邑有宗庙先君之主曰都，无曰邑”，夏、商、西周乃至春秋时期的宫室建筑基本上是宫庙一体的，宗庙不仅是祭祀祖先的场所，也是重要的行政场所和重大礼仪活动的举行地。众多政治上的大事都要到宗庙请示汇报，族中的重要礼节和政治上的重大典礼，如即位、朝聘、策命等，都要在这里举行[3]。可以说，礼仪与政治是都城最核心和最必不可缺的功能组成。

在中国历史上的都城规划建设中，历来都将政治和仪礼建筑置于最重要的地位，占据显要的地理位置，塑造显赫的建筑形象。《诗经》中凡提及宫庙（寝庙），几乎都要渲染其宏伟、壮阔之势，如《小雅·巧言》中云："奕奕寝庙，君子作之"，《大雅·绵》中云："其绳则直，缩版以载，作庙翼翼"，《鲁颂·閟宫》中云："松桷有舄，路寝孔硕。新庙奕奕，奚斯所作"。后世宫、庙分离。宫兼具政治和仪礼功能，当仁不让地占据着都城中最为显要的位置，是都城建设的重中之重。历代都城在规划之初，都要先选择宫城的位置，先行建设。宫城始终位于城市结构的核心位置（图 5-1）。庙成为承载纯粹的礼仪功能的礼制建筑，仍旧在都城建设中占据重要地位，并逐渐形成国家制度，明清北京著名的"九坛八庙"体系就是帝制时期晚期系统、完备的礼制建筑的结晶。"九坛"包括天坛（内含祈谷坛）、地坛、日坛（又称朝日坛）、月坛（又称夕月坛）、先农坛（内含太岁坛）、社稷坛、先蚕坛，"八庙"包括太庙、奉先殿、传心殿、寿皇殿、雍和宫、堂子、历代帝王庙、孔庙（又称文庙）（图 5-2）。

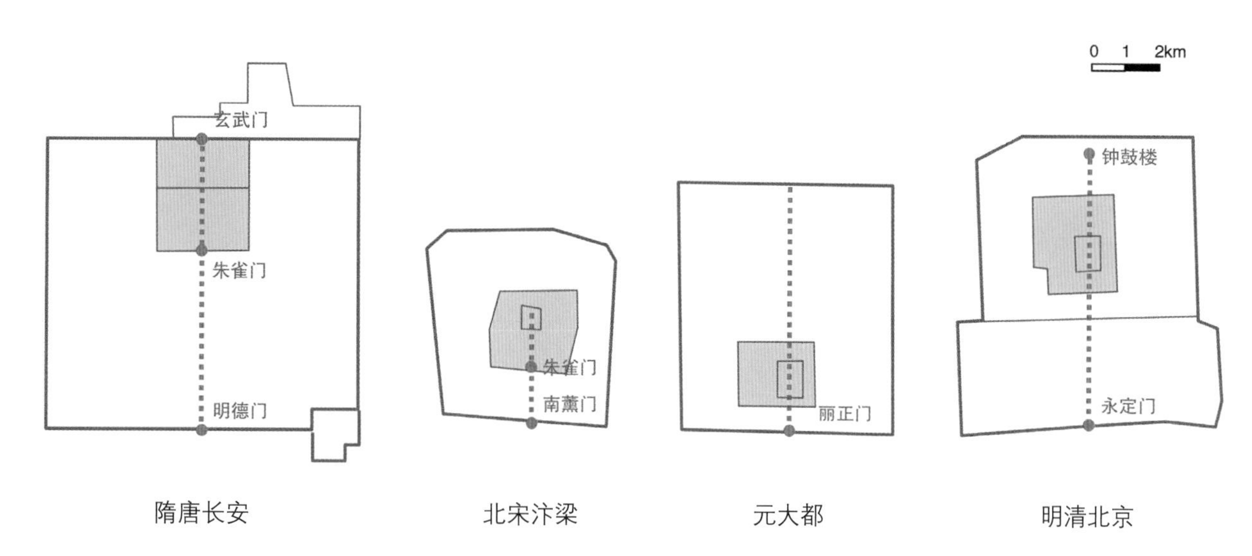

图 5-1 中国古代都城中宫城居于核心位置

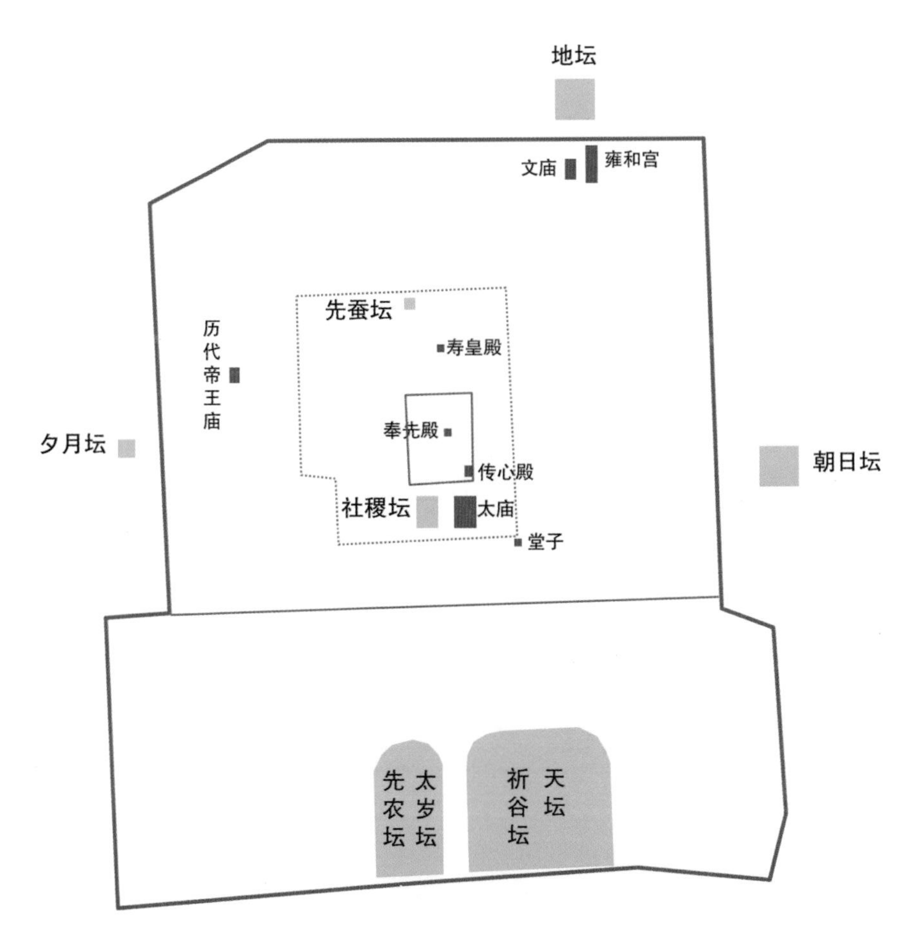

图 5–2 明清北京坛庙体系

5.2.2 以文化、外交为使命

自上而下实施教化，是中国古代正风俗、治国家、和万邦的重要国策，正所谓："南面而治天下，莫不以教化为大务"（《汉书·董仲舒传》）。都城则肩负着对内、对外施行教化的重要使命，如《汉书·儒林列传》所云："教化之行也，建首善，自京师始，繇内及外。"因此，若以今天的城市功能类型而言，文化、外交等也是都城功能的主要内容。

都城是文化正统和典范之所在。儒家文化是自汉以来最为主流的社会文化，都城往往就是儒家文化的中心。首先，都城设有国家的最高学府和教育行政机关。《汉书·董仲舒传》中云："养士之大者，莫大虖太学；太学者，贤士之所关也，教化之本原也。""立太学以教于国，设庠序以化于邑。"太学是国家最高学府，汇聚思想，传播儒学，统一文化，教化四方。汉武帝纳董仲舒之建议于长安创设太学，此后历代沿袭不辍，续有发展。自隋代始，又于都城设国子监负责领导管理中央直系的学校教育。与此同时，当时学术思想的典范也往往树立于都城，东汉起一些王朝常在都城刻制儒家经典于石上，称为石经，作为当时学术的标准与范本。著名的石经有东汉洛阳的熹平石经、曹魏洛阳的正始石经、唐长安的开成石经、北宋开封的嘉祐石经、南宋临安的高宗御书石经、清北京的清石经等。

都城汇集了全国各地的文化并吸取外域文化，经过融合趋向更高的发展，往往是具有强大影响力的文化中心。这种影响力不仅仅局限于国内，也辐射到外域。外交也是都城的一个重要职能。丝绸之路、郑和下西洋等名垂青史的中外交流活动的起点都在当时的都城。自西汉时都城长安即设有专门的外交管理机构大鸿胪，还设有蛮夷邸专门接待外来宾客。明清北京的会同馆、四译馆也都是都城中专门设置的外交机构。在一些都城中还有规模不小的外国人聚居区，如北魏洛阳的四夷里、唐长安的蕃坊等。

5.2.3 以军事、安全为根基

"国之大事，在祀与戎"（《左传·成公十三年》），无论古今，军事都是保障国家稳定、长治久安的关键和根基。都城也肩负着重要的军事职能。一方面，都城必须有充足的军事防御以守护国家政治中枢；另一方面，都城也是广域国土的军事指挥中心。

首先，历代都城都有着完备的、层层环护的军事防御系统。除去利用山川形势在都城外围设置大量关隘、卫所等，历代都城及其周边都屯戍重兵，守卫都城。唐初实行府兵制度，全国共有折冲府 634 个，都城所在的京兆一府就有 131 个；宋仁宗庆历时，天下兵额 125.9 万，而禁军、马步两部分就有 82.6 万，其中守卫都城的禁军绝大部分都驻守在都城开封[4]；明北京设有京营，屯重兵于都城，总量超过 18 万；清北京则有八旗兵和绿营兵驻守。

与此同时，都城更是全国的军事指挥中心，一方面要保障广域国土的安全、稳定，另一方面要抵御周边势力的侵扰。国家的最高军事管理机构都设置在都城，并通过自上而下的体制及便捷的交通、邮传等系统控制全国兵力，达到“如身之使臂，臂之使指”（《管子·轻重乙》）的效果。此外，都城常常成为直面外敌的重要堡垒，长安地区就是秦、汉应对匈奴、唐初遏制突厥的前线；北京更是位居军事要塞，明成祖迁都北京后，即迅速建设起以京城为中心的边防体系。

5.2.4　以京畿发挥支撑、拱卫、保障、辅弼作用

作为广域国家的中枢，中国古代的都城还有一个显著的特征，就是首都功能布局并不仅仅限制在都城的范围内，而是有广阔的外围地区发挥辅助的作用，“都城＋京畿”形成功能完备、规模宏大的大国首都地区。

中国古代京畿地区的主要职能包括以下四个方面：水陆交通支撑；军事力量拱卫；生态农业保障；政治文化辅弼。以明清北京为例，这些职能分布在以都城为中心的两个空间层次上，形成了两个层次的京畿城邑圈，共同发挥首都职能。

第一层次，小京畿地区，在都城周边约200里范围。依附于都城，城邑规模较小，隶属于特定的行政区，为都城提供经济、防卫等方面的服务与支撑。元设有大都路，明、清设有顺天府，大致在今长城以南，遵化以西，拒马河、大清河、海河以北的范围，远远超出了今天的北京市域。西部和北部地区有怀来、延庆、昌平、密云等，发挥军事防卫的作用；东部有蓟县、丰润、玉田等，作为都城农产品的供应地；东南有通县、宝坻、三河、香河、武清等，依靠水运通道，提供渔盐之利；南部有大兴、良乡、霸县等，占据陆路通道，为都城提供农副产品；此外，还有易县、遵化等是皇室陵寝所在地。

第二层次，大京畿地区，都城周边300里左右的范围。城邑具有一定规模，与北京紧密联系，使都城得到一个更大的腹地，便于经济相互接济；与此同时，其建制和功能又具独立性，是一定地域范围内的政治、经济中心，

甚至是省府所在。西北的宣化府起到军事防护、与北方及西北民族进行商业交往的作用；东北的承德府是帝王常往驻跸的另一个行政中心，分担政治任务和民族事务；东南的天津府是海、漕交通枢纽和商业城镇，为京师联络江南广大地区；南部的保定府则是都城在军事和文化上的辅弼之地（图 5-3）。

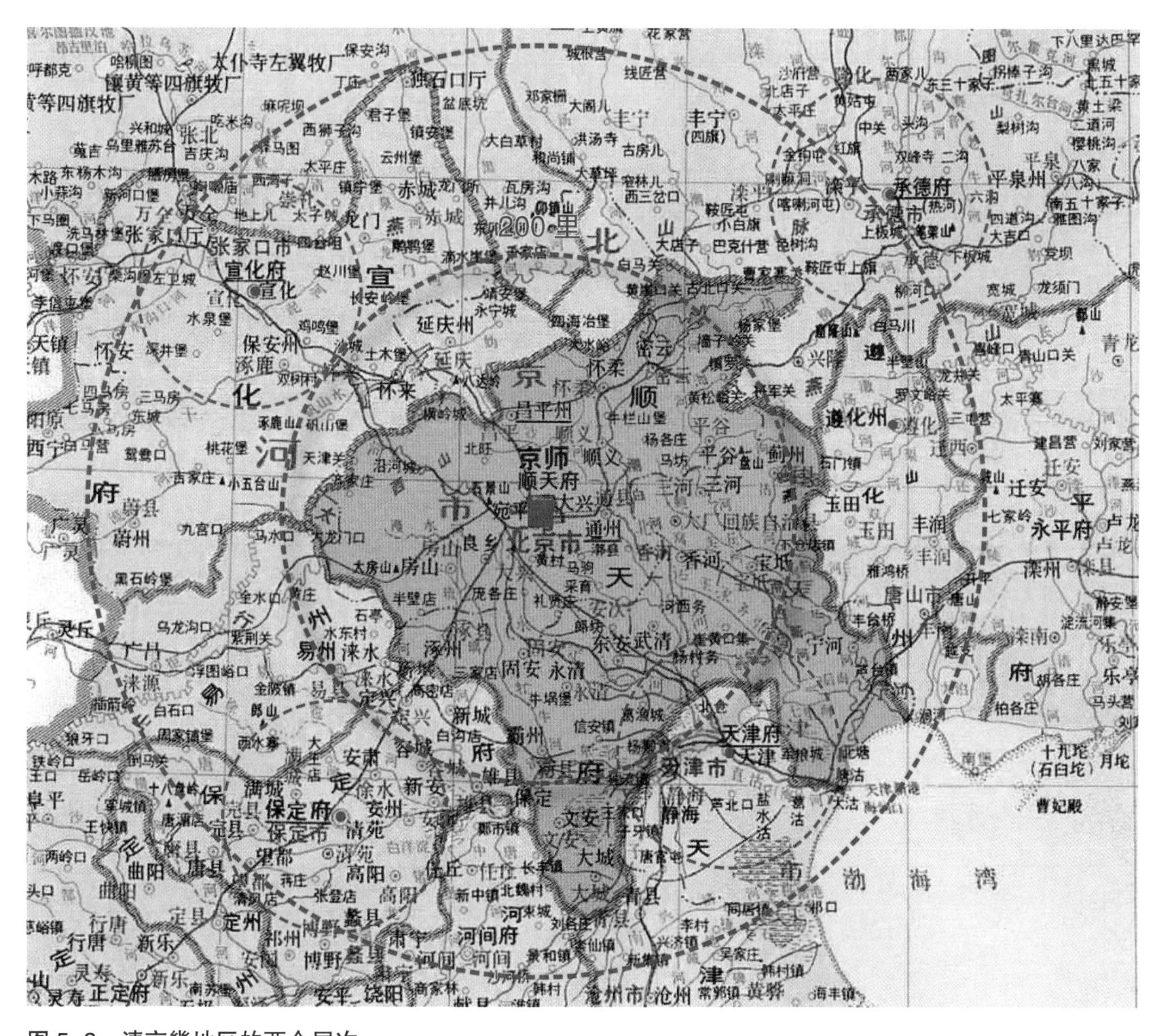

图 5–3　清京畿地区的两个层次

（底图来源：谭其骧《中国历史地图集·清代》第 7–8 页）

5.3　都城的空间秩序：山川拱卫，纲维有序

中国古代都城形成了一套完整的、在世界上独具特色的规划布局模式，通过建构山川拱卫、纲维有序、礼乐交融的空间秩序，强化都城的中心地位，实现都城的中枢功能，塑造都城的宏阔形象。

5.3.1　山川拱卫的区域格局

都城空间布局与区域山水格局交融是中国古代都城的典型特征。北京城也体现出明确的山川拱卫的区域格局。

一方面是宏观的山水格局，形成都城制衡天下的战略形势和宏阔壮丽的空间意象。就北京而言，右太行，左沧海，枕居庸，抚中原，拥有壮阔的“燕山—太行山”“运河—渤海”的山—水—城格局。《元史·巴图鲁传》载：“幽燕之地，龙蟠虎踞，形势雄伟，南控江淮，北连朔漠。且天子必居中以受四方朝觐，大王果欲经营天下，驻跸之所，非燕不可。”陶宗仪《南村辍

图 5–4　北京背山面海的大山水格局

（图片来源：《大清一统志·顺天府图》）

耕录》载："右拥太行，左注沧海，抚中原，正南面，枕居庸，奠朔方。"《明实录·太宗实录》又言："伏维北京，圣上龙兴之地，北枕居庸，西峙太行，东连山海，俯视中原，沃野千里，山川形势，足以控制四夷，制天下，成帝王万世之都也"（图 5–4）。

微观的山水环境构成都城美好人居的自然基底，北京西有西山、玉泉，东有白河、通惠河，山环水绕，山清水秀。《大兴县志》载："北则居庸笄峙，为天下九塞之一，悬崖峭壁，保障都城，雄关叠嶂，直接宣府，尤重镇也。西山秀色甲天下，寺则香山、碧云，水则玉泉、海淀，而卢沟桥关门巀立，即古之桑干河，京邑之瀍涧也。畿南皆平野沃壤，桑麻榆柳，百昌繁殖。"《蓬窗日录》载："北京青龙水为白河，出密云南流至通州城。白虎水为玉河，出玉泉山，经大内，出都城，注通惠河，与白河合。朱雀水为卢沟河，出大同桑干，山经太行，入宛平界，出卢沟桥……玄武水为湿余、高梁、黄花镇川、榆河，俱绕京师之北，而东与白河合"（图 5–5）。

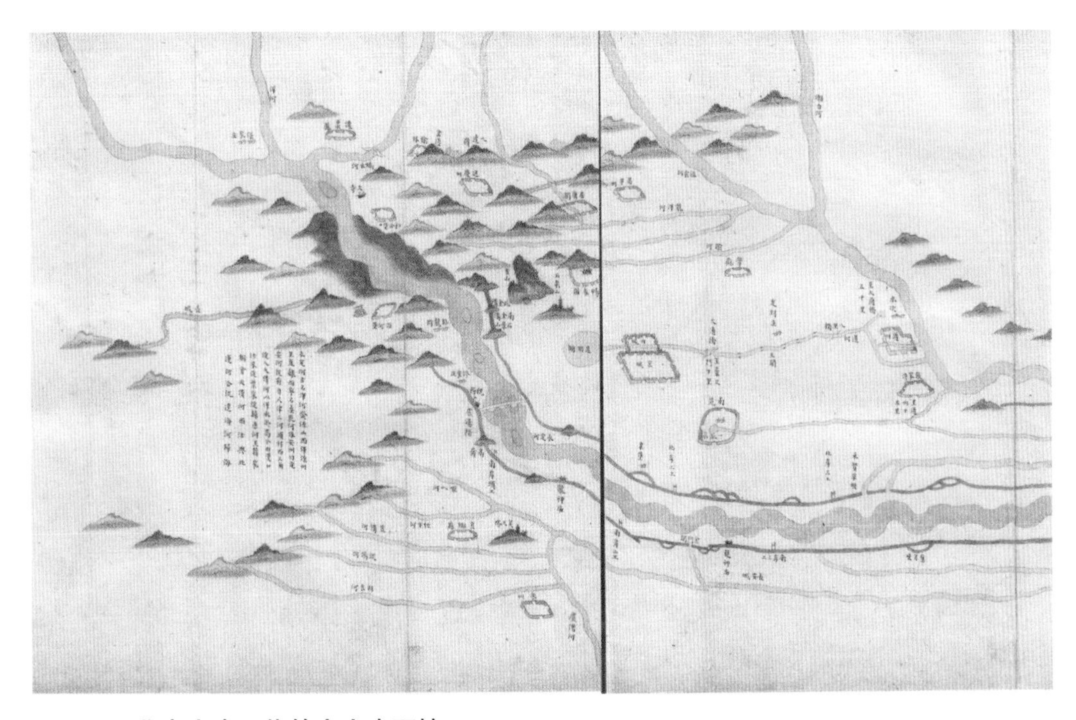

图 5–5　北京山水环绕的小山水环境

（图片来源：《乾隆九省运河泉源图》）

与自然地理格局相结合，形成围绕都城的两个层次的自然名胜圈：首先是京畿（大山水），在200~300里范围内，东有盘山、遵化至秦皇岛、姜女石，西北有居庸关至宣化府、张家口、鸡鸣山，西南至涿州、易州，清时还有东北的承德避暑山庄。这也就是前文所述与京城有紧密功能联系的京畿地区的范围。其次是郊坰（小山水），在城外60里的范围内，包括城东的庆丰闸、八里桥、东岳庙，城南的南海子、莲花池，西南的卢沟桥、潭柘寺，西北的玉泉山、香山、妙峰山及诸皇家苑囿和寺观，北部的巩华城、明帝陵等。这一范围内风景名胜非常密集，与都城居民的游赏等活动关系最为密切（表5-1）。

明清著作中的都城名胜举例 表5-1

作者	书名	郊坰	京畿
（明）蒋一葵	《长安客话》	玉泉山、万寿寺、香山寺、碧云寺、仰山、钓鱼台、海淀、瓮山、卢沟桥、天寿山、清河、沙河、巩华城、诸王公主坟等	涿州督亢陂、蓟州盘山、丰润塔、遵化龟镜寺、福泉寺、昌平白浮山、怀柔红螺山、居庸关、秦皇岛、姜女石、古北口、宣府、怀来鸡鸣山、张家口翠屏山等
（明）刘侗、于奕正	《帝京景物略》	满井、东岳庙、南海子、卢沟桥、玉泉山、瓮山、潭柘寺等	蓟州盘山、怀柔红螺山、涿州督亢陂等
（清）吴长元	《宸垣识略》	南苑、畅春园、圆明园、静明园、静宜园等	—
（清）震均	《天咫偶闻》	庆丰闸、通州八里桥、南海子、莲花池、石景山、潭柘寺、香山、静宜园、妙峰山、仰山等	承德避暑山庄

在都城的空间布局中也特别追求与山水环境的呼应，通过区域尺度的轴线，将具有标志性的自然要素纳入都城空间格局之中，浑然一体，气势壮阔（图5-6）。

5.3.2 纲维有序的城市空间

都城的城市空间首先是首都功能的载体，作为层次分明的首都功能的空间载体，谨严的空间秩序是中国古代都城空间的一个典型特征，明清北京城就是一个典型例证。首都功能的空间布局呈现出大集中、小分散、圈层式的特征。政治和礼仪的中心一般都位居都城空间布局的中心位置，包括政事（衙

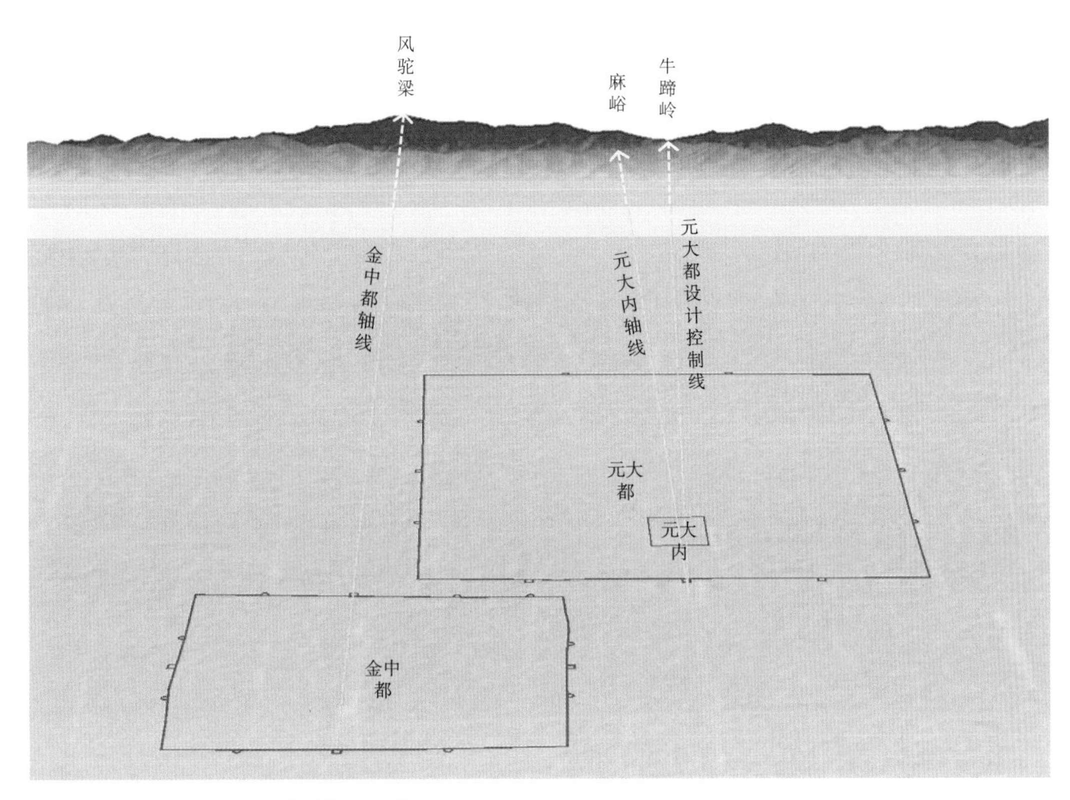

图 5-6　金中都、元大都轴线示意

（图片来源：武廷海，王学荣，叶亚乐．元大都城市中轴线研究——兼论中心台与独树将军的位置 [J]. 城市规划，2018，42（10）：63-76.）

署）、文教以及一些支撑性的功能，依其性质及与中央枢纽的关系不同呈圈层式分布，相应的都城空间则具有明确的中心、轴线与空间层次，形成纲维有序的都城空间（图 5-7）。

明确而显赫的都城中心。明清北京城的政治和礼仪中枢位于都城的中心

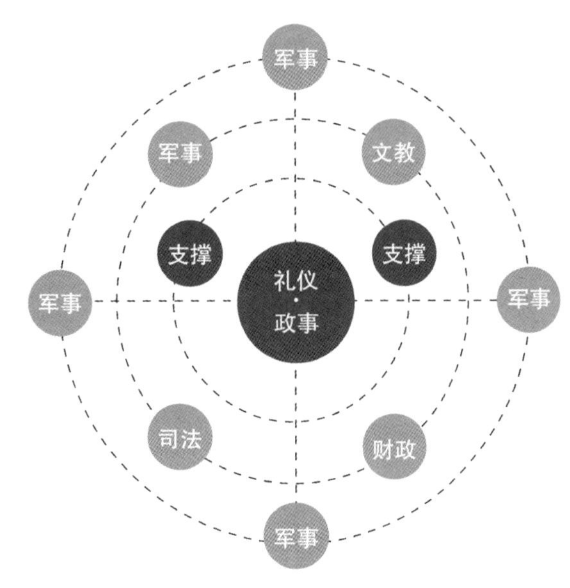

图 5-7　明清北京的“首都功能”空间布局结构特征

位置，占据了城市结构中最为关键的位置。《吕氏春秋·慎势》中有言：“古之王者，择天下之中而立国，择国之中而立宫，择宫之中而立庙。”《考工记》中表述的王城模式也非常明确地将宫城置于城市最为核心的位置。隋大兴城的规划中更是明确地将包含有各类宫室和中央官署的宫城、皇城布置在城市中轴线的北端，与市民居住生活的片区区分开来，被宋敏求称赞为“隋文新意”①。明北京城市的空间布局延续了这样的传统，自外而内形成三重城垣，分别是外郭城、皇城、宫城。宫城内部是用于国家仪典、朝会和君臣议政的殿堂，以及供皇帝及其妃嫔子女日常生活起居的宫室，是国家政治和仪礼的中心。皇城内则主要是为皇室服务的内府各种机构。在皇城正门之南、千步廊两侧，则布置有五府六部的衙署，是国家的行政中枢。在皇城之外，外郭城的范围内则分散布置着司法（三法司）、文教（贡院、武学、国子监）、财政（宝泉局）、军事（戎政府）等若干零星的中央职能机构。清代北京城基本继承了明代格局，仅进行了局部的改造和更动。宫城的结构仍因明旧制，各府衙门的位置也没有大的调整（图 5-8）。

以轴线串联具有重要地位的空间要素，形成城市空间的主干。以轴线串联具有重要地位的空间要素以强化其地位，是自先秦即已产生的规划传统。帝制时期的诸多都城也往往存在这样的轴线，如秦咸阳的阿房宫轴线，汉长安的未央宫轴线、高庙轴线，唐长安的太极宫轴线、大明宫轴线，隋唐洛阳的明堂轴线等。明成祖改造北京，在宫城前左、右相对布置太庙与社稷坛，宫城后以万岁山形成制高点，又把钟楼、鼓楼向东移到全城轴线上，从而形成一条从正阳门直贯钟楼的全城轴线。明嘉靖时期增筑外城，又把这一轴线延伸到永定门，成为长达 9km 左右的南北纵轴。梁思成对此赞美道：“北京在部署上最出色的是它的南北中轴线，由南至北长达 7 公里余……在景山巅上看得最为清楚。世界上没有第二个城市有这样大的气魄，能够这样从容地掌握这样的一种空间概念。”[5] 这条轴线贯穿城市中心，串联起了一系列具有重要地位的建筑物，自南向北包括永定门、先农坛—天坛、正阳门、五府六部、大明门、承天门、太庙—社稷坛、午门、皇极门、皇极殿、中极殿、

图 5-8　明北京城及其中央行政功能区的基本分区

（底图来源：徐苹芳《明北京城复原图》）

建极殿、乾清宫、坤宁宫、钦安殿、玄武门、万岁山、北安门、鼓楼、钟楼。具有礼仪教化性质的政治枢纽（宫城）与处理国家政事的衙署（五府六部）和其他城市功能相组合，构成相对对称的都城中轴线，成为城市空间组织的主干，形成有序的城市空间。宫城和衙署本身也以城市中轴线为轴，呈对称式布局。前朝后寝，左文右武，井然有序。可以看出，负担中央行政职能的建筑占据了最大比例，相应地也就在城市中占据了最为突出的地位（图 5-9）。

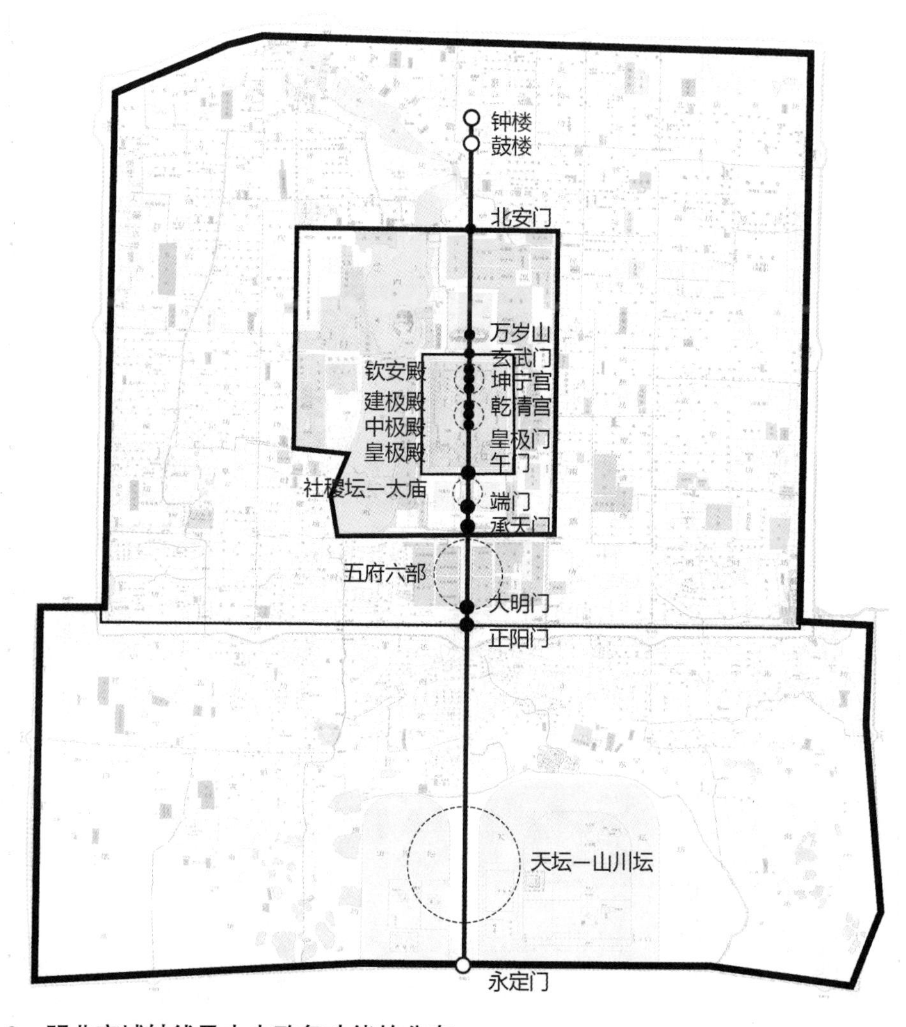

图 5-9 明北京城轴线及中央政务功能的分布

5.4 结论与讨论

中华民族有 5000 多年的文明历史，创造了灿烂的中华文明，中华人民共和国是全国各族人民共同缔造的统一的多民族国家。在统一的多民族国家形成与发展的历史进程中，首都作为全国政治统治中心和文化礼仪中心，凝聚全国各族人民，实现国家认同，是历史底蕴深厚、各民族多元一体、文化多样和谐的文明大国的最高表现和综合标志。北京是中华人民共和国的首都，传承了金中都、元大都、明清北京城800多年的古都文化，山河秀美，文物丰富，是统一的多民族国家首都典范。通过对以北京城为典例的中国古代都城选址、功能布局和空间建构的历史规律的研究，可以看到，中国古代都城承载着政治、仪礼为核心的重要职能，又有广阔的京畿地区发挥辅助作用，形成了与自然山川相融合，又具有鲜明的文化特征和人文秩序的都城空间形象。这是中国古代都城的文化基因，也是对今天建设具有中国特色、文化底蕴的社会主义现代化国家首都具有重要启发意义的历史经验。

注　释

① （宋）宋敏求《长安志》："自两汉以后，至于宋齐梁陈，并有人家在宫阙之间，隋文帝以为不便于民，于是，皇城之内，唯列府寺，不使杂人居止，公私有便，风俗齐肃，实隋文新意也！"

参考文献

[1] 卢央，邵望平 . 考古遗存中所反映的史前天文知识 [M]// 中国社会科学院考古研究所 . 中国古代天文文物论集 . 北京：文物出版社，1989.

[2] 武廷海，王学荣，叶亚乐 . 元大都城市中轴线研究——兼论中心台与独树将军的位置 [J]. 城市规划，2018，42（10）：63-76.

[3] 杨宽 . 试论西周春秋间的宗法制度和贵族组织 [M]// 杨宽 . 古史新探 . 上海：上海人民出版社，2016.

[4] 史念海 . 中国古都和文化 [M]. 北京：中华书局，1998.

[5] 梁思成 . 我国伟大的建筑传统与遗产 [M]// 梁思成 . 梁思成全集（第五卷）. 北京：中国建筑工业出版社，2001.

6

第六章　专题二

“梁陈方案”与中华人民共和国成立初期的首都规划

6.1　中华人民共和国成立前后的北京规划

北京作为国家首都和党中央所在地，其规划建设自中华人民共和国成立之初起就是国家大事。

辛亥革命之后，北京作为明清故都，由于种种原因，开展了一些规划建设项目，北洋军阀时期在旧城以东建立第一个开发区，并提出在旧城以西建立新城的设想。日伪时期制定《北京都市计划大纲》，将旧城以西规划为充当新行政中心的新市区，旧城以东为工业仓库区，目的在于避免日本人与中国人混居，并满足北京作为侵略根据地的需要。抗日战争胜利后，1946 年，北平政府在《北京都市计划大纲》的基础上重新编制《北平都市计划大纲》，将城市性质定为“将来中国之首都，独有之观光城市”（图 6–1）。

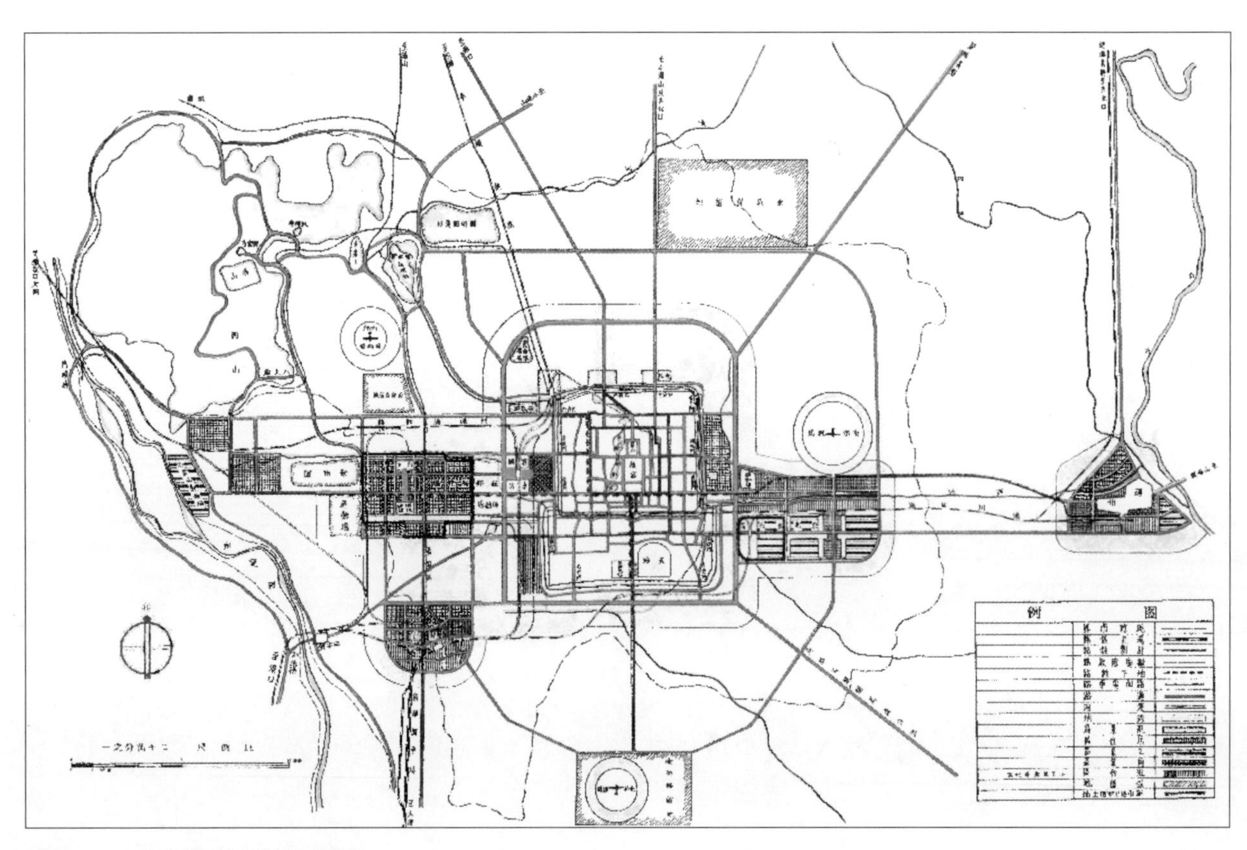

图 6–1　北平都市计划简明图

（图片来源：北平市工务局 . 北平市都市计划设计资料（第 1 集）[M]. 北平：北平市工务局，1947.）

1949年1月北平和平解放，中共中央和中国人民解放军领导机关从河北迁往北平，原有的北平军政机关用地和房屋不能满足首都职能的需要，安置不下当时已有的中共中央机关、中国人民解放军总部和新建的中央政府、北平市军管会（市政府）等单位。首都行政中心位置、规模、规划和建设由此提上议事日程。为应对迫切的首都规划建设的需求，1949年5月，中共中央决定成立北平市都市计划委员会（简称“都委会”），聂荣臻任主任，薛子正、梁思成任副主任。

在都委会成立之前，中直机关供给部（今中直机关事务管理局前身）即委托梁思成进行西郊新市区内的中央领导同志住宅规划设计，这可视为首都行政中心布局规划工作的实际开端。1949年5月，都委会成立大会上，梁思成报告了新市区设计草案，都委会决议“正式授权梁思成先生及清华建筑系师生起草新市区设计”[1]。1949年9月，由莫斯科市苏维埃副主席阿布拉莫夫率领的由17人组成的苏联市政专家团抵达北京，研究北京市政问题，草拟改进规划。1949年11月，苏联专家巴兰尼可夫做了题为《关于建设局、清管局、地政局业务及将来发展和对北京市都市计划编制建议》的报告，提出行政中心设于老城的设想，理由主要集中在两个方面。第一是经济，巴兰尼可夫认为：“鉴于在旧城内已有文化与生活必需的建设和技术的设备，但在新市区要新建这些设施。因此，在旧城区虽有居民拆迁增加投资的一面，又有节省文化、生活用房和技术设备投资的一面，两相抵消，还是在旧城建房便宜。”第二是美观，他认为：“北京是足够美丽的城市，有很美丽的故宫、大学、博物馆、公园、河海、直的大街和若干贵重的建设，已是建立了装饰了几百年的首都。建筑良好的行政房屋来装饰背景的广场和街道，可增加中国首都的重要性。”“北京是好城，没有弃掉的必要，而且需要几十年的时间，才能将新市区建设得如同北京市内现有的故宫、公园、河海等的建设规模。[2]”

1949年12月，卫生工程局曹言行局长、建设局赵鹏飞局长联名提交《对于北京将来发展计划的意见》，明确表示同意苏联专家的意见，反对将行政中心设于西郊新市区的意见。他们认为把行政中心放在旧城区“是在北京市已有的基础上，考虑到整个国民经济的情况及现实的需要与可能的条件以达到新首都的合理的意见，而郊外另建新的行政中心的方案则侧重于主观愿望，对实际可能条件估计不足，是不能采取的。”苏联专家阿布拉莫夫在规划讨论会上的讲词中也曾提到：“市委书记彭真同志曾告诉我们，关于这个问题曾同毛主席谈过，毛主席也曾对他讲过政府机关在城内，政府次要机关设在新市区。我们意见认为这个决定是正确的，也是最经济的”[2]（图 6–2）。

在这种情况下，梁思成和陈占祥（时任北平市都市计划委员会企划处处长、北京市建筑设计院副总建筑师）于 1950 年 2 月提出《关于中央人民政府行政中心区位置的建议》，建议“早日决定首都行政中心所在地，并请考

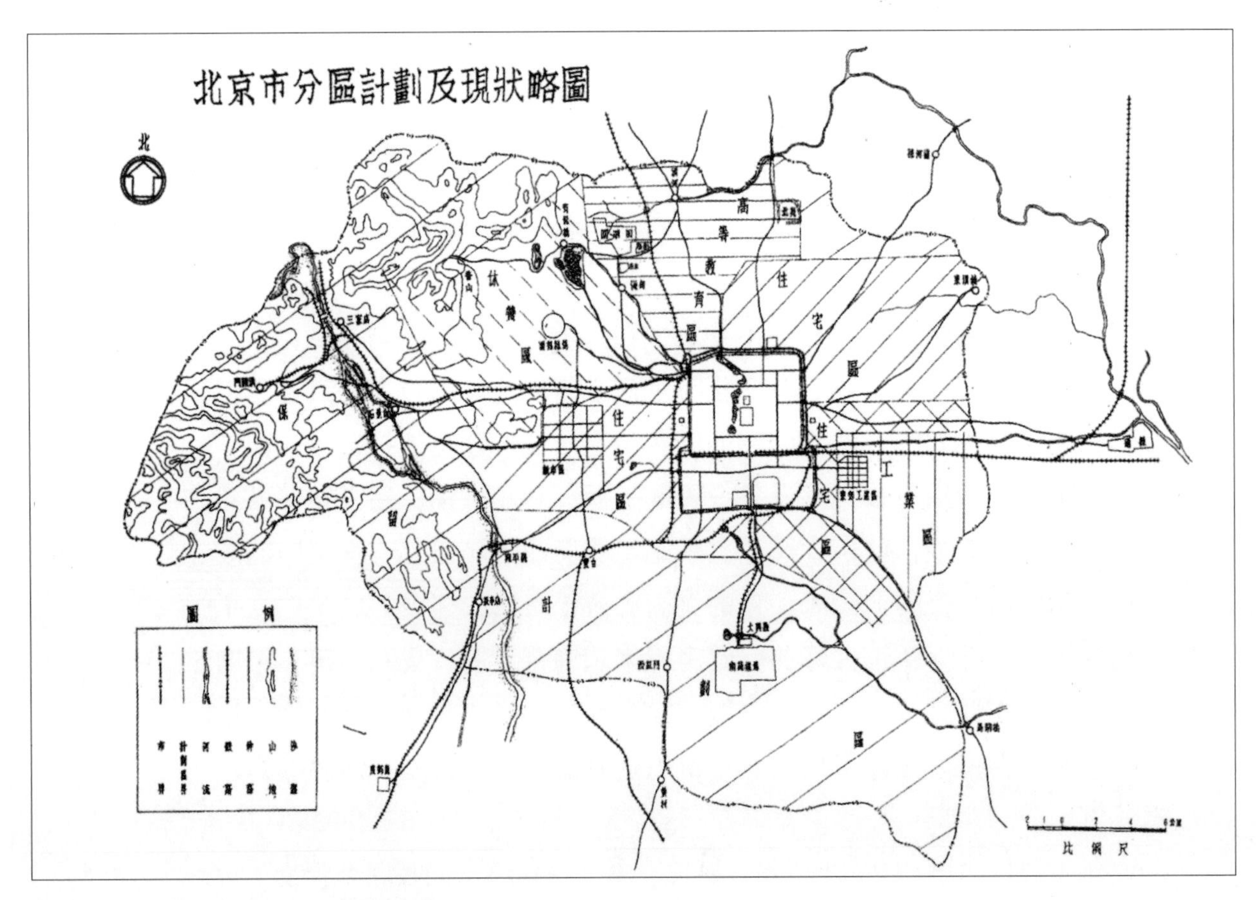

图 6–2 北京市分区计划及现状略图

（图片来源：《对于北京将来发展计划的意见》，转引自左川．首都行政中心位置确定的历史回顾 [J]. 城市与区域规划研究，2008，1（3）：34–53.）

虑按实际的要求，和在发展上有利条件、展拓旧城与西郊新市区之间地区建立新中心，并配合目前财政状况逐步建造”，认为政府行政中心区域最合理的位置是西郊月坛以西，公主坟以东的地区。后人称之为“梁陈方案”。

6.2　“梁陈方案”的主要内容

“梁陈方案”的目的在于不费周折地平衡发展大北京市，合理地解决行政区所需要的地址面积和合适的位置，便利其交通和立刻开始逐步建造的工程程序。这样可以解决政府办公问题，也可逐渐疏散城中密度已过高的人口，并便利其他区域因工业的推进，与行政区在同时或先后的合理的发展。“使全市平衡发展”“是新旧两全的安排，所谓两全，是保全北京旧城中心的文物环境，同时也是避免新行政区本身不利的部署”（图 6-3、图 6-4）。

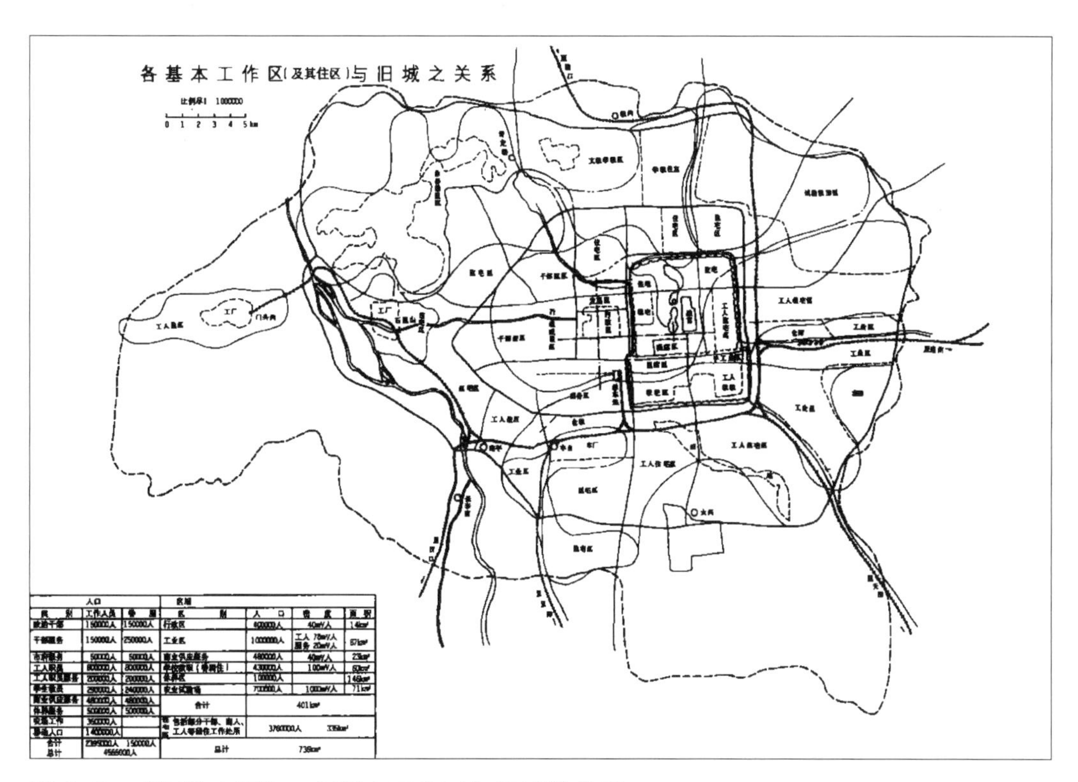

图 6-3　“梁陈方案”：各基本工作区与旧城的关系

（图片来源：梁思成，陈占祥．关于中央人民政府行政中心区位置的建议 [M]//. 梁思成．梁思成全集（第 5 卷）．北京：中国建筑工业出版社，2001.）

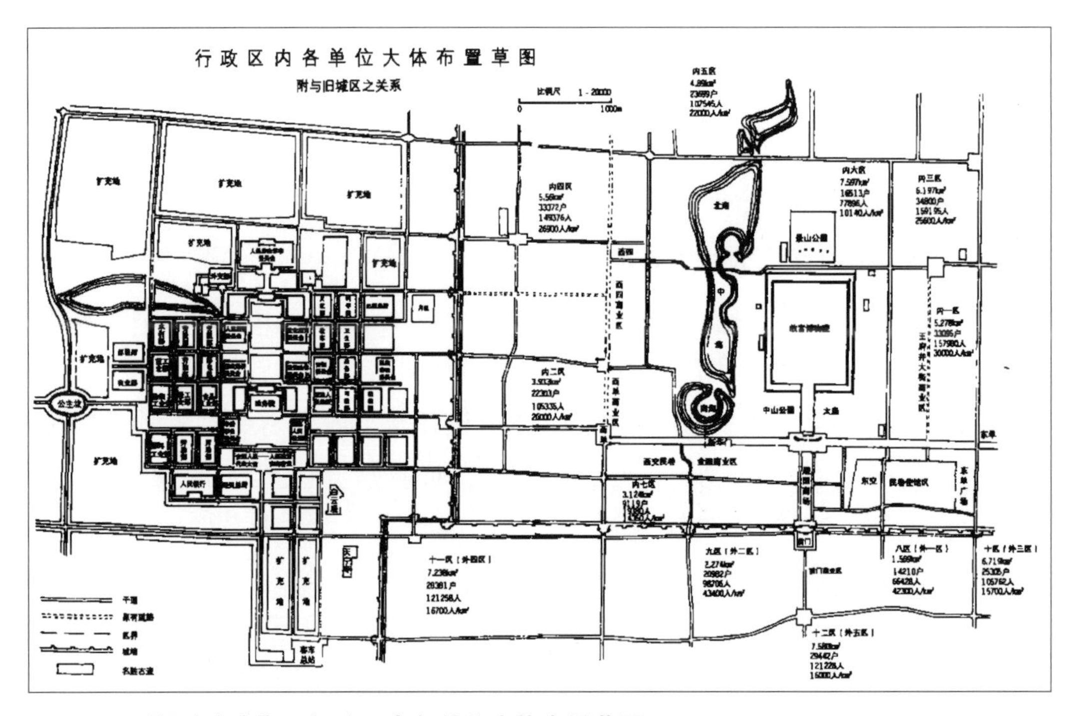

图 6–4　“梁陈方案”：行政区内各单位大体布置草图

（图片来源：梁思成，陈占祥．关于中央人民政府行政中心区位置的建议 [M]//. 梁思成．梁思成全集（第 5 卷）．北京：中国建筑工业出版社，2001.）

第一，该方案明确了北京的城市定位和中央行政中心的定位。提出北京“不止是一个普通的工商业城市，而是全国神经中枢的首都”；应该建设一个“有现代效率的政治中心”；认为中央行政中心的选址、建设对北京城市发展具有重要意义，“如何布置这个区域将决定北京市发展的方向和今后计划的原则”。

第二，该方案提出了建设新中央行政中心区的基本原则。具体包括：提供行政中心的足够用地，并留有发展余地；节约，省时省力（在核算旧城和在西郊建设行政中心的费用后，认为后者更为省时省力）；促进北京城市整体的均衡发展；保护旧城的文物及其环境；注重交通联系和布置；注意发扬文化特色，“保留中国都市计划的优美特征”，建筑形体要运用本土材料，体现民族特征及时代精神。

第三，该方案分析了在旧城区内建设行政中心的缺点。其特别强调北京固有的城市布局有其完整性，要认识北京旧城的价值，指出“北京旧城区是保留着中国古代规制，具有都市计划传统的完成艺术实物。”而且，城内地区面积不足，现代行政机构所需要的总面积大于旧日的皇城，而北京的城墙约束了市区的面积。如果继续在旧城建设行政中心，会带来一系列的问题，包括旧城人口密度过大（当时人口密度已经过大，开放空间等过少，导致房荒，因此要有机疏散，而非继续增加）、拆迁规模过大、文物环境破坏、交通负担过重等。

第四，该方案提出在西郊近城空址建设中央行政中心区。建议在西郊月坛与公主坟之间的地区建设中央政府行政中心。这一地区当时为郊野荒地，可以提供政府行政中心所需的面积并为未来发展留有余地。而且这一地区位于旧城区和“西郊新市区”之间的适中位置：一方面，行政中心（即所谓“新发展的工作地点”）将提供新的工作机会，疏解旧城过于密集的人口；另一方面，可以利用原来“新市区”的基础建设住区，使得工作区和附属住区有便捷的联系。

基于此，该方案提出北京城市各区域的功能定位和基本布局：以旧城为中心，东南西北四郊主要承担不同类型的城市功能，并建设与各片区联系紧密的住宅区。东郊和东南郊主要为工业点，在其北面建设住宅区；西郊主要为行政功能，在“新市区”建设住区；北郊主要为教育功能，邻近地区建设住区；各片区共同围绕旧城，“使它成为各区共有的文娱公园中心和商业服务及市政服务的地点和若干住宅”。“旧区作为博物馆及纪念性的文物区、旧苑坛庙所改的公园休息区和特殊文娱庆典中心、市政服务机构、商业服务的机构，如全国性的企业和金融业务机关；文化机构、手工业以及与之配套的住宅区、教育机构、日常服务设施”“利用旧城已有的建设基础作为服务的中心”“保留故宫为文娱中心”“留出中南海为中央人民政府”。

与此同时，建设北京新的城市中轴线，东西轴是贯穿旧城和新中心的东西干道，南北轴是西郊政府中心的南北新中线（东距城垣约 2km，距新华门约 4.2km，距天安门约 5.2km）。此外，改造和利用城墙，城墙上可以建设为人民公园，供市民活动，城墙本身可按交通需求开辟新门。

第五，该方案提出发展西郊行政区的分步实施方案。以复兴门外向西到新市区的已建成的林荫干道北面为起点，建设办公楼和宿舍楼；在现在新市区已有的基础上，建设接近行政区的一个完整的“邻里单位”；依规划向其他街道延伸，进行绿化建设、道路铺设、基础设施建设等；尽快修建新的北京总车站，逐渐发展车站附近地区，疏散旧城前门外的密集人口。最后特别强调，以上并非定案，只是用来“表示整个计划在建造的程序上是可以灵活运用的，一切具体细则办法当然必须配合实际情况而逐步实施”。

6.3 “梁陈方案”的反响及中华人民共和国成立初期的首都规划

在“梁陈方案”提出之后，1950 年 4 月，朱兆雪、赵冬日提出《对首都建设计划的意见》，认为行政区应设在全城中心。1951 年初都委会开始编制北京总体规划总图，明确以苏联专家意见为基础，在行政管理层面，行政中心放在旧城区已成定论。但实际工作中都委会仍对不同方案进行了探讨，吴良镛带领清华同学提出折中方案，即在天安门附近原清六部所在地区安排一些中央人民政府建筑，象征国家中心，在西郊玉渊潭一带建新行政办公区，仍作为各部门建筑的主体部分，以减弱旧城内作为行政中心的部分功能和旧城的负担。

1952 年春，市政府决定由都委会的华揽洪和陈占祥领衔分别编制方案。1953 年春，方案编制完成，在行政中心位于旧城的政治决策下，二者在性质、规模与总体布局方面无本质差别，华揽洪方案对旧城格局改变较多，形成放射状路网；陈占祥方案则基本保持旧城棋盘式的道路格局，基本体现了梁思成旧城保护的思路。

1953 年夏，北京市委责成市委常委、秘书长郑天翔组织专家对以上两方案进行综合。1953 年 11 月完成的《改建与扩建北京市规划草案的要点》可被视为第一版北京城市总体规划。12 月北京市委上报党中央，首次以市委文件的形式明确将行政中心设置在旧城的中心地区，“梁陈方案”事实上被否定。在城市空间布局上，新的首都规划的要点为：行政中心设在旧城中心部位，四郊开辟大工业区和大农业基地，西北郊定为文教区。该文件明确提出“北京是我们伟大祖国的首都，必须以全市的中心地区作为中央首脑机关的所在地，使它不但是全市的中心，而且成为全国人民向往的中心”[3]（图 6–5）。

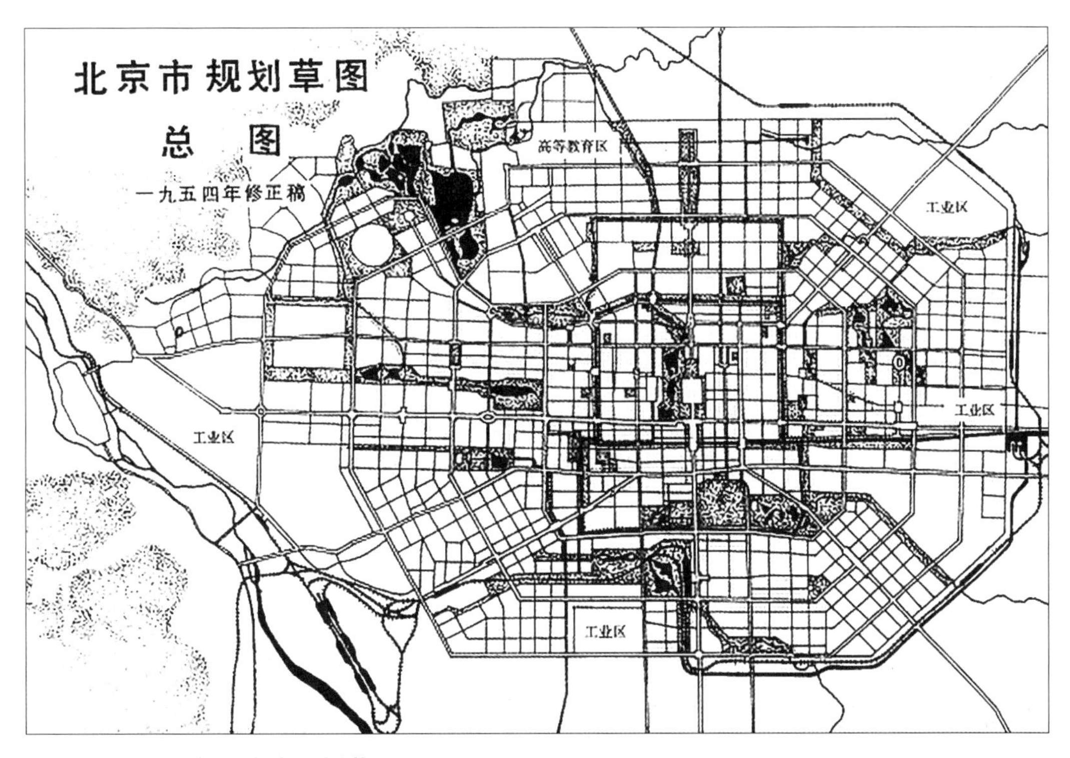

图 6–5　1954 年北京市规划草图总图

（图片来源：董光器．古都北京五十年演变录 [M]. 南京：东南大学出版社，2006.）

1955 年，在 1953 年的《改建与扩建北京市规划草案的要点》的基础上，北京城市建设总体规划开始了全面、深入的研究与前期探索工作。1955 年市政府聘请以勃得烈夫为组长的 9 人专家组来京，指导规划修改和编制，并于 1957 年春拟定了《北京城市建设总体规划初步方案》，并于 1958 年上报中央。该方案在指导思想和城市性质、城市规模上，与 1953 年的规划草案基本一致，主要是在具体规划的细节方面进行了丰富和深化。譬如，在城市布局上采取了“子母城”的形式，并且有计划地发展 40 多个卫星城镇；在市区内部，工业、仓库、高校、科研等功能布局在原规划草案的基础上有所调整；商业服务业采取集中与分散相结合、均匀分布的原则。其进步体现在对城市规模、水资源、交通体系等的科学论证上，同时，取消了旧城内的放射干道，保持方格网式的传统格局。对于旧城，则采取了明确的大规模改造的方法，计划从 1958 年起，用 10 年时间完成旧城改建，每年拆 100 万 m^2 左右旧房，新建 100 万 m^2 左右新房[2]（图 6–6）。

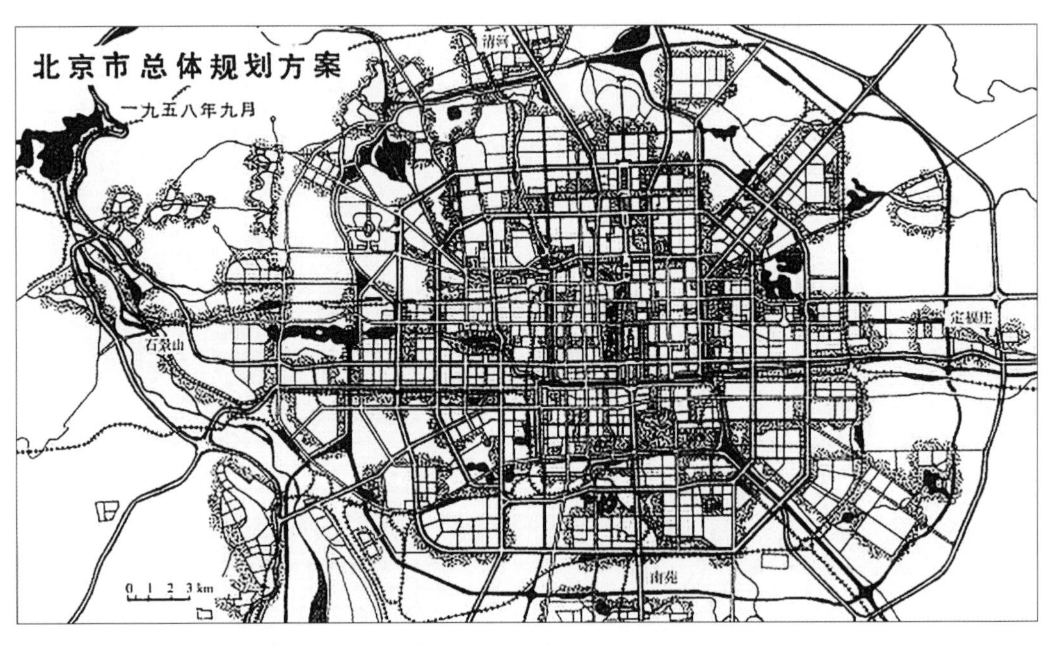

图 6–6　1958 年北京市总体规划方案

（图片来源：董光器 . 古都北京五十年演变录 [M]. 南京：东南大学出版社，2006.）

在 1958 年方案的基础上，都委会开始进行分区详细规划研究，编制了多稿规划方案，在旧城大规模改建的前提下，仅保留文物保护单位，基本不保留胡同和四合院，旧城内以主、次干道划分为小区进行建筑布局。

在庆祝中华人民共和国成立 10 周年时，打通了东西长安街，建设了人民大会堂、革命历史博物馆以及民族宫、民族饭店、华侨大厦等若干公共建筑，但随着三年困难时期的到来，因经济力量的限制，旧城改建无法再进行下去。1964 年，李富春在向中央的报告中又一次建议重点建设长安街，但是接着又发生了“文化大革命”。1967 年北京城市总体规划被宣布暂停执行，

1968 年 10 月规划局也遭撤销，城市建设陷入混乱无序的状态。1971 年恢复工作后，由万里主持修编了一稿城市总体规划，但遭搁置，未予讨论，直到 1978 年党的十一届三中全会之后，修订北京城市总体规划的工作才被重新提上日程。1983 年，新一版城市总体规划得到批准，该规划虽未完全脱离旧城改建的思路，但已明确北京历史文化名城的地位，并深知改建难度，从加快旧城改建变为旧城逐步改建，可视为一种有意义的进步。

总的来说，虽然“梁陈方案”非常遗憾地未被完全采纳，但是在中华人民共和国成立初期的 17 年中，北京城市建设还是取得了巨大成就。经过中央多部委和北京市的共同努力，北京先后改建了天安门广场，拓宽和延长了长安街，建设了人民大会堂、革命历史博物馆等十大建筑，在中关村一带集中建起了中国科学院所属的多家科研机构，建成了八大学院和一批文艺院团，扩建、新建了十几家综合性医院或专科医院，从而奠定了北京作为中华人民共和国首都、全国政治中心和文化中心的坚实基础，极大增强了北京市为人民、为生产、为中央服务的功能。同时，应该看到，“梁陈方案”还是部分被采纳了，影响了那一时期的首都规划建设。从 20 世纪 50 年代开始，在西郊以三里河路为中心的 25km^2 的范围内，新建了若干部级机关，包括三里河“四部一会”，以及原建设部、原建材部、原外贸部、原物资部、原商业部等。军事单位的各军兵种司令部也大部分集中在西郊，沿着复兴路一字排开。

6.4　对“梁陈方案”的反思及评价

“梁陈方案”不被接受的原因，首先在于中华人民共和国成立初期，影响首都规划的因素的复杂性，当时首都规划尤其是首都行政中心位置的选择具有特殊的政治意义，同时，国际格局复杂，国内百废待兴，国家经济紧张，既无精力也无财力支撑新中心的建设；其次还在于时代认识水平的局限性与科学认识的超前性之间的矛盾。中华人民共和国成立初期，对城市的重要性认识不足，将古城、文物与封建制度联系起来，忽视了其历史文化遗产的科学价值。此外，受苏联规划原则的影响，当时主流的规划思想是“变消费城市为生产城市”[4]，明确提出“现在北京最大的弱点就是现代工业基础薄弱，这是和首都的地位不相称的，是不利于中央各工业部门直接吸取生产经验来指导工作的。[5]”“梁陈方案”的思想显然具有超前性，正如周干峙在纪念梁思成的《不能忘却的纪念》一文中所说：“科学是探求规律的事业，科学家是探求规律的先行者，他认识规律，往往比常人要早一点。而一个正确的观点，在开始时往往暂时地处于少数，因而处于孤立甚至被误解的地位。[6]”

“梁陈方案”在当时并未被接受，北京城市结构形成以旧城为中心的单中心模式。这一模式一直延续至今，仍旧深刻影响着今天的首都空间格局。伴随着城市的发展，尤其是改革开放之后的快速扩张，这种模式的问题日益凸显：一方面，中央行政机关布局不尽合理，各部门分散在旧城中，联系不便；另一方面，古城保护面临巨大压力，大量四合院、胡同被破坏，高层、多层建筑涌现，保护与发展之间矛盾尖锐；此外，还有城市交通拥堵、城市空间秩序混乱等诸多“城市病”。这引导人们重新认识和评价“梁陈方案”的价值，挖掘其现代意义。

从今天来看，“梁陈方案”仍具有重要的学术价值。首先，它吸收了西方先进学术思想，结合中国和北京的实际，进行了创造性的运用，包括《雅典宪章》的功能分区与不同分区间进行交通联系的思想、沙里宁的“有机疏散”思想、阿伯克龙比的“大伦敦规划”等。其次，它的学术思想具有突出的创造性和引领性。它以整体的眼光正确评价北京古城的价值，创造性地提出对文物及其环境的整体保护，并将文物保护和当代生活结合起来。而直到 1964 年《威尼斯宣言》才明确提出文物建筑与城市环境整体保护的思想①。再次，“梁陈方案”具有重要的实践价值，对今天的北京规划，乃至其他城市的规划产生了深远影响。它明确提出北京城市定位，不是主要发展工商业而是作为国家首都、中枢；它对北京旧城和文物保护发挥了作用，部分“幸存”的历史建筑等得到保护，对旧城的整体保护成为社会共识；它还对其他城市规划产生影响，一些设想在有条件的城市得到了部分实现，如西安的城墙公园。此外，“梁陈方案”还具有重要的精神价值。“梁陈方案”提出时，形势非常紧迫，相关部门已经在为国庆游行制订道路方案等，“梁陈方案”事实上是在紧急情况下的挽救、宣讲。

如果说，在中华人民共和国成立之初的规划建设，首要目的是安置中央行政机关，以快速开展之后的各项工作，对北京旧城的历史、文化、精神价值的认知还非常不足。当前，时代的发展已经赋予了我们新的历史使命，实现中华民族伟大复兴是全社会、各行各业共同的梦想。这要求我们从一个更高的高度来认识北京作为首都的地位，充分认识都城历史遗产和文化传统的价值，保护文化遗产，融合当代发展，弘扬都城文化，实现伟大复兴。从这个角度来看，"梁陈方案"具有超越时代的预见性，对我们今天的首都规划建设工作仍具有重要的启发意义。

注 释

① 长期以来欧洲的文物保护都是把文物从城市环境中隔离出来，直到1964年《威尼斯宣言》才第一次明确规定："保护一座文物建筑，意味着要适当地保护一个环境，任何地方，凡传统的环境还存在，就必须保护。凡是会改变体形关系和颜色关系的新建、拆除或变动，都是决不允许的。"

参考文献

[1] 左川．首都行政中心位置确定的历史回顾[J]. 城市与区域规划研究，2008，1（3）：34–53.

[2] 董光器．古都北京五十年演变录[M]. 南京：东南大学出版社，2006.

[3] 北京建设史书编辑委员会编辑部．建国以来的北京城市建设资料 第1卷 城市规划[Z]. 1987：19.

[4] 社论[N]. 人民日报，1949–3–17.

[5] 北京建设史书编辑委员会编辑部．建国以来的北京城市建设资料 第1卷 城市规划[Z]. 1987：172.

[6] 高亦兰．梁思成学术思想研究论文集[M]. 北京：中国建筑工业出版社，1996.

7

第七章　专题三

首都空间布局优化和功能提升研究

7.1　首都空间布局优化和功能提升研究的背景

7.1.1　为中央服务是北京城市规划建设中长期不变的基本要求

自中华人民共和国成立以来，北京作为国家首都和中央政府所在地，在城市规划建设中为中央服务是长期不变的基本要求，并在历次北京市总体规划及其批复中不断被强调（表 7–1）。

北京城市发展功能定位演进脉络　表7–1

时间	政治建设	经济建设	社会建设	文化建设（科技—教育—卫生）	生态文明建设	全球化
1949 年定都北京	首都	—	—	—	—	—
1953 年“三服务”	为中央服务（政治中心）	为生产服务	为劳动人民服务	为中央服务（文化教育中心、科学技术中心）	—	—
1980 年“四项指示”	全国的政治中心	经济不断繁荣，人民生活方便、安定	全国和全世界社会秩序、社会治安、社会风气和道德风尚最好的城市	全国的文化中心；全国科学、文化、技术最发达，教育程度最高的第一流城市	全国环境最清洁、最卫生、最优美的第一流城市	—
1983 年总体规划批复	国家首都，全国政治中心	—	—	全国的文化中心	—	—
1992 年总体规划批复	首都，全国的政治中心	—	—	全国的文化中心，世界著名的古都	—	现代国际城市
1995 年“四个服务”	为党政军首脑机关正常开展工作服务	—	为市民的工作和生活服务	为国家的教育、科技、文化和卫生事业发展服务	—	为日益扩大的国际交往服务
2004 年总体规划	国家首都	—	宜居城市	文化名城	—	国际城市
2017 年	政治中心	—	—	文化中心 科技创新中心	—	国际交往中心

1953年，根据北京成为中华人民共和国首都与中央政府所在地这一特点，第一版北京城市总体规划——《改建与扩建北京市规划草案的要点》中提出了首都城市建设“三服务”的总方针，即为生产服务、为中央服务，归根到底是为劳动人民服务。规划明确了北京的城市性质功能定位：北京是我国的

政治中心、文化教育中心、科学技术中心，同时也要发展适合首都特点的经济，恢复与发展生产，将消费城市变成生产城市。在城市空间布局上，规划行政中心设在旧城中心部位。由于有效地执行和贯彻了这个总方针，在中华人民共和国成立之初的 17 年中，经过中央多部委和北京市的共同努力，北京城市建设取得了令人瞩目的成就。

1980 年 4 月 21 日，中共中央书记处对首都建设方针作出“四项指示”，指明了北京城市发展建设的方向：全国和全世界社会秩序、社会治安、社会风气和道德风尚最好的城市；全国环境最清洁、最卫生、最优美的第一流城市；全国科学、文化、技术最发达，教育程度最高的第一流城市；经济不断繁荣，人民生活方便、安定，经济建设要适合首都特点，重工业基本不再发展。1983 年，中共中央、国务院在对《北京城市建设总体规划方案》的批复中，要求“北京的城市建设和各项事业的发展，都要为党中央、国务院领导全国工作和开展国际交往，为全市人民的工作和生活创造良好的条件”。

1992 年《北京城市总体规划》确定：“北京是伟大社会主义中国的首都，是全国的政治中心和文化中心，是世界著名的古都和现代国际城市。”1995 年，中央对北京市提出“四个服务”的功能定位，即为中央党政军首脑机关正常开展工作服务，为日益扩大的国际交往服务，为国家教育、科技和文化和卫生事业发展服务，为市民的工作和生活服务。

2004 年《北京市城市总体规划（2004 年—2020 年）》提出北京“四大定位”，即国家首都、国际城市、文化名城、宜居城市，并要求：“贯彻更好地为中央党政军领导机关服务，为日益扩大的国际交往服务，为国家教育、科技、文化和卫生事业的发展服务和为市民的工作和生活服务的原则。”

2008 年 1 月 1 日起施行的《中华人民共和国城乡规划法》第二十三条对首都规划建设提出专门要求，“首都的总体规划、详细规划应当统筹考虑中央国家机关用地布局和空间安排的需要。”

2017 年《北京城市总体规划（2016 年—2035 年）》获党中央、国务院批复，继续提出北京履行“为中央党政军领导机关工作服务，为国家国际交往服务，为科技和教育发展服务，为改善人民群众生活服务的基本职责”。

7.1.2 首都空间布局优化和功能提升是提高国家施政能力与国际形象的重要手段

国家首都的核心功能首先是政治中心功能。首都是中央政府所在的首要行政中心城市，是国家政治活动和国际事务的聚集地，是各类国家级机关的集中驻地，是国家主权的象征地。2014 年 2 月，习近平总书记在视察北京工作时指出，“北京作为首都，是我们伟大祖国的象征和形象，是全国各族人民向往的地方，是向全世界展示中国的首要窗口，一直备受国内外高度关注”。2017 年 10 月，习近平总书记在党的十九大报告中指出，“明确中国特色社会主义最本质的特征是中国共产党领导，中国特色社会主义制度的最大优势是中国共产党领导，党是最高政治领导力量，提出新时代党的建设总要求，突出政治建设在党的建设中的重要地位。”

随着近年来中国世界影响力的不断提升，北京作为首都在世界政治、经济、外交、文化舞台上扮演了越来越重要的角色。党的十九大报告要求“建设人民满意的服务型政府”，伴随着“一带一路”倡议、京津冀协同、长江经济带和国家多项区域发展战略的扎实推进，中央政府统筹国内区域开发开放与国际经济合作提出了更高要求。在习近平新时代中国特色社会主义思想的指引下，为了能够稳步推进国家治理体系和治理能力现代化，推进社会主义强国建设，也需要首都进一步彰显社会主义核心价值观，展示大国形象。

7.1.3 首都空间布局优化和功能提升是京津冀协同发展的重要措施

2015 年《京津冀协同发展规划纲要》将北京定位为“全国政治中心、文化中心、国际交往中心和科技创新中心”，并提出“贯彻党中央、国务院对京津冀协同发展的总体要求，有序疏解北京非首都功能，优化首都核心功能，解决北京“大城市病”是京津冀协同发展的首要任务。该纲要指出，在推动非首都核心功能向外疏解的同时，大力推进内部功能重组，明确要求“疏解部分行政性、事业性服务机构和企业总部。主要疏解为核心行政职能提供支撑、服务及辅助作用的职能，优先疏解中央和国家机关在北京二环以内的非紧密型辅助服务功能。推动部分具备条件、具有明显地域特色的中央企业总部转移到相关产业集中地区”。

2017年9月，《北京城市总体规划（2016年—2035年）》中提出，为了落实首都的战略定位，要“建设政务环境优良、文化魅力彰显和人居环境一流的首都功能核心区”“有序推动核心区内市级党政机关和市属行政事业单位疏解，并带动其他非首都功能疏解”“结合功能重组与传统平房区保护更新，完善工作生活配套设施，提高中央党政军领导机关服务保障水平”。

7.1.4 北京的首都功能发展和布局仍面临诸多难题和挑战

近年来，北京首都功能的政治经济活动规模不断扩大、功能日益深化，但在快速发展的同时也面临诸多问题和挑战。首都功能的不断发展和深化在促进、推动北京城市发展的同时，其与城市日常运行之间的矛盾也逐渐显现。

国家政务功能涉及的人员数量不断增长，对相应的空间规模提出更高要求。近年来，在京党、政、军、团从业人数不断扩大，2004~2013年，北京市在各类机关、事业单位数量维持小幅增长的情况下，公共管理和社会组织行业从业人员数量显著增长。为应对不断扩大的人员规模，一些单位采取就地改扩建、“见缝插针”等方式增加办公、活动、居住、配套等空间，不仅影响了政务办公地区的空间形象与整体风貌，也给相关地区的城市基础设施和公共资源带来额外压力。由此，中央和国家机关逐渐形成了以中南海为中心，相对集中于东西长安街、三里河、朝内大街及和平里以北，零散分布于老城的基础布局。近年来，随着中央和国家机关的发展，受制于老城区内土地的日益稀缺，一些部门选择在老城区外建设或购置新办公楼，机关办公区不断向四周碎片式扩展。为应对未来可预见的国家政务功能空间资源增长需求，有必要对现有和预期内的有关房、地资源予以统筹规划和管理。

央企和部分国家部委、机构的科研、后台等功能持续扩展，用地规模扩大，布局趋于分散。20世纪90年代末，国家行政机构与部门中的部分经济管理部门逐步改制为市场化运营主体，央企成为首都经济发展的主要力量。新经济背景下，拥有信息、科技创新、人力资本等优质资源的首都经济对北京资源集聚和经济增长发挥了推动作用，首都的高新技术、现代服务业在全国的地位越来越高，影响力越来越广，央企及一些国家部委的经济管理能力不断强化，并逐步衍生出大量科研、后台等功能。与核心功能相比，科研、后台等功能对用地资源的规模保障要求更大，承载地超出首都功能核心区乃至北京市域范围。目前位于首都功能核心区外围地区的科研、后台等功能布局正日益呈现集中与分散并行的空间发展趋势，若不加以统筹管理，任由其发展，将对首都空间布局与土地利用效能带来负面影响。随着这些功能的不断衍生和拓展，需要从顶层规划层面，对中枢和后台的空间关系与布局加以妥善安排。

重大国事活动常态化的目标对首都空间布局与空间保障机制提出新的要求。近年来，随着北京“大国首都”影响力的不断提升，除每年的两会、党代会、每 10 年举行一次的国庆阅兵等固定活动外，首都内新的重大国事活动类型与国际外交活动不断开展，包括 2008 年夏季奥运会、中非合作论坛、中欧峰会、APEC 峰会、亚信峰会、上合组织峰会、烈士纪念日仪式、抗战胜利日阅兵、“一带一路”高峰论坛、2022 年冬奥会等。在国内、国际重大国事活动数量激增的情况下，举办这些活动的核心区域也从天安门广场—钓鱼台国宾馆—京西宾馆所在的西长安街沿线，进一步扩展至奥林匹克公园、雁栖湖等地区。近年来，为了能够充分应对重大国事活动的需求，北京市多采取局地、局时段的交通管制、机动车限行限号、企事业单位调休（放假）等手段，以确保其平稳、顺利开展。但若面向“适应重大国事活动常态化”的目标要求，则需要进行满足国事活动开展并保障城市高效、有序运行的首都空间布局安排。

因此，首都的发展需要正视首都核心功能，尤其是中央和国家机关有关功能规模不断增长、内容不断深化、保障要求不断提高的趋势和需求，调整和改善中央和国家机关用地布局，从而优化首都功能布局与城市空间格局的关系。

7.2　研究总体目标、基本原则与总体规划策略

7.2.1　研究总体目标

首都空间布局优化和功能提升的战略定位是保障中央和国家机关政务职能的高效运行。首都空间布局优化和功能提升必须与首都战略定位保持一致，落实总体规划中提出的建设全国政治中心要求，履行为中央和国家机关工作服务的基本职责。在有序安排首都政治中心功能方面，需要从北京、京津冀和全国三个层面统筹安排，提高政务运作效率。

作为首都，北京目前正处于非首都功能疏解的重要时期，需要借助时代赋予首都发展转型的重要历史机遇，疏解存量与严控增量相结合，积极引导不符合首都功能定位的各类产业向外疏解，统筹中心城腾退用地，并重点服务保障中央政务功能，适当调整置换办公用房，优化资源配置，提高行政效率。

（1）落实总体规划提出的“四个中心”建设

总体规划提出“四个中心”的建设，包括全国政治中心、文化中心、国际交往中心和科技创新中心。

（2）保障政务高效运转，提升政府效能

由于历史原因，首都功能的空间布局主要集中于长安街以北，南、北用地分布不均衡。除二环内中南海周边、三里河、和平里、东长安街地区较为集中外，还有13个部门分散在各城区，有的离城区较远，有的位于其他商务区、科技园区等功能区。同一部门多地办公的情况也较为突出。此外，首都功能用地中仍混杂着大量其他用地，权属分散，多年来周边规划建设管理缺乏统筹考虑，对政务安全存在较大威胁。

为此，迫切需要落实非首都功能疏解的要求，通过统筹中心城腾退用地，重点服务保障中央政务功能，适当调整置换办公用房，优化资源配置，提高行政效率，保障国家安全。

7.2.2　研究基本原则

（1）积极支持“四个中心”建设

首都功能的空间布局和优化工作要坚持把政治中心安全保障放在突出

位置，严格中心城区建筑高度管控，治理安全隐患，确保中央政务环境安全优良。

第一，突出保障政治中心功能。重点统筹政务街区用地布局，实现可持续、集约节约发展。把政治中心安全保障放在突出位置，严格政务街区周边建筑高度管控，有效治理安全隐患，保障政务活动安全、高效运行。

第二，支持文化中心及生态文明建设。做好首都文化这篇大文章，精心保护好历史文化金名片。支持重大文化设施建设，加强文化服务、博物馆等展现社会主义核心价值观的公共服务设施投入，构建公共绿地、街道公共空间的完整体系。构建现代公共文化服务体系，推进首都精神文明建设，提升文化软实力和国际影响力。

第三，加强国际交往中心能力建设。规划和保障好外交、外事活动的用地需求，加强国际交往重要设施和能力建设，逐步适应重大国事活动常态化，健全重大国事活动服务保障长效机制。

第四，加大科技创新中心支持力度。对于央企用地，要大力加强科技创新中心建设，深入实施创新驱动发展战略，更加注重依靠科技、金融、文化创意等服务业及集成电路、新能源等高技术产业和新兴产业支撑引领经济发展，与总体规划中提出的“三城一区”（中关村科学城、怀柔科学城、未来科学城、创新型产业集群和“中国制造 2025”创新引领示范区）等紧密配合，发挥中关村国家自主创新示范区作用，构筑北京发展新高地。

（2）彰显国家形象，体现国家精神

政务街区的部分建筑比较精美，以“十大建筑”为代表的建筑等体现了一个时期的历史和政治意义，是国家形象、文化和历史的象征。随着国家实力的不断增强，需要加强文化服务、博物馆等展现社会主义核心价值观的公共服务设施的投入，并逐步构建公共绿地、街道公共空间的完整体系，同时加强首都核心区内集中办公区的整体规划和设计，彰显政务街区的国家形象，体现国家精神。

（3）整体保护，凸显古都风韵

北京历史文化是中华文明源远流长的伟大见证，要更加精心地保护好，凸显北京历史文化的整体价值，强化"首都风貌、古都风韵、时代风貌"的城市特色。北京作为我国古代都城规划建设的杰出代表，中轴线是历史文化精华的集中展现。1992 年《北京城市总体规划》提出，要保护和发展城市中轴线。2004 年，城市总体规划继续提出了以中轴线、长安街为两轴的"两轴两带多中心"空间格局。

目前，随着奥林匹克公园的建成、北京新机场的建设，中轴线实轴延展至北部的奥林匹克公园，南至南苑；加之西部首钢的搬迁，东部通州城市副中心的建设——以旧城为核心，两轴的空间框架搭建已经为北京融古通今的时代风貌奠定了基础。

在新的历史时期，首都建设需要抓住历史机遇，处理好保护和发展的问题，立足两轴和山水格局，形成具有中国特色的"山—水—城"城市布局。

（4）职住平衡，保障职工安居乐业

由于历史原因，随着北京城市的拓展，中央和国家机关新增住宅项目的位置逐年向城区外部扩散，各部门职工住房"苦乐不均""居办分离"的问题还一定程度上存在，政务街区和生活区的布局还缺乏有效衔接。迫切需要优化办公和居住的布局，按照"租售并举"增加政务街区周边的周转住房供应，逐步实现就近工作，提高行政运行效率，缓解城市交通压力。

因此，需要加强规划引导，通过碎片整理、功能整合的方式，形成几个定位明确、功能集中、发展均衡的政务街区、居住区和服务功能区，发挥规模效应，降低行政成本，提升发展质量和效益。同时，落实"多主体供给、多渠道保障、购租并举"要求，优化用地布局，加强政务街区和生活区的布局有效衔接，缓解"居办分离"、交通拥堵等"大城市病"。

7.2.3　总体规划策略

（1）以两轴为统领，完善首都功能的空间组织秩序

本研究提出"以两轴为统领，完善功能组织秩序"的总体规划策略。"两轴"包括长安街及其延长线、中轴线及其延长线。

第一，完善长安街及其延长线。以天安门广场、中南海地区为重点，优化中央政务环境。以金融街、三里河、朝阳门地区为重点，完善金融管理、国家行政、外交等管理功能。整合石景山、门头沟地区空间支援，为中央国家机关西部地区发展提供预留空间。

第二，完善中轴线及其延长线。积极支持奥林匹克中心区国际交往、国家体育文化功能建设。结合南苑地区改造，预留发展用地，重点将政务办公前台、后台服务及部分金融管理职能整合到南苑地区，推进功能优化和资源整合。支持北京新机场建设，着力改善南、北发展不均衡状况。

（2）有序疏解非首都功能，优化提升首都功能的服务保障

有序疏解非首都功能、优化提升首都功能的服务保障总体策略具体包括三方面举措。

其一，有序疏解非首都功能。严格按照国家有关“疏解存量、严控增量”的有关要求。疏解腾退区域性商品交易市场、大型医疗机构、北京市疏解非首都功能产业清单中涉及的工业类型等。做好疏解整治促优化提升工作，推进平房区的保护更新，加强老旧小区综合整治及棚户区改造，整治背街小巷、转租及群租、地下空间，促进人口有序疏解，改善居民工作生活条件，建立内外联动机制，以综合整治促提升。

其二，推动空间腾退与功能优化对接。按照北京城市总体规划要求，腾退空间优先用于保障中央政务功能，预留重要国事活动空间。支持中央企事业单位参与和选址雄安新区，推动非首都功能向新区疏解集聚，打造北京非首都功能疏解集中承载地。

其三，坚持生产空间集约高效，构建高精尖经济结构，压缩中央和国家机关产业用地比例。逐步腾退核心区及管控区内工业、仓储等用地。支持中央和国家机关企事业单位发挥高地优势，发挥中关村国家自主创新引领示范区主要载体作用；支持“三城一区”建设，以及发挥创新产业集群和“中国制造 2025”创新引领示范区平台作用。突出高端引领，优化提升现代服务业。聚焦价值链高端产业，支持中央金融、文化服务、商务服务等现代服务业创新发展。支持中央企事业单位在北京商务中心区、金融街、中关村西区和东区及奥林匹克中心区等较为成熟的功能区发展。支持中央企事业单位在北京首都国际机场临空经济区和北京新机场临空经济区发展，建设以国际会展、跨境电商、文化贸易、产业金融等高端服务业为主的产业集群。积极引导中央企事业单位辐射带动京津冀产业梯度转移和转型升级。

（3）加强历史文化名城保护

加强历史文化名城保护的总体策略要求加强老城保护，加强城市设计；加强被列为各级文物保护单位的建筑的管理，加强被列入优秀近现代建筑的小区、办公区的修缮、改造；加强文物保护与腾退；结合功能疏解，开展重点文物的腾退工作。

同时，应当加强历史文化名城保护相关的城市设计；塑造体现传统文化与现代文明交相辉映的城市特色风貌；加强重点区域的高度管控体系；全面提升建筑设计水平，重视建筑的文化内涵，打造体现北京历史文脉、承载民族精神、符合首都风情的精品建筑；塑造高品质、人性化的公共空间。

（4）构建购租并举的住房体系，改善居住环境

构建购租并举的住房体系，改善干部职工居住条件是总体规划策略中的另一重要内容，具体应积极实现以下四方面举措。其一，调整优化居住用地布局，增加相关的居住用地比例。将部分工业、仓储等用地转化为居住用地。其二，在四环内交通便利、配套设施较好的区域，规划建设有关部门的职工住宅。在五环周边及新城位置较好的区域，统筹预留用地，用于产权住房供应以及疏解相关的离退休职工，建立“内租外住”的保障住房用地布局。其三，创建一流人居环境。完善生活型服务业品质，逐步补齐基础教育以及社区医疗、文化、体育、商业等短板，提升生活便利度。购买服务，实现平房区内常态化物业管理。完善基础设施，切实改善民生。留白增绿，腾退还绿，疏解建绿，增加公共绿地、小微绿地、口袋公园，提供更多的休憩场所。其四，协调就业和居住的关系，推进职住平衡。在交通便利、基础设施较好的区域选址建设中央和国家机关职工住宅。鼓励通过改造、新建等方式在办公区内建设部分周转住房。加强西部地区住宅用地供应。

7.3　有序安排首都政治中心功能空间布局

统筹首都政治功能的布局，实现首都核心区的整体优化与功能提升。优化政务街区，设立外围控制区，严格规划高度控制，治理安全隐患，以更大范围的空间布局支撑国家政务活动。与北京市总体规划统筹协调，编制中央政务区及管控区的专项规划，实现统一规划、统一实施。

7.3.1　优化首都政治中心的空间布局

依托长安街和中轴线的城市传统十字轴为骨架，充分考虑中央和国家机关现状分布情况，平衡北京市南北发展的不均衡状况，优化首都核心区政务街区的空间布局。

首都核心区政务街区是首都政治中心、文化中心和国际交往中心等功能的核心承载区，是历史文化名城保护的重点地区，是展示国家首都形象的重要窗口地区。首都核心区政务街区分布有国家党、政、军办公用地，安置了国家管理核心部门，是国家文化、纪念设施以及对外交往和国际机构集中的区域。受北京特大城市格局的影响和应古城保护的要求，政务街区不宜采取集中连片布局，本研究建议在以中南海—三里河为中心沿长安街一线、“三山五园”部分地区、奥运公园等北部地区，首钢—永定河以及南中轴等南部地区等几个区域集中分布。在这些区域内严格限制社会企业以及其他工商业设施布局，统一优化、整理和提升，根据区域内不同特色的实际情况，从国家文化和安全的角度设置不同的主题，提升政务街区的空间特色和可识别性。

以中南海—三里河为中心沿长安街一线包括以中南海周边为中心，三里河、东长安街、和平里等几个相对集中的政务街区，是中央国家机关政务职能的核心区域。“三山五园”部分地区是已经形成的国家服务保障区域。首钢—永定河与通州城市副中心对应，利用现有优越的基础设施条件和环境景观条件，形成长安街轴线的西端头和重要节点，是重要的工业遗产国家纪念地和西行政办公区（主要考虑距离西山较近，安全和疏散较为便利）。南中轴等南部按照《考工记》“前朝后市”的空间布局，结合大红门地区拆迁改造，形成南中轴的重要节点，可以考虑未来安排非紧密环绕型政务功能，如政务服务中心、信息中心，安排部分金融功能。形成政务和文化服务窗口，安排配套的保障性住房及周转住房等功能。奥运公园等北部地区包括已经形成的国家体育、文化和市民活动的国家纪念地（图 7–1）。

同时，规划提出加强政务街区外围的规划管控，以保障中央政务的安全，提升整体形象，有效提升重大国家政务活动的效率等。

在管控区内应严控安全和建设活动，鼓励选择公共交通；逐步腾退、转移区域性批发类商品交易市场；对于二环以内的管控区，优化升级王府井、西单等传统商业区业态，促进高品质和综合化发展，突出文化特征与地方特色。同时，按照整体保护、人口减量、密度降低的要求，推进历史文化街区、风貌协调区及其他成片传统平房区的保护和有机更新。

7.3.2　优化首都核心区的空间布局

政务街区的发展目标是为中央党政军领导机关提供优质服务，保障国家政务活动安全、高效、有序运行。全面提升中央政务、国际交往环境及配套水平，集中彰显全国文化中心和世界文化名城。

政务街区建设应坚持总量控制、存量调整的策略与原则，具体策略包括以下内容。其一，应严控在京中央国家机关新增建设用地。按照“用旧不建新、整合现有资源”的原则，立足于现有中央和北京市办公用房资源进行调整和整合，解决少数部门办公用房紧张以及多地办公问题。根据实际情况，探索将工作职能相近、业务联系紧密的部门整合到同一相对集中政务街区；将规模较小的部门整合到一个办公区集中办公。其二，应支持企事业单位迁出核心区。积极配合事业单位分类改革、行业协会商会脱钩等体制性改革，通过另行安排办公场所、给予资金补偿等方式，支持鼓励企事业单位、行业协会商会迁出核心区，有序疏解核心区内非行政功能。其三，开展用地调整和置换。充分利用既有行政办公用地、老旧住区、棚户区等，并以非首都功能疏解、北京市市属行政事业单位东迁为契机，通过调整、置换、整合等途径，优化首都功能布局。核心区以外的中央和国家机关用地可以进行置换，以适度增强核心区内中央和国家机关空间布局集中度。其四，腾退被占用的

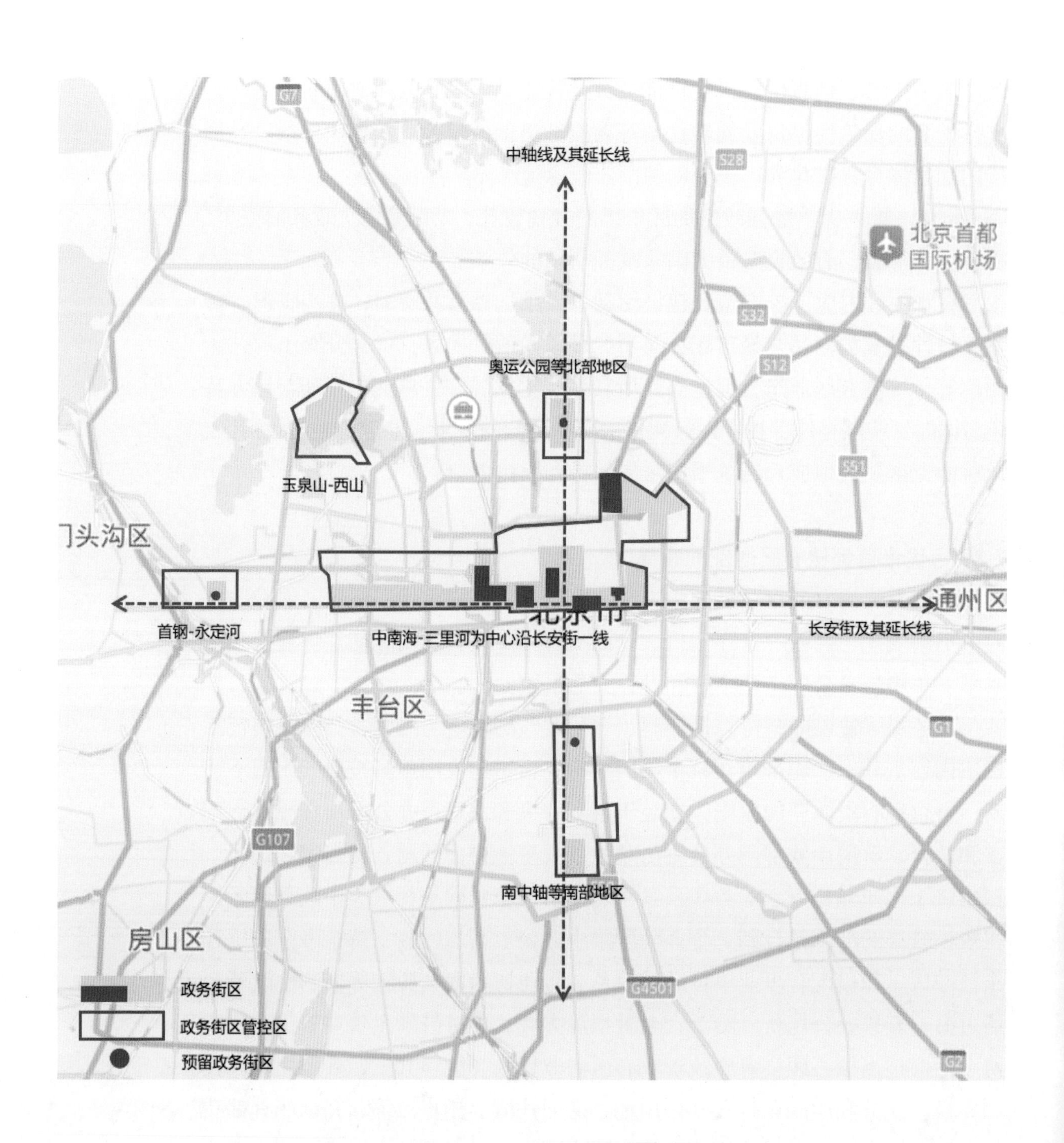

图 7–1　中心城区首都功能空间布局优化示意

（面积约 50km²，管控区面积约 100km²，总计约 150km²）

文物单位，增加国事活动场所。推动被占用文物的腾退和功能疏解，结合历史建筑和园林绿地腾退、修缮和综合整治，为国事、外交活动提供更多具有优美环境和文化品位的场所。

首都核心区的建设应积极推动空间布局优化。首先，有序推动核心区内非首都功能的疏解，推动部分央企、事业单位向京外、北京中心城区、北京新城地区的疏解和布局调整。加强中央和国家机关办公用地的统一调整规划，形成相对集中、功能明确、运转高效、集约节约的首都空间格局。其次，搬迁核心区内的低效工业、仓储等单位，进行土地整理，调整为绿地、广场或文化设施用地，提升整体政务环境品质。再次，构建租售并举、盘活存量、区域平衡的住房保障体系。突出保障性住房的“可流动性”。采取公寓制、货币化补贴等多种改革措施，建立可持续、稳定的住房政策体系。采取“区域平衡”的原则，不再以单位大院的形式配建职工住房，政务街区用地首先要保障行政办公职能。在核心区和其他有条件的地区，通过改造、新建、置换等多种手段提供公寓制、租赁式住房等，大致解决在职国家工作人员的就近通勤问题，降低对城市交通的影响。建立国家工作人员住房保障机制，为离职后的国家工作人员离开核心区提供住房保障。

首都核心区建设应积极推动文化形象的塑造。首先，加强国家纪念功能。为了进一步弘扬国家首都所具有的丰富的民族文化遗产，铭记我国的文明史和近现代奋斗史的光辉成就，提升民族凝聚力，应建设国家纪念地。国家纪念地的主题包括纪念为中华人民共和国崛起献身的英雄先烈和无名烈士，纪念为民族工业、现代化工业、科技文化创新作出贡献的伟大先辈，纪念近现代对外交往的重大历史事件以及纪念5000年中华文明崛起的伟大历史等。其次，应加强对外交往功能。优化核心区中的对外交往功能，突出建设好重大外事活动区、驻外使馆区、金融功能区、国际旅游区等，新增南中轴政务文化服务区，发挥向世界展示我国改革开放和现代化建设成就的首要窗口作用。再次，弘扬国家文化功能。精心保护好核心区范围内的历史文化遗产，提升并展现国家文化软实力和国际影响力，在保障办公用房的基础上，利用核心区的中央和国家机关的设施资源，实施中华优秀传统文化传承发展工程，完善公共文化设施和服务体系。

完善首都核心区城市设计。首先，加强综合整治，营造良好政务公共空间。开展环境综合整治，提升景观质量，创造安全、整洁、有序的城市环境。首都核心区要严格控制建筑高度，严格管控高层建筑审批，提升政务街区的安全保障水平；有序推动政务街区内市级党政机关和市属行政事业单位疏解，并带动其他非首都功能疏解。结合功能充足与传统平房区保护更新，完善工作生活配套设施，提高政务街区的服务保障水平；推动被占用文物的腾退和功能疏解，结合历史景点建筑及园林绿地腾退、修缮和综合整治，为国事、外交活动提供更多具有优美环境和文化品位的场所。其次，政务街区应集中体现国家形象。对政务街区开展总体城市设计，突出体现庄严、沉稳、厚重、大气的形象气质。再次，应完善人民共享的城市绿地及公园体系。依托存量公园绿地、广场和道路空间，结合首都功能疏解用地，构建核心区的开放空间系统，通过绿地公园、林荫道、河流绿廊等多层次的绿色网络，连接行政及文化功能、历史纪念地、文体教育设施等公共设施，为人民提供卓越的、可亲近的共享空间。

核心区建设应当加强规划管理的精细化水平。实现其建设规划与北京市总体规划统筹协调，编制中央政务区和管控区的专项规划与城市设计，实现统一规划、统一实施。对建筑高度进行统一审批，防范安全隐患。完善网格化服务管理，提升公共空间管理水平。

7.4 分区域优化首都功能的用地供给

优化首都核心区空间布局，提升首都形象，使其与北京中心城共同展示首都风范、古都韵味和时代风貌。支持北京老城、“三山五园”地区、大运河文化带、长城文化带、西山—永定河文化带的保护与利用；支持北京市传统中轴线、明清北京城城市格局、明清皇城和历史河湖水系的保护与展示；支持文化精华区的保护和发展，强化文化展示与传承；支持分区域控制建筑高度，保持老城平缓开阔的空间形态；支持优秀传统建筑、近现代历史建筑和工业遗产的保护；支持重点文物的腾退。政务街区用地的改造、建设要符合北京市特色风貌分区的要求，进一步强化“两轴十片多点”的城市整体景观格局，展示国家形象、民族气魄和地域文化多样性。优化城市公共空间，提升城市魅力与活力；加强文化建设，提升文化软实力。

7.4.1　市域内优化首都功能用地供给的总体要求

本研究建议，政务街区用地优化应坚持以下总体要求。

其一，严控增量，鼓励外迁，疏解非首都核心功能。严格落实党中央、国务院关于“严控增量”“疏解存量”的要求。在具体项目上，实行分类管理、提高效率，做到有保有压，加强首都功能及周转住房等特定功能的土地供应，限制压缩非首都功能的土地供应。引导中央企事业单位用地在批准限定的功能区和产业园区布局选址。逐步腾退不符合首都功能核心区控制性详细规划的项目用地。

其二，统筹首都核心区非首都功能疏解腾退空间利用。对于央企和国家机关腾退的用地，仍用于首都功能优化提升需要；对于疏解腾退出的地方组织或法人用地，如符合首都功能核心区控制性详细规划需要，可作为新增用地供应，优先考虑纳入相应用地范围。

其三，协调北京市安排新增土地供应，预留首都功能发展用地。以北京市市属行政事业单位东迁、非首都功能腾退为契机，拓宽供给渠道，通过市场方式，采用置换、购置等多种方式，逐步形成正常的土地供给渠道。在首钢—永定河、南中轴等南部地区，提早谋划，提前规划介入，预留发展用地。

其四，央企、事业单位用地的用途管制，以优先保障首都功能为原则，并符合北京市总体规划、控制性详细规划和正负面清单的要求。

7.4.2　在京津冀范围内布局非必要在北京中心城集中的首都功能后台服务机构，疏解中心城压力，分散安全风险

本研究建议，在京津冀范围内规划建设非必要在北京中心城集中的首都功能后台服务机构，考虑在雄安新区、大兴国际机场周边等地，安排部分

疏解的央企总部、科研院所、高等院校、驻京机构等；实现首都政治文化功能的区域多中心格局，提高城市—区域用地效率，分散安全风险。

《京津冀地区城乡空间发展规划研究三期报告》[1] 提出在环北京 80~100km 范围设立以教育科研、文化创新、国家对外交往等功能为主的首都功能区域承载地区。根据山水格局、历史文化遗存、土地利用现状，提出 3 个可能的选址。其中，东部选址位于盘山以南平原地区，北望盘山，南瞰青淀洼，东、西两侧有蓟运河、州河环绕，周边有静寄山庄、清东陵等历史景观。西南选址位于易县、定兴、涞水之间，北易水和中易水之间，易县古城以南，太行山余脉从北、西、南三面环绕，是通往易县古城、紫荆关长城的重要通道，山环水绕，环境优美。南部选址位于霸州和保定之间（即雄安新区），西望北岳恒山，南绕大清河，所在地区水网密集，上接白洋淀，下连天津诸多湿地（图 7–2）。

7.5 首都空间布局优化和功能提升的实施路径与保障机制

7.5.1 加强与北京市总体规划的衔接

本研究认为，编制政务街区专项规划，应与北京市总体规划以及北京首都功能核心区、中心城区、新城和生态涵养区的各项规划相协调，形成各类规划定位清晰、功能互补、统一衔接的规划体系；完善科学化、民主化、规范化的编制程序，健全责任明确、分类实施、有效监督的实施机制。

各政务街区规划应以北京市总体规划和首都功能核心区控制性详细规划为纲，明确管控范围、发展要求、主要目标和重点任务；要以非首都功能疏解和首都功能优化提质为核心，针对现状，着力解决突出问题，形成重要支撑和抓手。

同时，应当完善专家咨询机制，加强规划研究。建立由城市规划、城市设计、建筑设计等专家组成的规划建设专家顾问团队，对涉及街区用地规划、建设的相关工作进行顾问指导。对政务功能优化提升、办公用房规划建设、住宅保障、遗产保护、文化展示、国家纪念地、绿色开放空间、形象提升，

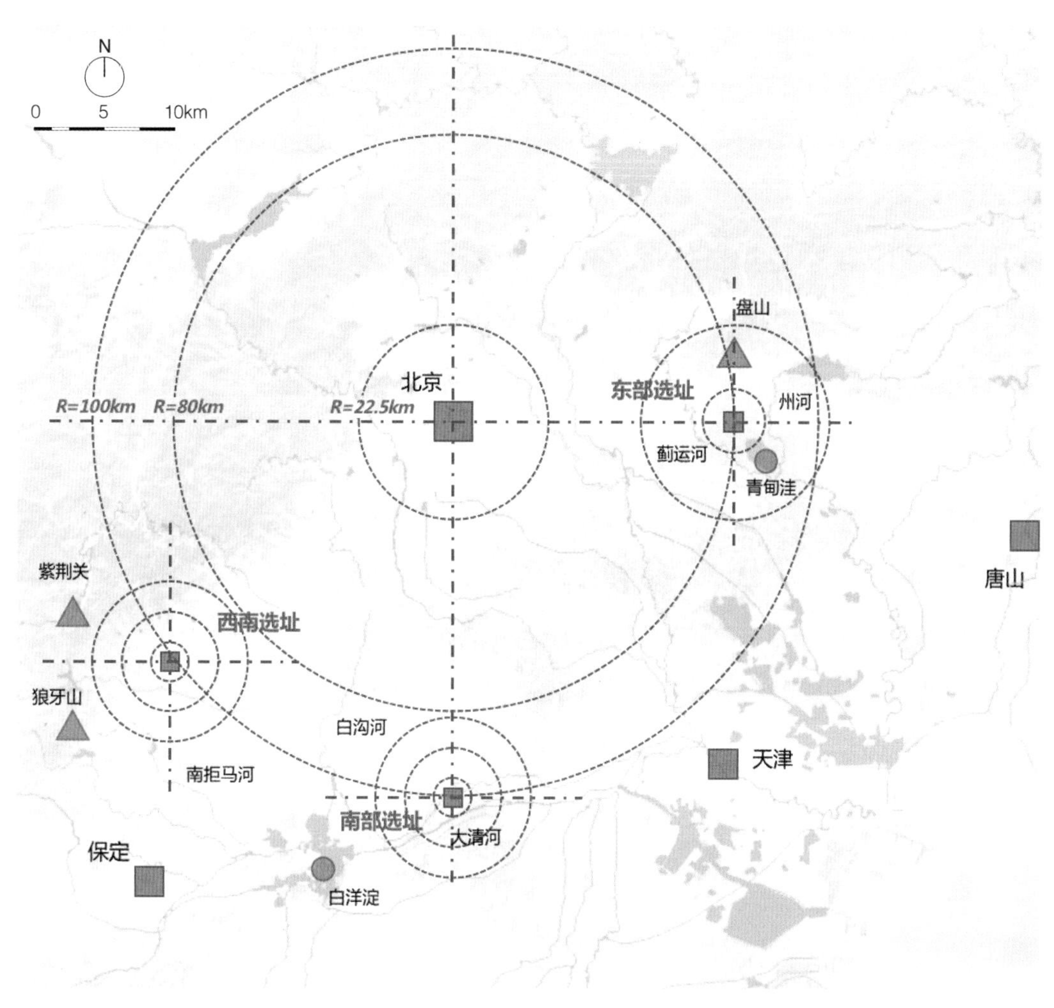

图 7–2 首都政治文化功能的区域多中心格局意向

（图片参考：吴良镛，等．匠人营国——吴良镛·清华大学人居科学研究展 [M]. 北京：中国建筑工业出版社，2016.）

以及体制机制、实施政策保障等内容开展持续研究，确保规划建设的科学性和可操作性。

7.5.2 加强用地规划实施引导

本研究认为，制定中央在京单位疏解清单应引导中央企事业单位用地在批准限定的功能区和产业园区布局选址，对于不符合首都功能核心区控制性详细规划的项目逐步腾退用地。在具体项目上，实行分类管理、提高效率，做到有保有压，限制压缩非首都功能的土地供应。

加强用地规划实施引导，应建立首都功能用地的动态维护机制。首先，应建立首都功能用地规划、管理和建设的平台。搭建相关的空间基础信息数据库和全覆盖、全过程、全系统的规划信息综合管理系统。将有关的用地权属、建筑、人员、用地规划、空间引导政策信息、地块控制性详细规划指标、遥感影像、土地利用现状、项目立项、土地审批等相关信息和基本数据整合入库，实时更新和实时监测。除此之外，针对重大国事活动的计划和策划等，模拟评估国家活动对周围的影响，设计规划预案，做到安全有保障、活动有秩序，有效提升规划管理的行政效能，为重大国事活动的正常有序进行等提供有力的技术支持和服务保障。其次，应对首都功能相关的规划开展定期评估，优化调整近期建设规划和年度实施计划，确保规划确定的各项内容得到落实，并对实施工作进行反馈和修正。

7.5.3 加强政务办公设施用地的统筹保障

本研究认为，保障政务办公设施用地应当疏解、承接并重，分类处理以往撤销机构的行政办公设施用地，分类处理转企单位的行政办公设施用地。对于以往机构改革中撤销部门的办公设施，予以收回统筹安排使用；对于以往机构改革中转企单位占用的办公设施，根据实际情况，予以收回或以资产置换的方式重新利用。对于位于政务街区内的适合首都功能使用的行政办公设施，位于政务街区之外适宜用于疏解安置的行政办公设施，根据疏解情况统筹安排。

保障首都功能需要的政务办公设施用地以整体够用、适用为原则，推动政务街区外首都功能政务办公设施向政务街区集中。以“大部分不动，少部分调整”为原则，以“稳、增、调、合”为主要方式，合理规划安排。对面积达到核定面积、功能满足需求的，不作整体调整，保持基本稳定；对面积缺口较大的，就近部分调整或者整体调整，增加相应面积；对因历史保护、结构或功能等原因不适合办公的，进行整体保护和调整；对分散办公的机构改革整合部门，或其他多处办公部门办公地点距离较远的，通过整体调整或部分调整，实现距离较近、相对集中。

加强办公区和生活区布局的有效衔接。特别是在政务街区外围，通过优先利用腾退用地或对旧有建筑进行改造等方式，主要安排公寓等周转住房及配套设施建设，对规划指标给予支持，提升职住平衡水平。

参考文献

[1] 吴良镛，等.京津冀地区城乡空间发展规划研究三期报告[M].北京：清华大学出版社，2013.

8

第八章　专题四

首都城市的规划建设要点与功能疏解应对

世界各国首都均是国家中心和中央政府所在地，是展示国家形象和民族精神的核心空间载体，与国家的整体发展和兴盛发达命脉相关。世界上有影响力的国家首都的发展历程虽各不相同，但都顺应不同时期的历史规律与需求，把握历史契机而迅速发展，并形成重要的国内外影响力。如英国伦敦通过发达的海洋贸易带动国家日益强盛；法国巴黎借助帝国时期力量建设城市轴线与公共建筑群，体现国家威严；东京作为世界上规模最大、最发达的大都市，通过高度现代化的城市建设树立起世界城市的典范。

我国首都北京在世界上的影响力与日俱增，但与此同时也面临着交通拥堵、环境污染、水资源匮乏、公共服务设施不完善等越来越多的城市问题与挑战。因此，近期出台的《北京城市总体规划（2016年—2035年）》已经明确提出，通过“减量规划”和“非首都功能疏解”解决“大城市病”，实现首都空间建设的提质增效，成为未来北京可持续发展的重要途径。因此，辨析首都城市的特殊地位和作用，对比研究其他国家首都城市的发展困境与功能疏解办法，对首都北京具有重要借鉴意义。基于此，本章在梳理国家首都城市建设要点的基础上，从“形、体、用”三个维度归纳总结首都城市建设的特殊性，并通过对英国伦敦、美国华盛顿、法国巴黎、日本东京、德国柏林等首都城市的比较分析，具体探讨世界上代表性国家推进首都功能疏解的动因、空间布局应对策略和管理实施经验。

8.1 世界主要首都城市的建设要点与趋势

从当前世界上主要国家的首都建设情况来看，基本都将展示国家主权与文化、强化政务功能、塑造壮美人居空间环境、推进区域协作与国家管理功能合理布局作为工作重点。

①建设国家管理中枢，突出主权与文化象征。首都作为国家政治、文化等活动的中心，是国家各类行政机关的集中驻扎地，是管理国家和联系各地的枢纽。华盛顿、伦敦、巴黎等世界大国首都均承担着重要的国家行政职能，是国家的符号和象征，也是众多境外和国际组织机构入驻之地，城市通过功能设施提供和空间建设保障来全面服务和支撑国家的政治、经济、文化与社

会管理。俄罗斯莫斯科在落实首都核心职能过程中，积极为联邦国家权力机构、联邦行政主体代表处、外国外交代表机构等安排用地，为在莫斯科进行国家和国际活动充分创造条件。

②强化政务功能，打造首都行政职能集聚地。国家行政职能在首都的空间分布表现出一定聚集性，进而形成特色化的中央和国家政务地区（图8-1）。美国华盛顿基于国会大厦确定的东西向轴线，形成了由林肯纪念堂、杰斐逊纪念堂、国会大厦和白宫等构成的十字结构区域，成为重要的国家行政中枢地；英国在伦敦“中央活动区”（CAZ）的威斯敏斯特地段集中设立国家政务功能区域，强化首都核心政务功能的发展与布局；法国国家政治活动主要围绕巴黎的壮丽城市轴线，在半径15~40km范围的原王室与贵族领地上开展和组织；俄罗斯莫斯科则在中心城划定了历史中心区与首都代表区。

③塑造壮美人居环境，空间建设与职能优化相辅相成。世界大国首都的城市形象鲜明、空间特色突出、功能相对复合，是具有优美宜居环境、未来发展潜力以及全球影响力和控制力的重要国际城市，通过高品质的壮美空间环境、文化遗产、文化功能空间、景观资源等充分展示首都的特色景观、人文品质和人居质量。巴黎、华盛顿、伦敦、柏林等首都城市结合轴线或重要山水元素（图8-2、图8-3），形成了集首都政治、文化功能和艺术于一体的城市骨架，打造特色化的国家公共广场、大型绿地、林荫大道等景观空间，并围绕这些空间布局国家机构、文化职能空间和纪念场所等，或用以组织国家庆典与外事接待活动。

④加强空间管理，建立规划协调机构与机制。美国、英国、德国等中央政府均设立专门机构，对首都的各项空间规划进行管理和协调，并对中央政府相关的土地、房产等资产进行直接管理，以确保国家政务功能的合理布局和有效运作，实现国家的首都规划战略意图。例如，华盛顿成立了国家首都规划委员会，拥有华盛顿哥伦比亚特区的规划管理权，同时对华盛顿大都市区范围内的马里兰州、弗吉尼亚州部分县市负有有限规划责任。

⑤坚持首都为核，同步推进国家管理职能区域疏散。以首都为核心，在

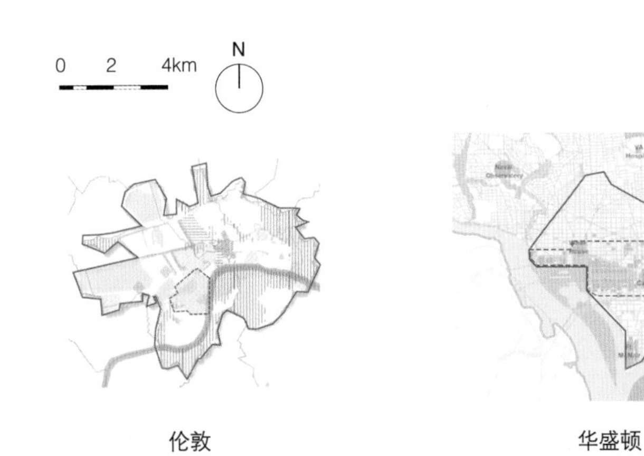

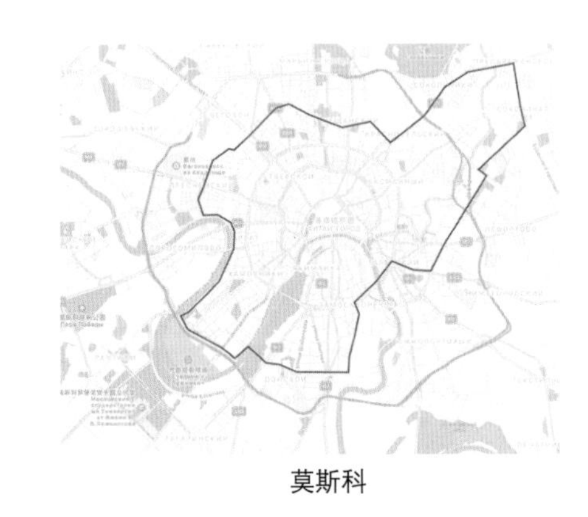

伦敦　　华盛顿　　莫斯科

图 8-1　伦敦、华盛顿、莫斯科的首都行政职能聚集区

（底图来源于不同城市的各阶段规划图，红线为规划首都行政职能聚集区，非行政边界）

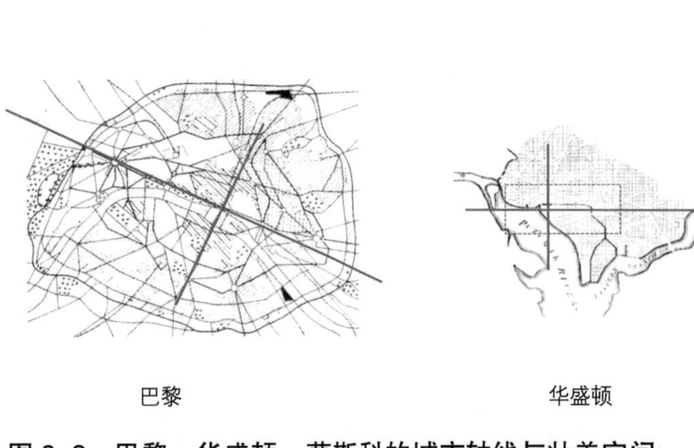

巴黎　　华盛顿　　莫斯科

图 8-2　巴黎、华盛顿、莫斯科的城市轴线与壮美空间

（底图来源于不同城市的各阶段规划图，红线为规划城市轴线，非行政边界）

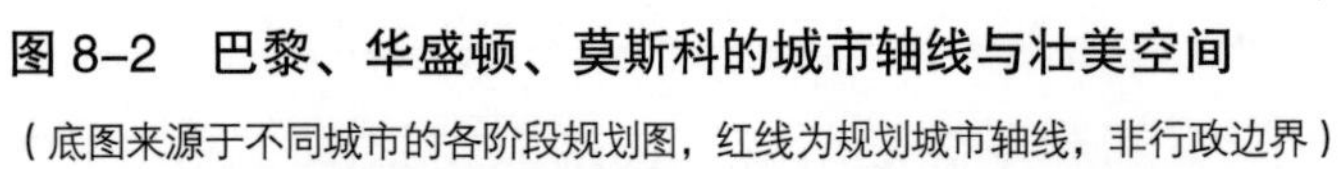

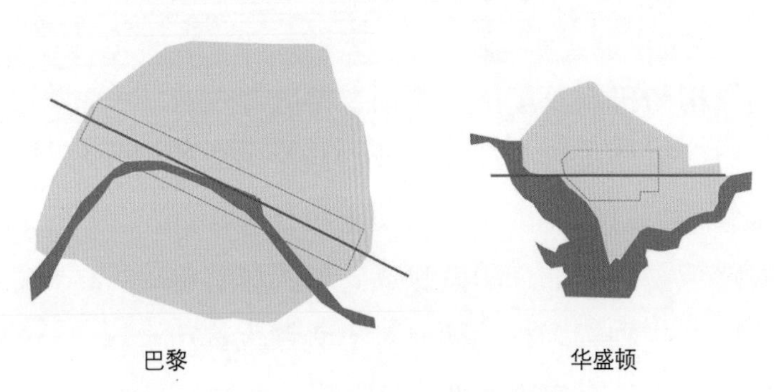

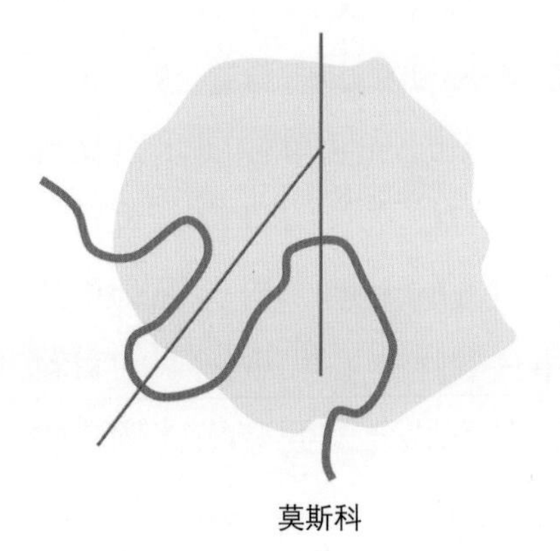

巴黎　　华盛顿　　莫斯科

图 8-3　巴黎、华盛顿、莫斯科的城水空间关系

（红线为规划城市轴线，非行政边界）

区域乃至更大的范围内合理安排国家管理职能，是当前世界首都城市功能布局的一种发展趋势。世界大国出于平衡区域发展、缓解首都人口过度聚集和分散国家机关安全风险等考虑，不断推行首都国家管理功能在更大区域的分散布局。例如，美国的国家行政职能机构不局限在华盛顿，在纽约、费城等区域城市均有分布；英国国家行政部门以伦敦为主要聚集地，并在东南部地区广有布局。由于现代治理体系促使首都功能在管理上不断向综合化、科学化、精细化方向发展，管理后台、信息平台、决策咨询等非核心国家管理支撑功能可向区域有序疏散、拓展和重组。

8.2 世界主要首都城市的特殊地位与作用

国际经验表明，国家首都城市在“精神（形）、职能（用）、空间（体）”三个维度发挥着极为重要的特殊作用（图 8-4），即在精神上能够表征国家，在职能上能够服务首都功能，在空间上能够满足首都城市建设的各种需求。

①国家表征——精神（形）。首都城市首先是“国家表征”，是国家精神的集中代表，标志和象征着国家的主权、民族、文化、地位与形象。

②首都功能——职能（用）。首都城市区别于其他城市，承载着特殊的“首都功能”，核心表现在“政治—文化—外交—安全”四个方面（图 8-5）。一些功能复合的首都城市在经济、旅游、综合管理等方面也表现不凡，形成了“4+N”的功能格局。

③空间支撑——空间（体）。首都城市需要有效的“空间支撑”（空间组织 + 空间设计），将首都城市的“精神”与“功能”作用实际落地。在空间布局上，大国首都的行政管理职能通常在国家、区域、都城等层面分散布置，并在首都城市的特殊地段形成相对密集的中央和国家“政务集聚区”。在空间塑造上，世界大国首都通过中轴线、十字轴、山水关系、公共建筑群、纪念物和纪念空间等塑造壮美的空间秩序和城市形象。在发展历程上，大国首都均抓住国际、国内的历史性成长契机，在关键时代节点实现了全方位崛起，形成了重要的国际、国内影响力和控制力。

国家表征——精神（形）
• 标志象征：主权、民族、文化、地位、精神、形象
首都功能——职能（用）
• 首都功能："4+N"政治、文化、外交、安全+N（经济等）
空间支撑——空间（体）
• 职能布局：国家层面+区域层面+都城层面+片区层面 • 政务集聚：中央活动区、首都代表区、广场、轴线 • 空间塑造：中轴线、十字轴、特定区域、山水关系（水）、公共建筑群、纪念空间 • 历史崛起：抓住成长关键期、国家机遇期

图 8–4　首都城市的"精神—职能—空间（形—用—体）"作用体系

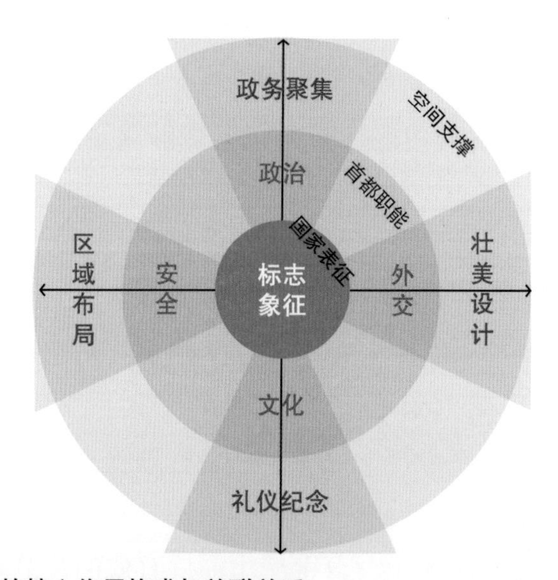

图 8–5　首都城市的核心作用构成与关联关系

8.3　世界主要首都城市功能疏解的动因、布局和管理经验

当前，世界上具有影响力的国家首都城市中有很多都面临着首都功能如何进行优化组织和完善空间布局的共同问题，并且采取了一些殊途同归的经验做法，这与我国首都北京正尝试通过建设城市副中心、打造雄安新区等多元途径疏解部分城市功能的做法类似。

8.3.1 案例一：英国伦敦

（1）疏解公共部门，促进落后地区发展

作为英国最大城市与首都，伦敦集中了全国重要的高等级功能，是英国王宫、首相官邸、议会和政府各部门所在地。第二次世界大战以后，英国政府始终致力于疏解伦敦的城市功能，改善伦敦“一极独大”的国土空间格局。除了长期实施的制造业搬迁政策外，英国政府多次提出通过重布公共部门以刺激区域发展的方案。同时，英国内阁办公室认为，精干、高效的公共部门有助于控制公共开支，并为市场与私人部门提供更好的服务。因此，伦敦的首都功能疏解始终与区域发展战略和公共部门的精简化改革紧密相关（图 8–6）。

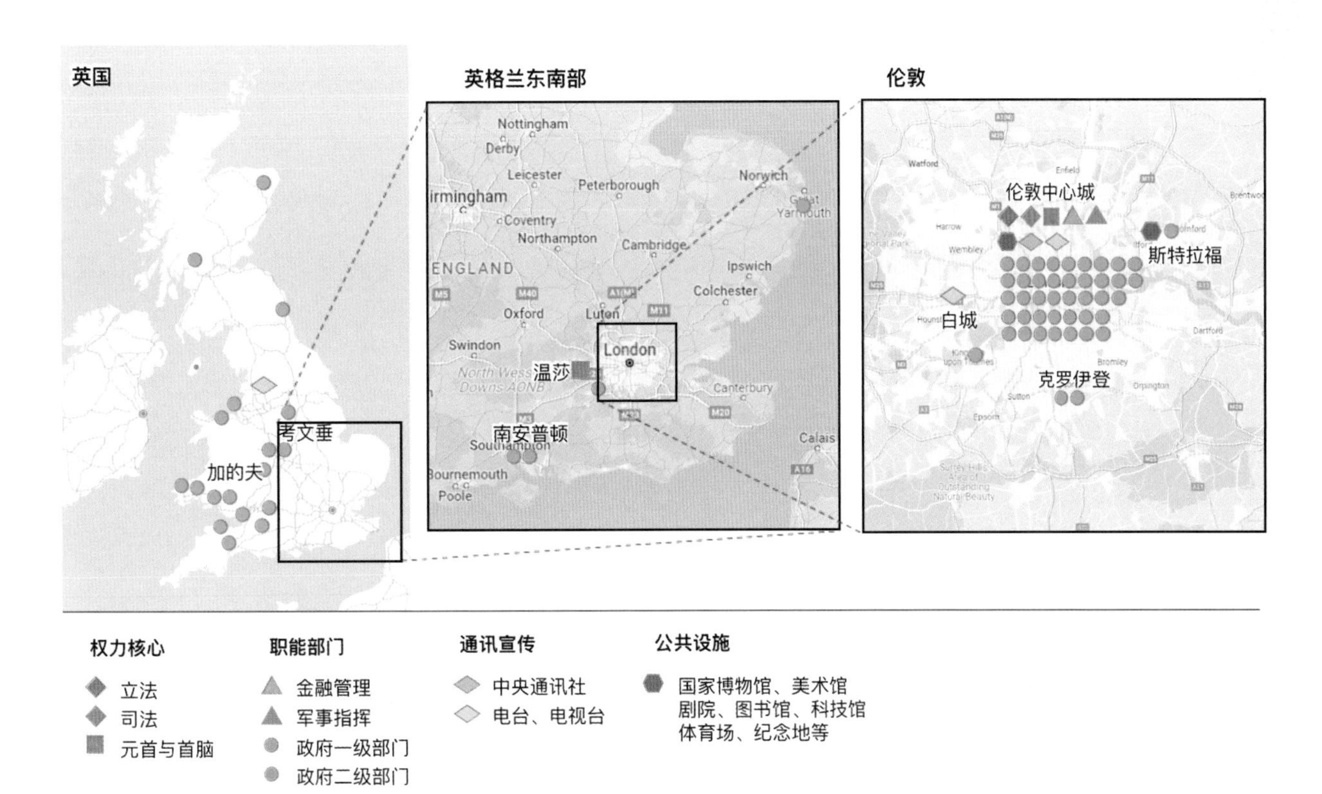

图 8–6 英国主要首都功能在国土和首都地区的分布状况抽象示意图

随着新一代交通、通信基础设施的建立和完善，近年来，一些非核心首都功能加速迁出伦敦。在中央政府机构方面，养老金机构已迁至苏格兰格拉斯哥，财税系统迁至格拉斯哥与约克夏郡，机动车驾照管理部门迁至威尔士斯旺西，国家统计办公室及其后台数据服务部门迁至加的夫；在公共企业方面，英国铁路网络公司迁至米尔顿－凯恩斯新城，英国广播公司（BBC）的部分频道已迁至曼彻斯特媒体城，并计划继续逐步迁出伦敦。而这些首都功能迁入地大多位于英国经济发展相对落后的中部地区。疏解后的公共部门有条件采取远程办公、兼职就业、错时办公等措施，精简办公面积与公务人员数量。“政府只需要保证这些部门能和伦敦威斯敏斯特的核心部门保持良好的联系，并确保相关人员通勤时间在40分钟左右。（图8-7）”

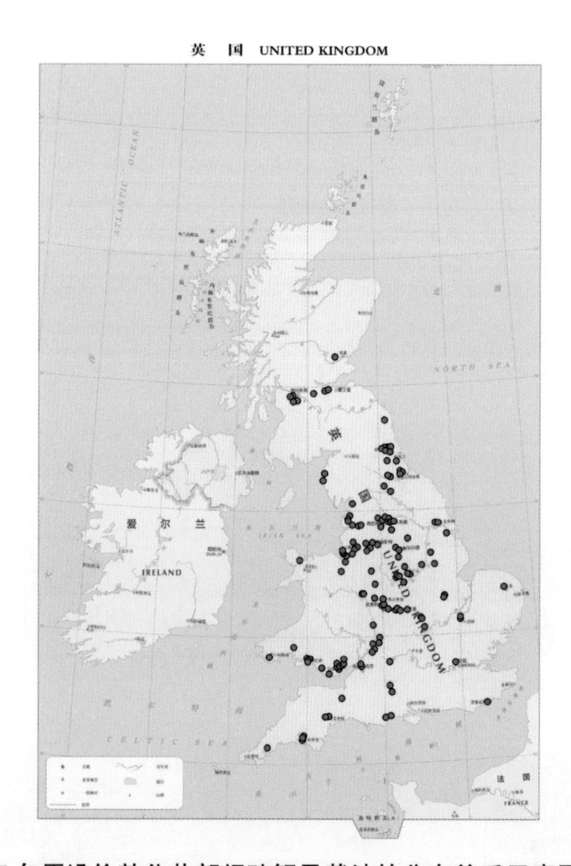

图8-7 2003~2007年原设伦敦公共部门疏解承载地的分布关系示意图

（图中蓝色点为原伦敦公共部门疏解承载地，信息参考：Faggio G. British experience with the relocation of public sector jobs[EB/OL]. https://www.ft.dk/samling/20141/almdel/ ul%C3%B8/bilag/132/1522381.pdf，2019-10-09）

（2）聚焦伦敦中央活动区战略，优化政务功能与金融、文化等国家职能

在非核心公共部门向区域疏解的同时，伦敦的核心地区也经历了空间调整与优化的过程。2004 年，伦敦规划提出中央活动区（Central Activities Zone，CAZ）战略，以引导首都核心区的功能发展与布局。伦敦中央活动区面积为 20km^2，占大伦敦总面积（1572km^2）的 1.2%。中央活动区定位为国际、国家和伦敦市的中心，是伦敦参与全球化竞争的核心地区，是伦敦的地理、行政、经济和文化中心（图 8-8）。

中央活动区容纳了对英国国家管理与伦敦全球影响力具有重要意义的高等级功能，包括英国中央政府、重要企业总部、外交使馆、金融和商业服务部门及贸易办事机构、通信、出版、广告和媒体等，零售、旅游、文化、娱乐等功能也集中于此。中央活动区内提供了全伦敦 30% 的就业岗位。中央活动区内除集中发展金融及商务服务业以外，各城区在保存历史建筑以及某些政策指定保护区域的基础上，尽力为商务、旅游、零售等相关的商业开发提供支持，尽力为中介机构、院校及服务机构的发展提供必要的条件，并

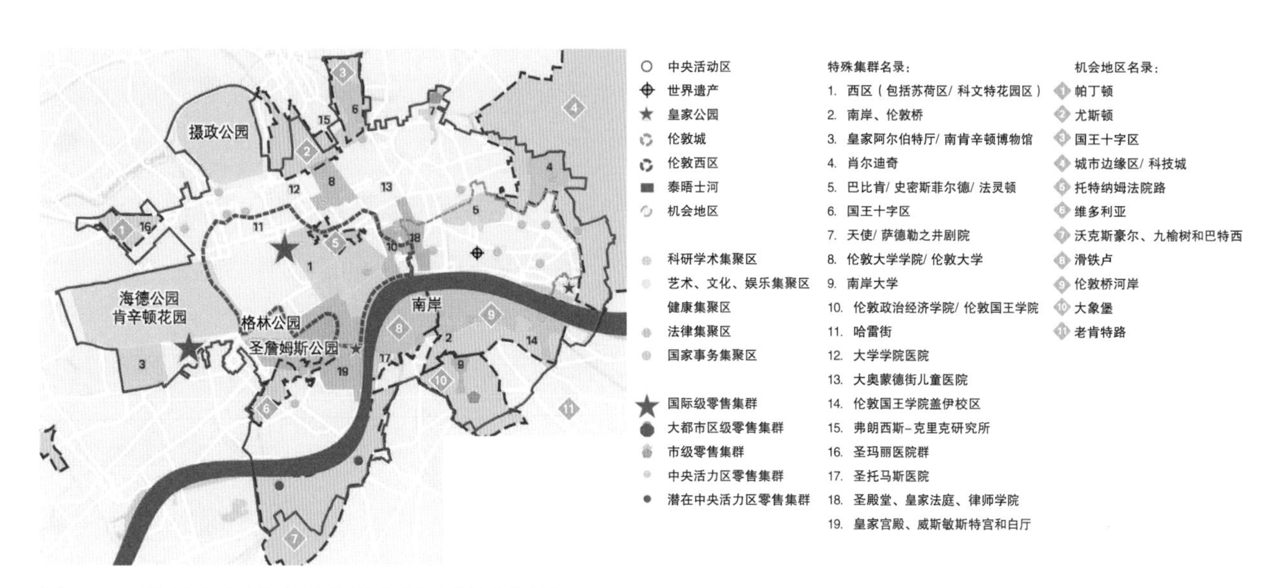

图 8-8　伦敦中央活动区功能布局规划示意图

（图片来源：Mayor of London. The London Plan 2021[R]. Greater London Authority，2021：77.）

在考虑环境、土地综合开发以及交通运输能力的基础上，使商业开发的密度最大化。

伦敦中央活动区的功能布局受到伦敦城市历史发展轨迹的强烈影响。在整体混合的用地布局模式下，中央活动区的内部功能布局呈现出国家政务功能（威斯敏斯特）在西侧，金融、法律功能（伦敦金融城）在东侧，即“东富西贵”的模式。而在威斯敏斯特与金融城之间的地带内，交通枢纽、大学、医疗机构、市场、文化、艺术等功能沿不同街道依次排开，形成内部空间特色与秩序。

威斯敏斯特地区长期作为英国王室、议会和中央政府的驻地，在伦敦中央活动区的规划中定位为“具有强烈国家行政特征的混合发展地区”，提出建设具有强烈国家特征的皇室与国家行政办公区。中央政府办公建筑成组分布在以英国议会大厦为中心的楔形地带中，其余则分布在泰晤士河南、北两岸。为塑造鲜明的国家特征，威斯敏斯特皇家与国家行政办公区空间风貌受到严格的控制，如公共空间内的街道家具和装饰物布置需要经过统一规划设计，除已有雕塑以外，严禁布置带有人像的公共艺术品。

（3）内阁办公厅统一管理与市场机制相结合，以伦敦规划为空间指导

英国国有资产的所有权属于英国中央政府，这些资产的具体管理与使用权则属于各部门机构，这与我国行政事业单位国有资产产权所属形式相似。英国财政部门负责资产配置，主要体现在对财政预算与支出的监督上，各部门必须就资产使用效率的“物有所值”预算向财政部与内阁报告，并经由财政部与内阁讨论后方可提交议会，在议会通过后进行拨款时，还需经过财政部核定。在中央资产管理事务中，作为资产管理主要执行机构的英国内阁办公厅与财政部协作管理公共资产，但财政部占据主导地位。

英国的政府部门和公共机构办公用房具有较为完备的资源整合与调剂共享机制。其中，位于威斯敏斯特核心区的政务办公建筑和首都外围地区的房地资产主要为政府自持，位于伦敦中央活动区其他地区的办公建筑多为租用。通过从繁华地段搬往较为偏僻地段、从独立办公空间改为开放办公空间、由集中办公改为分散化办公、由购买或自建改为市场租赁等多种方式，2012年英国公共部门的办公用房面积已由最高峰的 700 万 m^2 缩减至 500 万 m^2。英国政府计划通过机构精简、功能疏解等途径，进一步降低伦敦中央活动区的租用办公建筑规模（图 8–9）。

在经历数十年的首都规划制度变迁后，目前，伦敦地区的规划主要由大伦敦政府（Greater London Authority，GLA）负责。大伦敦政府的领导力量由伦敦市长和 25 个伦敦地方自治区组成，主要负责住房交通、规划管理、经济发展、环境保护、社会治安维持、火灾和紧急事务处理、文化体育和公众健康等公共事务。大伦敦政府分别制定了 2004 年、2008 年、2011 年、2014 年及 2021 年版伦敦规划（London Plan），尤其是最具权威的大伦敦地区城市综合发展战略规划。虽然伦敦规划不具有强制约束性，但对各地方自治区议会制定的地方规划而言是重要的参考文件，且伦敦规划可以基于城市总体利益对地方自治区的项目提出否决。因此，伦敦规划对于威斯敏斯特、伦敦金融城等承载国家核心首都功能的自治区具有空间与功能发展的直接指导作用。

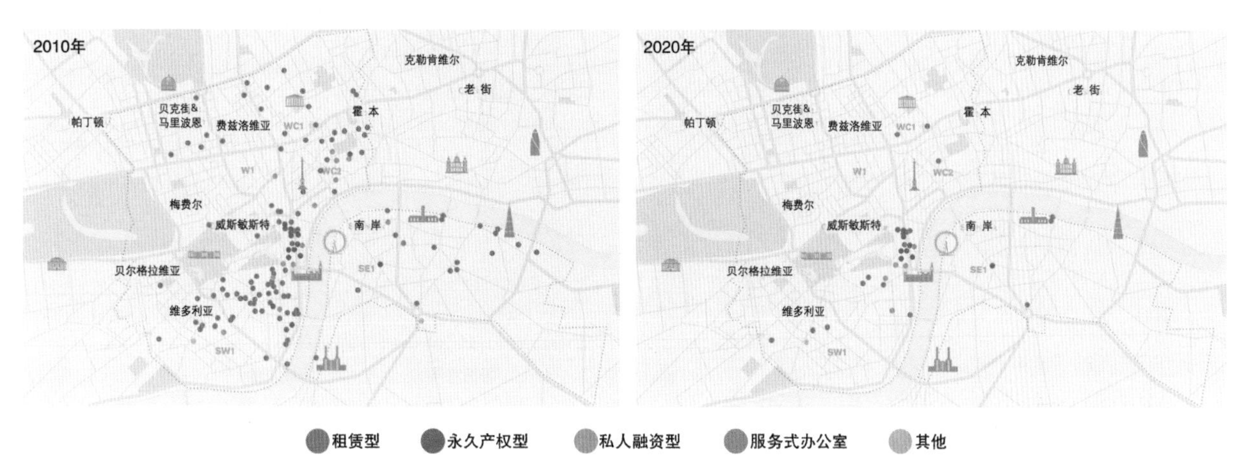

图 8–9　位于伦敦中央活动区的英国中央政府房地产持有现状（2010 年）与预期持有方案（2020 年），英国中央政府计划大幅度降低租用办公建筑规模

（图片来源：Cabinet Office. Government's Estate Strategy[R]. Cabinet Office，2014.）

8.3.2　案例二：美国华盛顿

（1）合理布局联邦政府功能，确保华盛顿大都市区市场经济活动有序开展

与世界其他大国首都不同，华盛顿哥伦比亚特区的政治中心职能相对单一，在空间上围绕国家广场集中布局。尽管华盛顿—巴尔的摩大都市区有近 900 万人口，是美国第四大都市区，但困扰其他大国首都的“大城市病”问题在华盛顿表现并不显著。联邦政府功能在国土和首都地区两个层面相对分散的布局，对确保华盛顿哥伦比亚特区内部功能秩序起到了重要支撑作用（图 8–10）。

在国土层面，除首都华盛顿特区以外，承担重要国家管理职能的城市还有费城、纽约等。作为美国建国初期故都的费城仍保留有联邦铸币局；美国三大电视台（NBC、ABC、CBS）总部均位于纽约而非首都，三大报纸

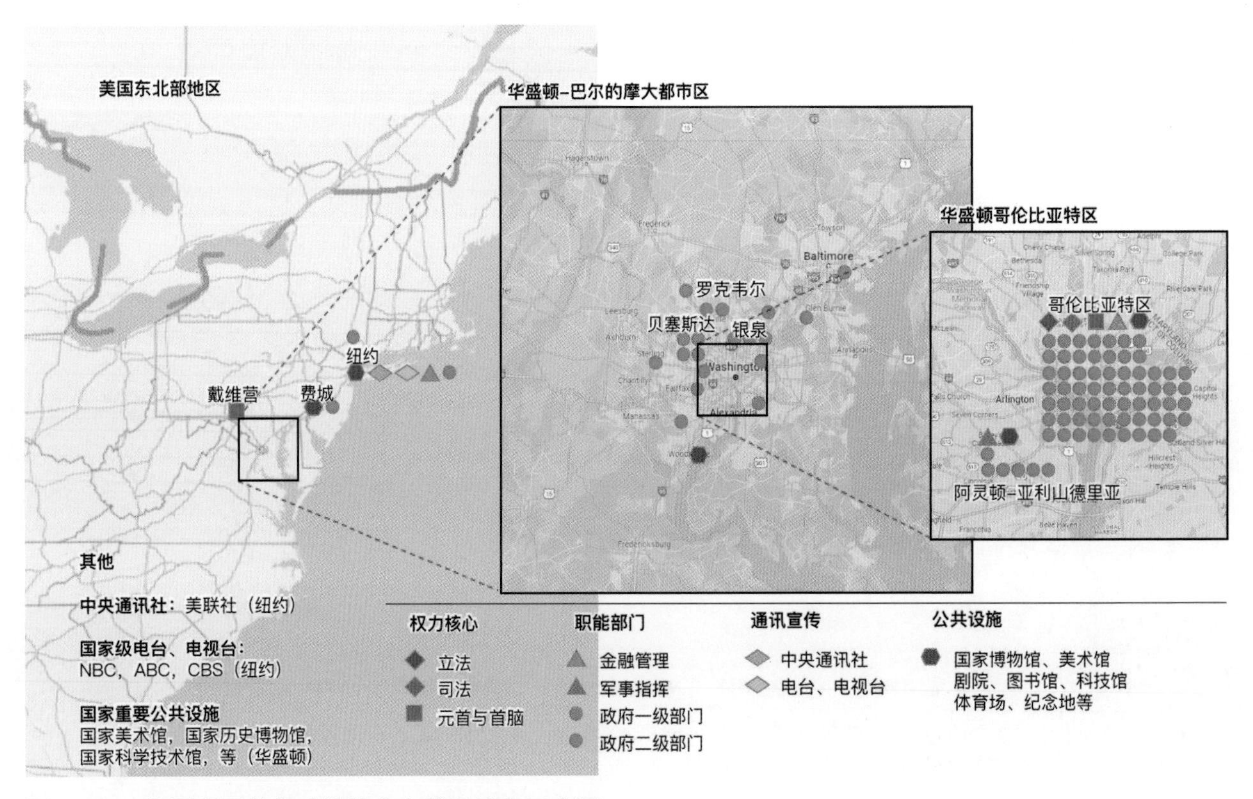

图 8–10　美国主要首都功能的分布状况抽象示意图

（《纽约时报》《华盛顿邮报》《洛杉矶时报》）中仅有一家位于华盛顿；位于丹佛的联邦中心占地面积 2.7km²，建筑面积 40 万 m²，拥有 26 个联邦政府部门和 6200 名雇员。从联邦工作人员数量来看，在华盛顿特区及邻近州（马里兰、弗吉尼亚）工作的联邦政府雇员只占总数的 21% 左右。此外，美国一些重要的国家纪念地也布局在华盛顿之外的其他城市，如南达科他州的拉什莫尔山、圣路易斯大拱门、纽约的联邦大厅和费城的独立大厅。这些都从侧面反映出美国国家管理职能相对分散布置的总体格局。

在华盛顿大都市区层面，由于联邦政府是首都地区最大的就业提供方，联邦政府的服务与科研外包是首都地区私人经济最大的动力来源，因此联邦政府部门布局对首都地区整体的就业布局与经济效率具有决定性意义。从 1968 年起，美国政府就开始实施首都地区 60% 的联邦政府岗位安排在哥伦比亚特区，其余 40% 安排在马里兰州与弗吉尼亚州的布局政策。华盛顿特区综合规划指出，在华盛顿—巴尔的摩大都市区内，联邦政府部门办公地点的布局需要遵循以下 5 项原则。

①互动频繁的部门邻近布局，如总务部门紧邻白宫与国会；

②公私合作频繁的公共部门靠近私人市场布局，如国防部主要机构紧邻军火公司密集的阿灵顿县；

③为公众服务的部门靠近社区布局，如邮政和社会保险；

④与中央和国家核心部门联系并不紧密的机构应布局在外围，如位于贝塞斯达的生物科技研究集群；

⑤与中央和国家核心部门联系并不紧密，同时需要独立环境的机构应布局在最外围，如情报部门。

这两项空间政策共同指引了首都功能在首都地区的合理分布。

（2）政务功能布局与城市设计高度结合，致力于塑造国家凝聚力与民族认同感

华盛顿哥伦比亚特区面积 177km²，人口 66 万，是华盛顿首都地区的核心区。哥伦比亚特区历经 200 年的经营，是政务功能布局与城市设计结合的范例。华盛顿规划的奠基人朗方认为，“首都的建设从一开始就必须想到要留给子孙后代一个伟大的思想，这就是爱国主义思想”。在空间设计手法上，朗方规划注重公共建筑的布点，充分利用地形、地物特征，通过轴线加以串联。1902 年，麦克米伦规划在郎方规划的基础上，进一步延伸由国会大厦引出的东西向轴线，并经国家广场、华盛顿纪念碑而延伸至波托马克河对岸的阿灵顿国家公墓，同时加强节点地区和轴线本身的形式感与庄严感，在国家广场两侧安排博物馆、纪念堂等文化建筑。最终，林肯纪念堂、杰斐逊纪念堂与国会大厦和白宫构成十字结构，并与周围的开放空间一起构成了华盛顿核心区的空间格局（图 8–11）。1997 年开展的华盛顿特区遗产规划（Legacy Plan）确认并强化了历代规划的基本原则。

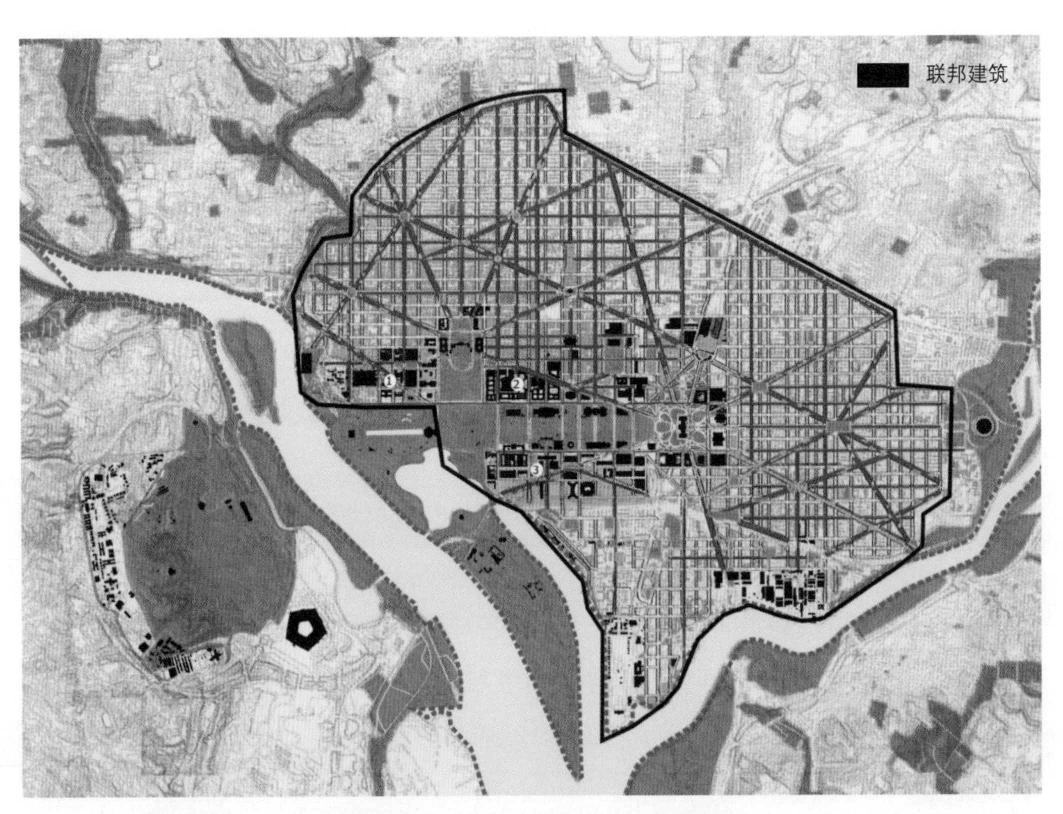

图 8–11 华盛顿特区核心区联邦建筑布局与轴线开敞空间的关系

（图片来源：National Capital Planning Commission. The Comprehensive Plan for the National Capital，urban design element[R]. National Capital Planning Commission，2016.）

华盛顿综合规划指出，首都规划建设的首要目标是“反映美国人民的价值”。为此，华盛顿特区在城市设计上坚守以下原则：

①加强国家首都与自然相协调的基本特征；

②确保联邦机构的土地利用发展符合一定的设计标准；

③有利于访客参观；

④加强国家首都的基本形式特征，并与其他城市区别开来；

⑤保护城市内部代表城市视觉等级结构的建筑物，如白宫、国会大厦和华盛顿纪念碑；

⑥在纪念区域内部，通过重要建筑和项目，共同培育由街道、公园和开敞空间所形成的高品质城市空间，从而能够激发人民的永久感和尊严感；

⑦提供可步行的公共空间体系，使之成为美国公民生活中的重要部分；

⑧将主要的联邦机构、纪念物布置在带有标志性和自然特征的空间。

（3）组建国家首都规划委员会，由国家总务管理局主管房地资产

1952 年，美国国家首都规划委员会（National Capital Planning Commission，NCPC）在原国家首都公园和规划委员会的机构设置基础上成立。国家首都规划委员会有 12 个成员，包括 3 个地方州（马里兰州、弗吉尼亚州、哥伦比亚特区）和一些联邦部门，如国防部、内政部、国家总务管理局、参议院国土安全委员会、众议院政府改革委员会等。委员会代表联邦及地方选区，为哥伦比亚特区制定综合规划并统筹实施，以提升首都核心功能区的运转效率与空间品质，保障首都核心功能的运转与首都的形象和安全（图 8-12）。

联邦政府是华盛顿特区最大的土地使用方。国家首都规划委员会拥有哥伦比亚特区的规划管理权力，同时也对华盛顿大都市区范围内的马里兰州、弗吉尼亚州部分县市负有有限规划责任。国家首都规划委员会通过开展跨度为 5 年的资产改善计划，进行各层面建设预算的汇总与分配，将规划设想进行系统落实。在实施过程中，国家首都规划委员会同时负责在特区外各地方行政区政府间以及地方政府与联邦机构间开展规划建设项目协调工作。

国家总务管理局作为华盛顿国家首都规划委员会的成员，共同制定联邦政府部门办公地点的建设与调整规划。通过置换旧建筑功能、建设郊区联

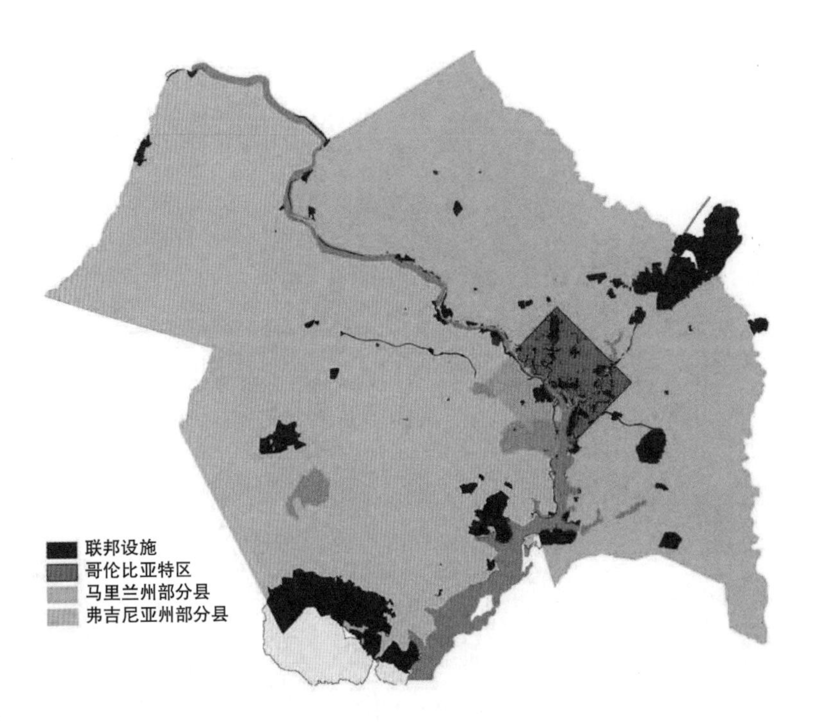

图 8-12 美国国家首都地区范围示意图（面积约 $2000km^2$）

（图片来源：National Capital Planning Commission. Comprehensive Plan for the National Capital[R], 2021.）

邦办公中心等手段，联邦政府持有的土地与楼宇被作为一项重要资产进行运营，并维护核心部门办公环境的舒适、高效与安全性，确保联邦政府就业岗位在特区内外的分配比例。在特区内，主要以 3 个政府办公区和国会山联邦行政办公建筑群为基础，形成中央联邦就业区（Central Employment Area，CEA），确保不对历史建筑进行过度的改扩建；在特区外，积极盘活闲置土地，结合交通设施开发“联邦中心”，容纳新增的联邦政务功能。

8.3.3 案例三：法国巴黎

（1）公共机构向腹地城市搬迁，平衡国土与首都地区经济社会和空间发展

法国是西方国家中央集权体制的代表，中央实权机构在首都巴黎集聚（图 8-13）。历史上，巴黎虽长期承担首都职能，但在封建社会时期，宫

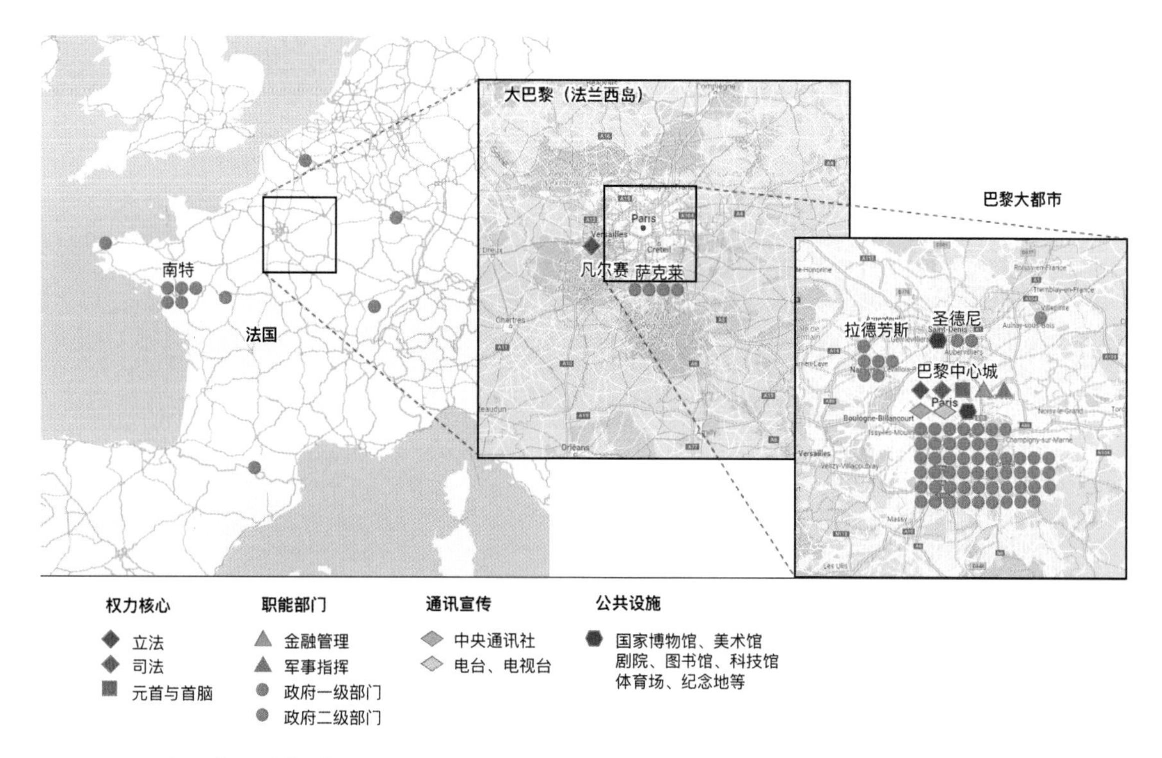

图 8-13　法国主要首都功能的分布状况抽象示意图

廷重要活动大多不在巴黎举行（如加冕典礼在兰斯举行，王室入葬于巴黎北郊圣德尼，王室与地方贵族的关系协调活动在奥尔良等地开展）。自路易十四将宫廷迁出巴黎后，国家政治活动主要在巴黎周边半径 15~40km 范围的原王室与贵族领地上开展（包括凡尔赛、尚提伊、贡比涅、马利、默伦、枫丹白露、圣日耳曼 - 昂 - 莱等）。共和国体制建立后，国民议会等中央机构长期使用位于这些宫殿、城堡的资产，并延续至今。尽管如此，法国的核心首都功能仍在巴黎集中，因此有“繁荣的巴黎，荒凉的外省”之说。

20 世纪 60 年代以来，为调整巴黎功能过度集中的状况，缩小地方与首都的发展差距，将巴黎过度集中的功能疏解至梅斯、南特、图卢兹等“平衡大都市”成为法国国土整治规划的核心思想（图 8-14）。数十年来，一些高等院校和科研院所的疏解历程较为成功，法国地方高等教育与科技水平得到了显著提升，但是政府部门的疏解阻力较大，进程相对迟缓。近

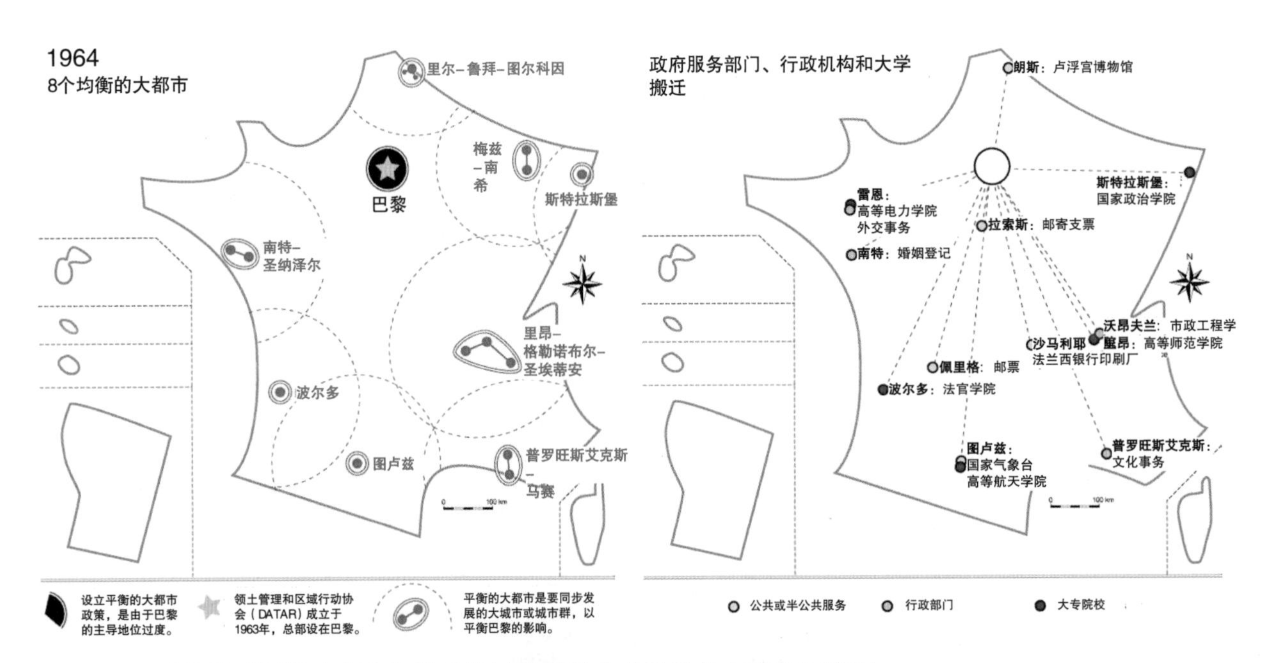

图 8–14　法国的“平衡大都市”战略及已疏解的公共机构分布抽象示意图

（图片来源：L'histoire–géo à Truffaut. les dynamiques des espaces productifs dans la mondialisation[EB/OL]. [2013–01–02]. https://lewebpedagogique.com/histoiregeotruffaut/2013/01/02/les–dynamiques–des–espaces–productifs–dans–la–mondialisation/）

年来，外交部等部门的一些下属机构已经迁往南特等地，统计部门正计划迁往梅斯。

（2）维护核心区空间骨架与风貌，结合新区与城市更新项目布局新增功能

作为首都核心区的巴黎老城面积约 100km^2，稍大于北京老城。传统上，巴黎的国家政务办公用地主要分布在围绕爱丽舍宫（总统府）、皇家宫殿（中央银行）、城岛（司法部门）、卢森堡宫（参议院）和马提尼翁宫（总理府）所形成的核心地带，面积约 5km^2。其余核心政务功能沿香榭丽舍大街与塞纳河展开（图 8–15）。

19 世纪中叶的奥斯曼大改造，奠定了今日巴黎老城的空间骨架与风貌。但在此后一个多世纪的时间内，除了总统府、参议院、众议院、国民议会等中枢机构外，法国其他中央机构（如总理府、央行、军队指挥机构与机关部门等）大多占用原贵族府邸等历史建筑办公，空间资源受限，影响了国家管

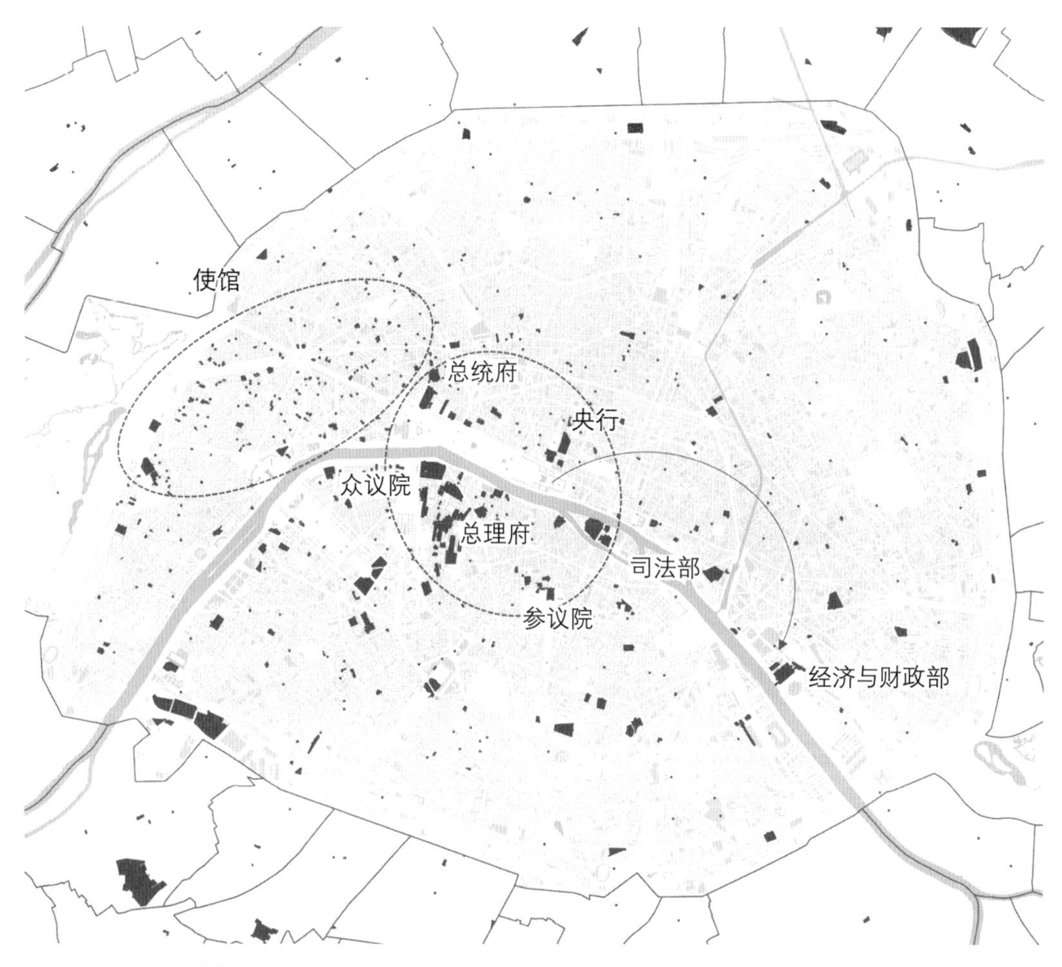

图 8–15　法国首都功能在巴黎老城的分布

理职能的发挥。随着 20 世纪 60 年代历史遗产保护运动的风行，对巴黎老城空间骨架、城市风貌与历史建筑的保护和延续成为巴黎城市规划的重点工作。1977 年编制的《巴黎地方规划》将巴黎老城内主要国家政务机关所在的 7 区划为历史保护区，使得这些政务机关的原址改扩建受到严格限制。为此，法国国家政务机关的扩建和功能提升主要采取结合城市新区建设与城市更新项目的方式来解决。这些项目被称为“总统工程”。

以国家政务功能作为带动德方斯新区开发的触媒。自 20 世纪 60 年代起，为在容纳日益增长的商务办公空间需求的同时保护好巴黎老城，法国政府决定开发德方斯新区。在新区开发初期，受经济危机等外部因素的影响，商务楼宇开发进程缓慢，大型公共设施成为带动新区建设的触媒。法国环境能源与海洋部、能源与气候局、基础设施与交通局、规划住房与自然局、风险防范局、运输事故调查局等中央部门和国家电力公司、空中客车集团等国有企业的迁入促进了德方斯新区的开发建设与功能混合，使德方斯商务区逐步发展为欧洲最佳的 CBD 地区。

以国家政务功能作为城市更新旗舰项目。20 世纪 70 年代以来，巴黎进入去工业化进程，大量工业、仓储用地面临更新和转型。为此，巴黎采取协议开发区模式开展城市更新计划，政府办公建筑成为协议开发模式下带动城市更新区土地开发与基础设施建设的先导项目。在城市更新计划统一指导下的政府部门迁建计划，一方面使政府有了适应现代化要求的办公空间，另一方面也为原来被政府部门占据的历史建筑创造了保护与展示的条件。以此实现国家政务功能调整的案例包括迁入贝尔西协议开发区的法国经济与财政部和迁入巴黎南部巴拉尔地区的法国国防部。

（3）经济与财政部统一管理处置中央政府房地资产，通过公私合作模式运营

在法国中央政府架构下，经济与财政部代表国家履行公共资产管理职能，主管部门和使用单位负责具体管理。不同公共资产类别在处置权限和程序上有着不同规定，其中对于土地和房产而言，中央政府所有相关资产和权属全部登记在经济与财政部名下。房地资产的处置也由经济与财政部提出方案，并经经济与财政部下属的国有房地产总局进行评估后，通过公开出售或拍卖的方式变更产权，使用单位没有自由处置的权力。

为节约公共开支，法国政府也积极采取公私合作的方式进行办公建筑建设与运营。其具体方式为，中央政府在公共住房领域挑选一个大型私有公司作为合作伙伴，由该公司负责出资建造主体建筑。建成后，该公司在若干年内享有建筑的所有权并负责物业管理，以出租的方式提供给政府作为办公大楼。租期结束后，政府收回所有建筑的所有权。在政务功能空间调整的过程中，经济与财政部也会将原有土地和房产出售，以填补建设工程造成的财政预算空缺。法国舆论普遍认为，这一做法有利于实现中央政府的机构整合与精简，减少政府的运行成本。

8.3.4　案例四：日本东京

（1）以扭转“一极化”为目标，首都功能以自上而下转移与自下而上承接相结合方式进行疏解

扭转东京“一极独大”的国土空间发展状况是日本的长期国策。早在第二次世界大战时期，建筑师丹下健三就设想通过东海道铁路，将东京的政治、经济首都功能转移到古都镰仓，将文化与国家象征相关的首都功能转移到富士山脚下，使新首都成为日本军国主义政教合一的政治中心。但随着日本战败，这一计划未能实施。

第二次世界大战后，日本主要首都功能集中于东京的状况未能改变，主要国家管理职能甚至几乎完全集中于东京千代田区。20世纪50年代，日本政府着手考虑疏解东京过于集聚的城市功能，曾提出将首都功能疏解到关东地区富士、赤城、那须、筑波的方案。这些地区均位于传统名山脚下，具有丰富的文化与心理内涵。但因种种原因，仅筑波一地作为科学城得以实施。此后日本的历次“首都圈整备规划”均提出疏解首都功能，并完成两次重大疏解行动：第一次是通过建设新宿副都心，将东京都政府由东京站迁至当时的城市近郊，使东京市行政中心与日本中央政府行政中心分离；第二次是通过建设埼玉新都心，将日本中央政府的关东地区派出机构由东京市中心迁出。

与此同时，以日本国会为首等中央机关也长期酝酿迁出东京的方案。1990年，日本国会通过了有关“迁都”的决议，1992年通过了《迁移国会法》。设想的国会城位于距东京60~300km的范围内，人口60万，用地90km^2，主要安排国会、中央政府机构及最高法院等国家“三权”机构，东京继续维持其经济与文化中心的地位。但由于执政党妥协于财经界、地产界的选票政治，这项讨论于2004年停止。

尽管首都功能疏解进程迟缓，但日本在世纪之交成功实施了“大部制”

改革，精简了部级机构的数量和人员，加强了内阁官房的中央协调职能，提升了权力中枢的效率。仍在进行中的政府改革，旨在将政策的制定和实施功能分离，由省、厅专门制定政策，独立行政法人负责实施。为此，日本正在将国立医院、试验研究机构、教育研修机构以及车检之类的事务从行政部门分离出来，按股份公司方式自主经营，这为首都功能的长期疏解做好了制度方面的准备。

在此基础上，2012年新一届日本政府执政以来，进一步提出整顿东京功能过度集中、制止农村人口下降等一系列提高日本整体活力的政策。其中的重要工作是重启中央省厅的外迁，同时推动省厅下属大学、研究所、后台服务机构等“独立行政法人”的外迁。为积极利用地方主动性，外迁方案由地方申请，中央政府推动实施。中央政府新设“地方创生”部门，促进地方和中央的对接。目前，文化厅迁往京都的安排正在进行中（图8–16）。

（2）核心政务功能在千代田区集中布局，土地利用高效紧凑

自明治时期以来，东京的主要国家政务功能均集中在今东京千代田区的霞关和永田町一带。这一地区位于日本皇居供朝臣、武士出入的樱田门以外。江户时代，霞关地区曾布满大名宅邸。进入明治时代

○6 陆上自卫队东部方面音乐队等9支部队（新宿区・北区）

○4 产业安全研究所（港区）

○15 情报通信政策研究所（目黑区）

○12 东京外国语大学（北区）
○13 警察大学（中野区）
○13 东京外国语大学附属亚洲非洲语言文化研究所（北区）
● 国立医药食品卫生研究所（世田谷区）

○7 国立王子医院（北区）
○14 自治大学（港区）
△16 独立行政法人国立国语研究所（北区）
△19 大学共同利用机关法人人间文化研究机构国文学研究资料馆（品川区）
△20 大学共同利用机关信息系统研究机构国立极地研究所（板桥区）
△21 大学共同利用机关信息系统研究机构统计梳理研究所（港区）

○21 农林水产研修所食品消费技术研修馆（江东区）

○元 宇宙科学研究所（目黑区）
○5 外务省研修所（文京区）
△15 国民生活中心（港区）

△9 劳动福祉事业团（千代田区）
△15 公害健康受害补偿预防协会（港区）
△15 新能源产业技术综合开发机构（丰岛区）
△15 独立行政法人绿资源机构（千代田区）
△15 独立行政法人石油天然气金属矿物资源机构（港区）

○5 中央水产研究所（中央区）
○5 关东运输局（千代田区）
○5 航海训练（千代田区）
● 日本学术会议（港区）
△11 雇佣促进事业团（北区）
△14 运输设施整备事业团（千代田区）
△14 日本铁路建设公团（千代田区）
△14 城市基础整备公团（千代田区）
△16 日本育英会（新宿区）
▲ 养老金公积金管理运用独立行政法人（千代田区）
▲ 独立行政法人日本高速公路持有债务偿还机构（千代田区）

○4 印刷局研究所（北区）

图8–16 日本首都圈“独立行政法人”

（图片来源：日本国土交通省．平成25年度首都
注：机构名称及迁移地为迁移时的信息，另外，

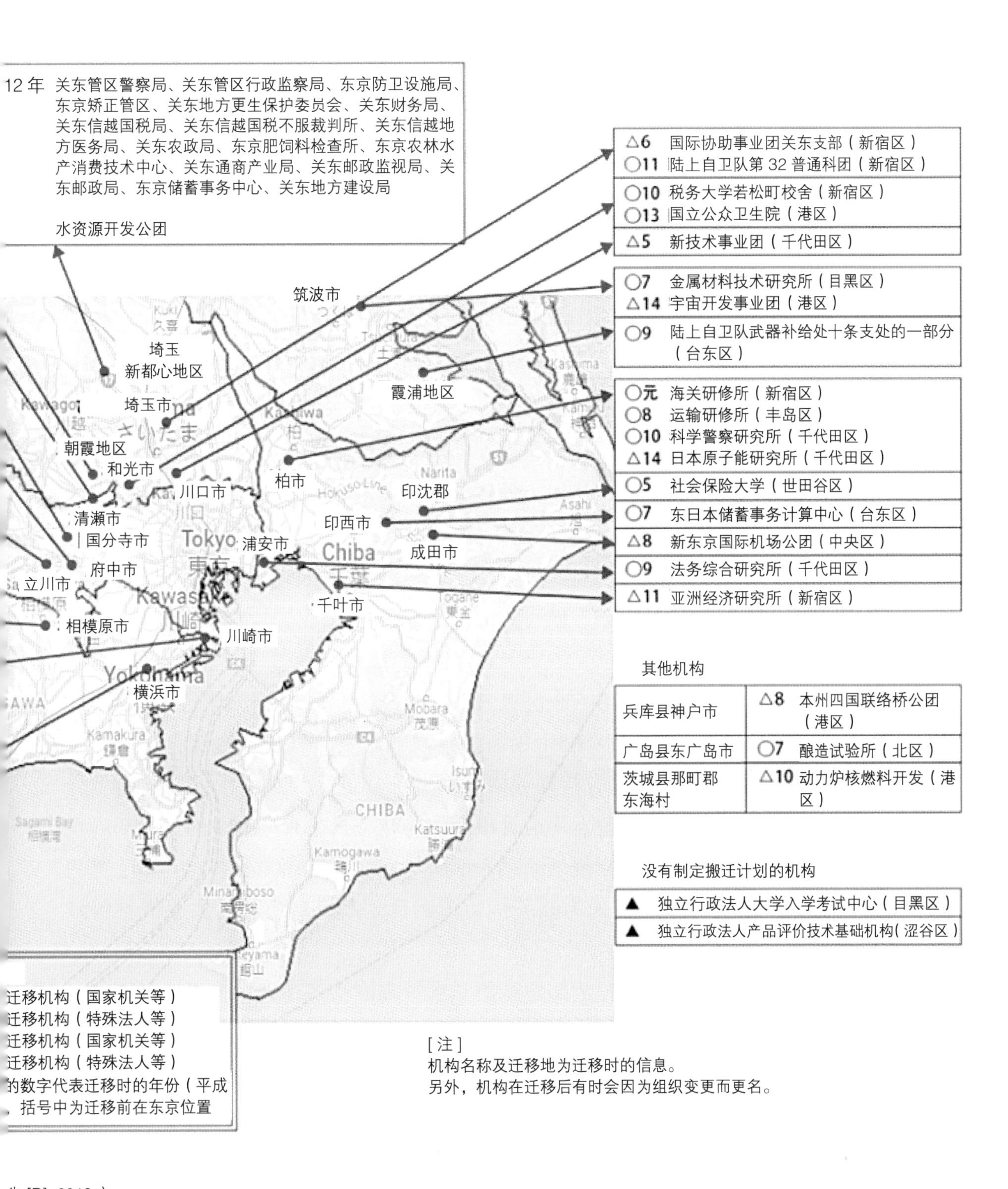

[注]
机构名称及迁移地为迁移时的信息。
另外，机构在迁移后有时会因为组织变更而更名。

告 [R]. 2013.）
为组织变更而更名。

后，这些宅邸多数被明治政府没收，变成了外国公使馆或练兵场。此后，明治政府以将外务省设于此地为契机，实施了将政府机关集中布局的城市建设计划。1936 年国会议事堂建成后，日本首相官邸、各政党总部等政治中枢机构也渐渐集中于此，由此形成中央政府机关集中地区。

目前，位于霞关和永田町的日本中央行政区占地规模仅约 1km^2，但集中了国会、最高法院、首相官邸及 16 个内阁部门，近 50 座办公及公共建筑，总建筑面积约 100 万 m^2。

（3）国土交通省统一管理首都规划与政务机关资产，积极拓展私人融资渠道

日本中央政府房地资产管理事务由国土交通省下设的官厅营缮部负责，具体事务执行（如维护、使用、处置等）则由占有并使用该资产的相关部门承担。官厅营缮部主要为政府资产的建设、扩建、改造、修缮提供技术指导，以确保政府机构的设施质量。为此，官厅营缮部制定了《关于政府建筑物位置、规模和结构的标准》，同时制定了防灾、环保等方面的信息技术和质量保证措施。

由于国土交通省在第二次世界大战后至今长期负责日本国土与东京首都圈空间规划的政策法规（2001 年前为建设省负责，官厅营缮部为建设省下属部门，2001 年后建设省与其他省厅合并成立国土交通省），因此国土交通省本身同时作为中央政府房地管理部门与政务机关布局政策的制定部门。国土交通省下负责首都圈规划的事务部门与官厅营缮部之前属同一省厅下的平级机构。这一组织模式为政务机关疏解计划的顺利实施提供了机制保障（图 8-17）。

例如，1974 年由建设省制定的第三次首都圈整备计划提出要选择性地分散东京的高级中枢管理功能，建设“区域多中心城市复合体”。在这一选择性疏散国家行政职能、建设多中心首都圈的总体思想指导下，建设省在 1988 年制定《多极分散型国土形成促进法》，并于次年起实施将日本中央政府驻关东地区派出机构迁往位于东京西北 25km 处埼玉的计划，并对埼玉浦和大宫站的废弃铁路用地开展土地区划整理，制定办公、商业等综合开发计划。

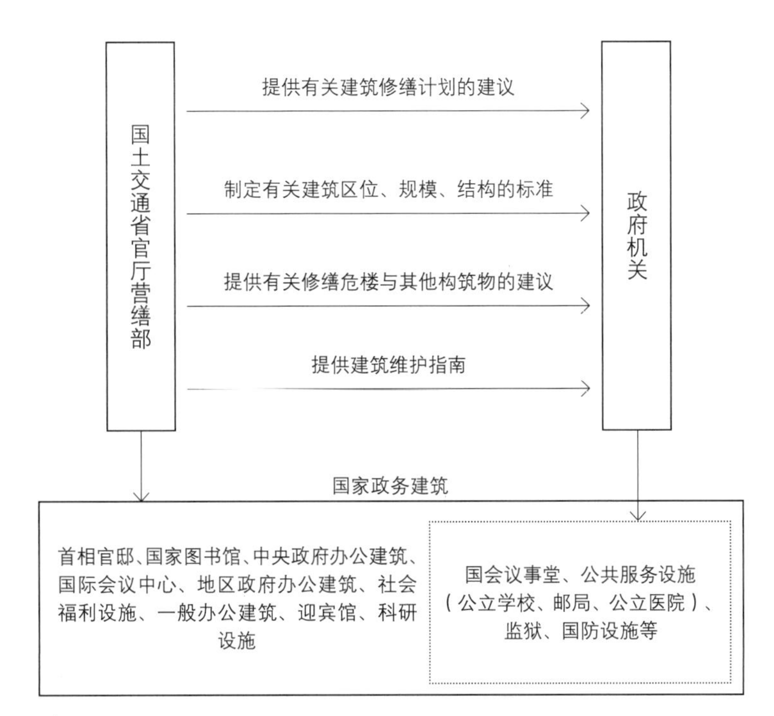

图 8-17　日本国土交通省下属官厅营缮部的行政职能

（图片来源：日本国土交通省 . 平成 25 年度首都圏整備に関する年次報告 [R]. 2013.）

2000 年以后，埼玉新都心的建设计划逐步实施，已有法务省关东区罪犯康复委员会、厚生劳动省关东福利局、财务省关东地方财政局、关东国税局、关东信托国家税务审裁处法庭、警察厅关东地区警局、防卫省北关东国防局、总务省关东地区行政评估局、农林水产省关东农业局、经济产业省关东办事处、关东东北工业安全监察部、国土交通省关东地区发展局、环境省关东地区环境办事处等机构入驻。目前，埼玉新都心已完成土地开发面积 47hm^2、建筑开发面积 180 万 m^2、就业人员 5.7 万的开发规模，成为首都功能疏解的重要承载地。

在政务建筑的规划管理上，官厅营缮部开创了“合同厅舍”的联合办公或合署办公模式。“合同厅舍”是指由业务、功能类型相近的政府部门共用一座办公楼宇。这种方式有利于提高楼宇使用的规模效应，促进机构精简，提高行政服务效率，降低公共开支。

8.3.5 案例五：德国柏林

（1）在联邦体制下维持较为分散的首都功能分布

在发达国家中，德国拥有最为分散的首都功能分布特征，这与德国国家发展的历史路径有着密不可分的联系。

“地方首都”的历史传统。历史上，德国长期由大量地方王国、公国共同组成，权力分散，拥有大量公共功能完善的“地方首都”[4]，如柏林、慕尼黑、法兰克福、汉诺威、卡塞尔、卡尔斯鲁厄、汉堡等。俾斯麦统一德国后，实行联邦制而非中央集权制，继承王国、公国政治遗产的州政府拥有地方管理的实权。

两德统一的历史因素。两德统一是以民主德国并入联邦德国的形式进行的，联邦德国首都波恩的城市体量较小，大量国家管理职能分散在联邦德国境内各功能完善的“地方首都”。这些城市因其专门化职能，拥有相应的人才，同时适合就近服务，包括汉堡（海事、传媒）、慕尼黑（专利、信息）、法兰克福—美因茨—威斯巴登（金融、统计）、多特蒙德—鲁尔区（劳工服务）等。两德统一后，这些机构并未迁入柏林。此外，在波恩仍保留了国防部、经济部、农业部、环境部、卫生部、教育部等部级机构。联邦宪法法院设于卡尔斯鲁尔，与首都波恩和前首都柏林保持一定的距离（图 8–18）。

德国联邦体系下的首都功能分布模式也影响了欧盟的管理机构分布模式的设定。布鲁塞尔仅设欧盟总部、欧盟委员会等核心权力机构；欧洲议会设于法、德交界的斯特拉斯堡，以纪念因法德和解而推动的欧洲一体化历史进程；欧盟其余职能部门和机构则分散在欧盟各成员国的首都和重要城市。

（2）联邦政务区规划设计强调对东、西柏林城市空间的缝合

柏林城市发展起源于施普雷岛的老城。普鲁士定都柏林以后，无论是普鲁士公国时期还是德意志第一、第二帝国时期都将柏林城市中心区的向西拓展作为首都规划建设的核心战略。一方面，王室在城市西南郊积极营建波茨坦宫苑区；另一方面，柏林老城近郊的施普雷河河湾地带随菩提树下大街的

图 8-18　德国主要首都功能的分布状况抽象示意图

西延成为城市重要的公共活动拓展区。19 世纪末，德国国会大厦选址于施普雷河河湾地区，使此地成为与老城、波茨坦三足鼎立的首都功能中心。纳粹德国时期，希特勒也曾以施普雷河河湾地区为中心，开展帝国首都计划，但未能实施。第二次世界大战后，柏林被分割为东、西两部分。20 世纪 60 年代初，民主德国政府修筑柏林墙，东、西柏林分裂。由于柏林墙穿越施普雷河河湾地区，这一地区的建设活动因此停滞。

1990 年，两德统一，统一之后的德国定都柏林，柏林因此面临着城市服务的重整和空间秩序的重新安排，也使得新首都的中央和国家政务办公区域选址与规划建设问题被提上议事日程。最终，为充分体现东、西柏林合并所象征的国家统一与和解，中央和国家政务办公区域选址以柏林墙与施普雷河河湾的交汇地区为主，以施普雷岛为辅，并另辟波茨坦广场地区布局使馆

图 8-19　柏林议会与政府区城市鸟瞰

（图片来源：Senatsverwaltung für Stadtentwicklung und Umwelt，Bundesministerium für Verkehr，Bau und Städtebau. Hauptstadt Berlin：Parlaments- und Regierungsviertel[M]. DSK，2013.）

等国际交往功能（图 8-19）。柏林的中央和国家政务办公区域被命名为“议会与政府区”，占地 2.6km^2，容纳德国国会、总统府、总理府等中枢机构以及外交、内政、财政等核心部门。1993 年，德国政府组织议会与政府区国际竞赛，胜出方案旨在通过横向的总理府建筑与景观带，构成缝合东、西柏林的空间要素。在空间设计上，议会与政府区建筑的布置延续了柏林传统的街块建筑特征（图 8-20）。

（3）通过联邦政府资产管理局与柏林市政府的央—地合作推动政务区开发

德国国家资产的管理工作由财政部负责，并由分布在全国范围内的联邦政府资产管理局各分支机构统一管理，负责审批各部门办公用房的购买、建设和租赁事务。各级政府只要按需向财政部门和议会申请用房，然后按照实

图 8-20　柏林议会与政府区政务办公建筑分布

（图片来源：Senatsverwaltung für Stadtentwicklung und Umwelt，Bundesministerium für Verkehr，Bau und Städtebau. Hauptstadt Berlin：Parlaments- und Regierungsviertel[M]. DSK，2013.）

际使用的面积向联邦资产管理局交纳租金。

在德国联邦体制下，州和城市高度自治。柏林作为以城市为单位的联邦州，对内部事务也享有高度的自主决策权。因此，在柏林被指定为首都后，联邦政府必须与柏林市通过协商的方式解决政府办公空间的落地事宜。但在首都建设上，联邦政府与柏林市方面有着不同的诉求。联邦政府希望地方提供充足的用地资源和设施支撑，保障政务区的功能运转和形象建设；柏林方面则希望政务办公建筑与国家级公共设施建设能够更好地融入城市空间骨架与城市肌理，促进柏林墙沿线地区的城市更新与填充开发，避免政务区成为孤立的城市空间。为此，德国联邦政府与柏林市议会于 1992 年签署《德意志联邦首都开发协议》，并以此为依据，由联邦政府和柏林城市发展与环境保护局共同进行议会和政府区的竞赛组织、方案评审与建筑设计招标等工作。

在建设过程中，联邦政府和柏林城市发展与环境保护局也始终保持共同合作，通力完成议会与政府区开发所需的建筑功能置换、旧建筑清理、地价管理以及土地整理与重划工作。

8.3.6　案例六：韩国首尔

（1）对国防安全与国土均衡发展问题的关切主导了首都功能疏解进程

20 世纪 70 年代以后，韩国经济社会进入高速发展期。但在公共和市场资源高度聚集于首尔的城市化发展模式下，首都地区（首尔、仁川、京畿道）功能过度集中，造成全国约一半规模的人口和经济在此区域内活动，致使区域发展严重不平衡。同时，由于首尔地区邻近朝韩边境，长期以来处于来自朝鲜的假想军事威胁下，迫使韩国政府不得不从首都安全层面重新考虑未来的国土空间发展格局。除此之外，朝鲜半岛在政治中心选址问题上本身就具有灵活迁都的历史传统，新罗、百济等王朝也曾频繁迁都，境内古都遍布，使得韩国首都功能再次转移成为一种历史的必然。

以东京经验为重要参考，1982 年，韩国政府颁布《首都圈整备规划法》，旨在解决首都地区人口与产业过度集中的问题，对首都圈地区进行合理规划，促进国土与首都地区均衡发展。此后，韩国国土交通部先后制定三轮首都整备圈规划。

1982 年首都圈整备规划提出首尔仅维持首都中枢职能，要限制导致人口增加的产业发展，并进行功能疏解，决定首先将部分中央政府部门迁至位于京畿道的果川市及位于韩国中部的大田广域市。

1994 年首都圈整备规划提出建立多核心空间结构，提升首都圈职能，并随着 1990 年大田行政中心的建设疏解首都行政功能。20 世纪 80 年代末至 90 年代中，果川与大田的行政办公建筑相继投入使用。与此同时，大田周边地区逐步发展成为韩国科学技术产业中心与中部交通枢纽（图 8–21、图 8–22）。

2000 年以后，韩国进一步推动在大田北部选址建设行政中心城市世宗的计划。2006 年首都圈整备规划提出中央行政功能继续向果川、大田、世

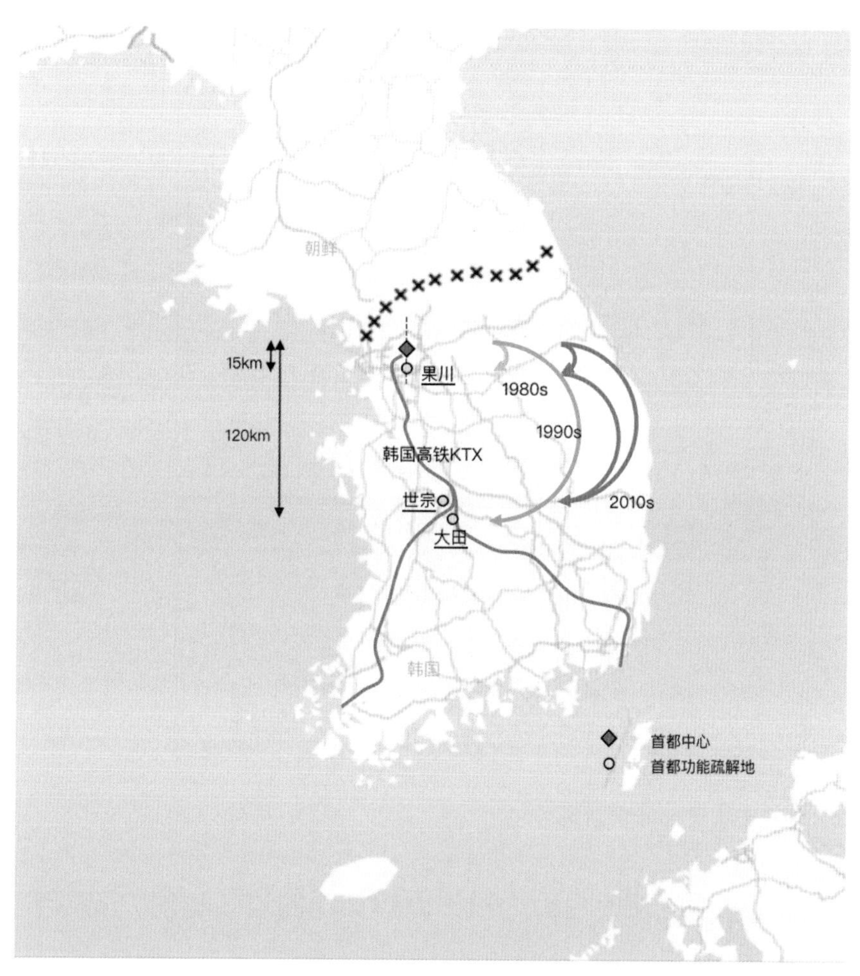

图 8-21　韩国主要首都功能的疏解转移进程抽象示意图

宗疏解。目前，总理办公室及原位于果川市的部分中央政府部门已搬迁至世宗市，而原位于首尔的部分中央政府部门则进一步搬迁至果川市。自 2012 年以后，世宗市年平均人口增长率达到 22.03%，2016 年常住人口达到 27.6 万。世宗的开发建设对周边忠清南道的辐射带动也较为明显，从 2012 到 2017 年，这一地区的人口增长率是全国人口平均增长率的 2 倍。经过近 30 年的培育，在韩国中部地区已形成由大田、世宗、公州、清州等城市所组成，以行政、科技研发、教育文化等功能为主，总人口规模达 300 万的城市组群，国土空间结构得到了显著优化。

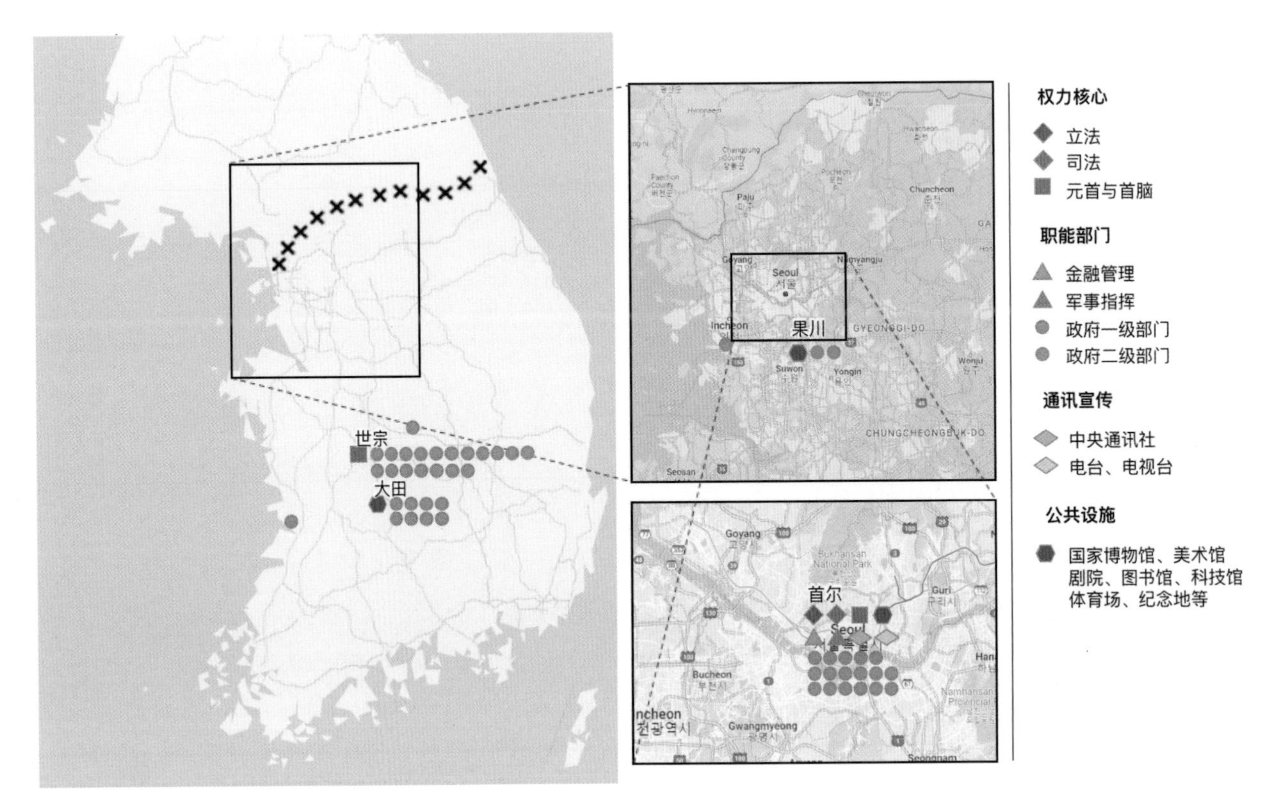

图 8–22　韩国主要首都功能的分布状况抽象示意图

（2）首尔老城仅保留权力中枢，内政部门向果川疏解，国际组织向松岛转移

经过长达 30 多年的首都功能扩散和转移，目前在首尔老城地区的中央职能仅剩青瓦台（总统府）与国会、法院、外交、国防等核心机构和部门。随着仁川自由贸易区建设和果川原有行政职能向世宗进一步转移，首尔市内的国家政务功能将进一步向果川、松岛疏解。

果川作为韩国首都功能的第一代疏解地，距离首尔市中心 15km，人口规模约 7 万。果川行政办公区的选址依托首尔南北中轴线南端的冠岳山，与中轴线北端北汉山脚下的景福宫、青瓦台相呼应。片区内集中了韩国司法部、科学与信息技术部、国土与交通部、食品与农林部、环境部、战略与金融部、贸易产业与能源部、劳动部等，并配备有国家级文化娱乐功能，如首尔主题乐园、首尔动物园、植物园、首尔现代艺术博物馆、首尔马术场等。

松岛国际新城位于首尔以西的仁川地区，占地 6km^2，距离首尔约 65km，距离仁川机场 15 分钟车程。松岛国际新城规划定位为东北亚地区自由贸易和国际商务中心，同时也是韩国智慧城市示范区与国际社区，主要为住韩国际人士服务。

韩国拥有 20 个联合国分支机构和 5 个国际组织总部及办事处。在韩国政府的协调下，2013 年，联合国亚洲及太平洋经济社会委员会东亚和东北亚次区域办事处、联合国亚洲及太平洋经济社会委员会亚太信息和通信技术促进发展培训中心、联合国国际减灾战略秘书处东北亚地区事务所暨国际防灾研修院、联合国国际贸易委员会亚太地区中心、联合国可持续发展办公室等联合国分支机构由首尔市中心迁往松岛。哥本哈根气候会议后新设立的联合国绿色气候基金会也已决定将总部选在松岛。

（3）组建首都地区管理委员会，资产管理部门企划财政部参与首都圈规划

韩国国有资产的管理统筹由企划财政部负责，中央政府各部门负责本部门国有资产的具体管理事务。除资产管理职能外，企划财政部也参与首都圈规划的制定工作。

韩国负责制定、实施首都圈整备规划的首都地区管理委员会对首都圈范围内各行政区申请新项目拥有最终审查决定权。该委员会由国务总理任委员长，企划财政部部长和国土交通部部长任副委员长，首尔特别市市长、仁川广域市市长、京畿道知事等地方行政长官以及相关部委长官任委员。通过企划财政部长官在首都地区管理委员会中担任要职的方式，国有资产管理机构获得了与首都地区规划机构进行协调的途径。

8.3.7 案例七：俄罗斯莫斯科

（1）首都功能集中于莫斯科，圣彼得堡分担有限职能

在沙皇俄国时期，俄罗斯曾迁都圣彼得堡，希望在文化与国家姿态上融入欧洲。受此历史阶段的影响，俄罗斯重要的国家级艺术、文化、科学机构与海军总部驻地长期位于圣彼得堡。近年来，圣彼得堡逐渐承担起越来越多的首都功能，如在普京总统的直接干预下，俄罗斯宪法法院从莫斯科迁至圣彼得堡。此外，圣彼得堡还承担了一定的国家对外交往职能，是俄罗斯举行元首会晤和国际峰会的重要窗口。但总体而言，俄罗斯的主要首都功能目前仍集中于首都莫斯科，由于功能集中，莫斯科也承受着交通拥堵、房价高涨等“大城市病”。有限的疏解行动难以充分解决莫斯科的城市问题。

（2）首都功能在市、州两级的协同发展

俄罗斯作为中央集权国家，其首都莫斯科长期以来政治、经济、文化职能高度集中。自 20 世纪末，莫斯科开始重新思考自身职能定位，逐渐明确了功能疏解的策略与路线，其中最为重要的就是要处理好首都与首都周边地区（莫斯科州）的协同发展。

从空间上看，莫斯科市大致位于莫斯科州（Moscow Oblast）的中心位置，长期以来莫斯科市的城市边界不断扩张，因为疏解莫斯科市中心地区的需要，在城市外围建设了多座卫星城市。在俄罗斯中央政府的许可下，莫斯科州的大量土地被划入莫斯科市。20 世纪 90 年代以来，在城市建设实践中，莫斯科市与莫斯科州第一次真正平等互利地共同规划和预测莫斯科市与莫斯科州的发展问题。其早在 20 世纪 90 年代初就曾制定了名为《2010 年莫斯科与莫斯科地区的基本发展方向》的规划文件（1992 年），这个规划文件经过了莫斯科市政府以及莫斯科与莫斯科州联合管理委员会的正式批准（1992 年）。

2000 年前后确定的《2020 年莫斯科城市发展总体规划》指出，履行“市”作为俄罗斯联邦首都的各项职能，主要包括：为联邦国家权力机构、联邦行政主体代表处、外国外交代表机构等安排用地，为在莫斯科进行的国家和国际活动创造条件；履行作为俄罗斯最大城市及商务、文化、国际科学中心的职能；编制和实施莫斯科发展联邦目标纲要及莫斯科社会经济发展纲要；莫斯科州要实施《关于俄罗斯联邦首都地位法》规定的有关莫斯科履行作为俄罗斯首都功能的行动措施；保持历史形成的莫斯科地区的自然综合体、经济综合体、人口分布和居住系统、交通和工程基础设施系统的统一性，发挥莫斯科市作为莫斯科州中心的作用；为莫斯科地区居民建立良好的生活环境和稳定的发展条件，发挥莫斯科市、州发展的互补作用；莫斯科市保证为服务、教育、文化类产业发展提供工作岗位；莫斯科州要保证市、州自然资源再生及休闲、旅游、住宅、人口分布和居住系统的发展。

莫斯科市、州中央地区城市化核心地区的综合重组要求主要包括：从建立统一的莫斯科市、州城市郊区绿化系统的要求出发，稳定总体规划确定的莫斯科市域及州居民点城市用地规模；形成统一的莫斯科市、州自然、绿化和农业用地；重组城市内、外生产用地；增加各种用地内的服务性项目，建设农业型、别墅型、园艺型居民点。莫斯科的城市发展应当充分考虑不同联邦主体的利益，尤其要特别重视两个互相影响、平等的联邦主体——俄罗斯联邦与莫斯科州的长远发展利益。而所谓莫斯科地区就是由莫斯科市和莫斯科州共同形成的（图 8-23）。

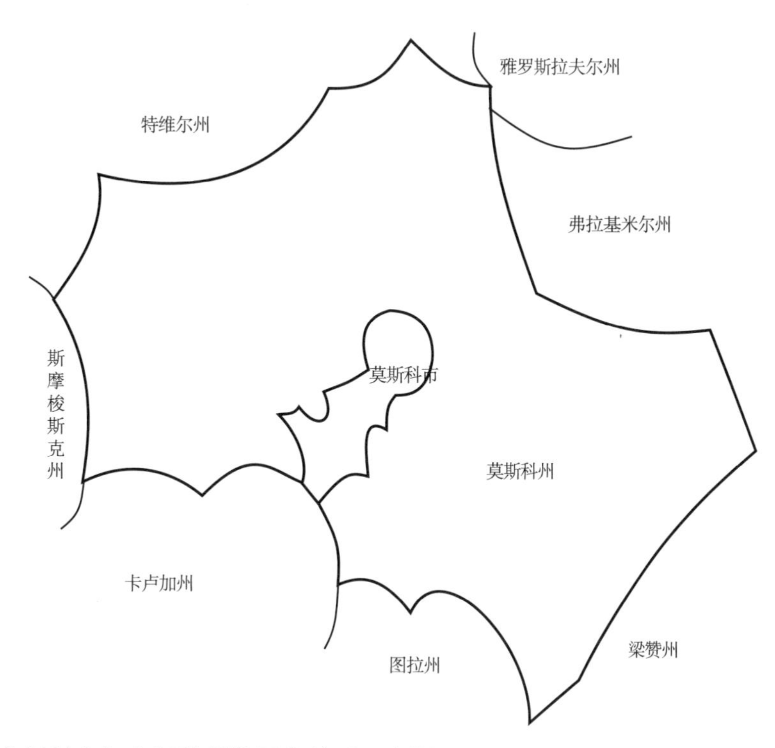

图 8-23　莫斯科市与莫斯科州的区位关系示意图

（3）首脑机关被迫在城郊办公，“首都联邦区”建设计划难产

首都莫斯科的政务功能布局主要继承了苏联时期的规划建设遗产。在核心区内，国家政务功能相对集中在莫斯科河北岸以克里姆林宫为核心、半径5km的范围内。在核心区以外，以原苏联领导人的森林别墅为基础的领导人官邸主要分布在位于莫斯科河上游的城市西郊地区，距市中心约25km。国家领导人日间在克里姆林宫处理国事，夜间回到城郊官邸就寝（图8–24）。

20世纪90年代，苏联解体后，俄罗斯进入政治、经济、社会发展转型期。在“休克疗法”作用下，城市国有经济与社会服务体系濒于崩溃，自由主义与市场经济成为推动莫斯科城市发展的主要力量。在城市基础设施未能得到有效扩容的条件下，莫斯科核心地段出现大规模土地投机现象，同时私人小汽车规模迅速增长，城市受困于交通拥堵、房价高涨等“大城市病”。近年来，随着俄罗斯综合国力的恢复，莫斯科的生产型服务业有所发展，CBD、科学城等大型国家项目陆续建成使用。虽然项目选址有意识地避开城市中心，

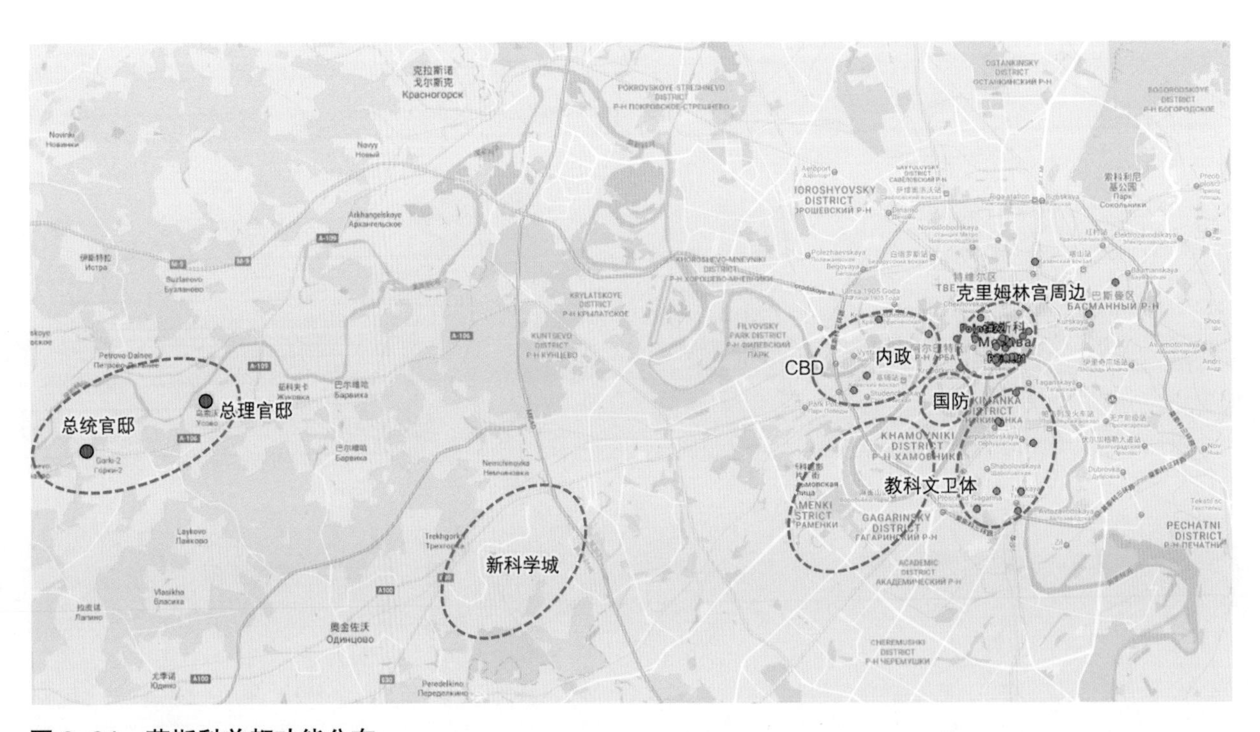

图8–24　莫斯科首都功能分布

但无法进一步解决已有的城市问题。为保障克里姆林宫及周边地区国事活动和国家领导人每日通勤而采取的交通管制措施，更是加剧了莫斯科早晚高峰时段的城市交通问题。

为回应民众呼声，俄罗斯总统、总理采取在西郊官邸内处理内政的工作模式，仅在重大国事活动期间乘直升机往返克里姆林宫，以避免对莫斯科城市交通带来额外负担。在雪天等特殊时段，总统、总理甚至在西郊官邸内接待外国政要，避免因外国政要专车进出核心区而采取交通管制措施。这给俄罗斯的国家形象和政务管理效率都带来较大的影响和不便。

为彻底解决莫斯科首都功能布局与城市发展的矛盾，2012 年，俄罗斯联邦政府启动在莫斯科西南郊建设“新联邦区”的计划，并对首都地区进行行政区划调整，将位于莫斯科市西南方向、原属莫斯科州的约 1000km^2 土地划入莫斯科市。“新联邦区”距莫斯科市中心 25km，将包含“联邦城市”“创新城市”“物流城市”和“科学城”四个板块，以森林、湖泊为城市特色。但是，受困于资金和政治腐败等问题，这项计划迟迟未能开展（图 8-25）。

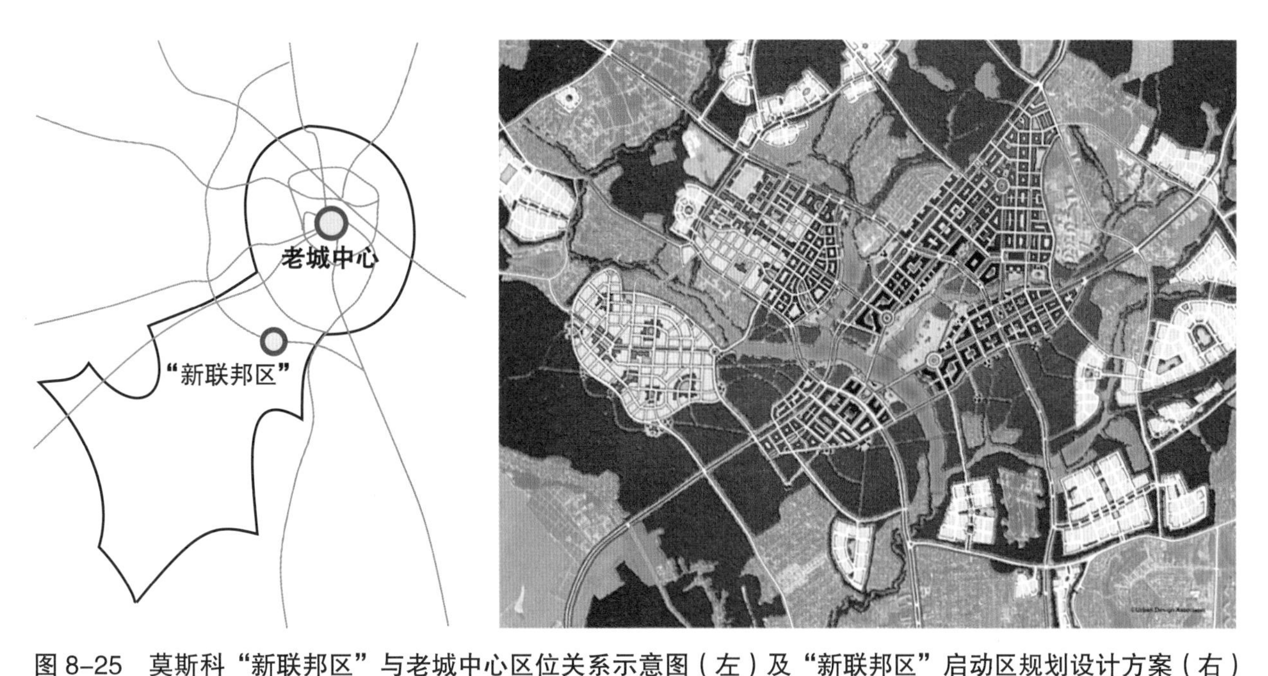

图 8-25　莫斯科“新联邦区”与老城中心区位关系示意图（左）及“新联邦区”启动区规划设计方案（右）

（图片来源：右图 e-architect. Moscow City agglomeration development concept competition（Projected by the Urban Design Associaties team）[EB/OL]. 2012. https://www.e-architect.co.uk/moscow/moscow-city-agglomeration-development）

（4）首都形象与首都功能：历史中心区与首都代表区

在莫斯科市内空间，为平衡好首都核心职能与外围职能间的关系，2010年的莫斯科《城市总体规划（2010—2025年）》采用了分区管控的方式。其中，历史中心区不仅集中体现俄罗斯的历史、文化与国家形象，同时也是克里姆林宫（总统府）以及众多中央政府机构的所在地，是俄罗斯的“心脏”所在。而首都代表区指的是列宁大街和莫斯科大学地区，位于历史中心区的西南方，这里绝大部分建筑都是在斯大林时期建造，代表了当代俄罗斯（苏联时期）的社会文化。同时，众多文化、体育以及其他大型公共服务设施也集中于此地，所以其被确立为“首都代表区”（图8-26）。

（5）首都特色空间营造

历史中心区与首都代表区共同组成了展现莫斯科首都形象与行使首都功能的空间核心。在空间塑造上，二者融为一体，在20世纪50年代的城市总体规划中，首都代表区的中心采取了轴线和空间序列的手法，呈狭长形指向历史中心区，纪念性轴线的走向并非正南北向，而是东北—西南向。当前这一轴线已经不复存在，建筑格局散乱、不对称。但是轴线上的重要节点仍然存在，可以一窥端倪，即红场、卢日尼基体育场、麻雀山观景台、莫斯科大学。中心区的核心是红场，围绕红场使用城市设计手段将克里姆林宫、国家历史博物馆、瓦希里大教堂、莫斯科凯旋门、喀山大教堂等一组建筑统一在一起，形成纪念性组团。在这两片区域内遍布主要纪念性城市景观，包括普希金纪念碑、叶赛宁纪念碑、季米里阿泽夫纪念碑、肖洛霍夫纪念碑、马克思像、世界时钟喷泉、革命广场、驯马场广场、断头台、米宁和波扎尔斯基纪念碑、莫斯科凯旋门、亚历山大花园、特维尔广场、剧院广场、保罗维茨广场、红场、卫国战争博物馆、沃尔纳德斯基国家地质博物馆、国家历史博物馆、瓦斯涅佐夫故居博物馆、奥斯特洛夫斯基故居博物馆、巴赫鲁辛戏剧博物馆、列宁墓、无名烈士墓等。无论是红场地区，还是历史中心区和首都代表区的其他地方，功能性建筑与纪念性建筑的建设并不是一蹴而就的，而是在不同历史时期逐步增设，城市设计的方法使其做到了格局有序、风貌协调。

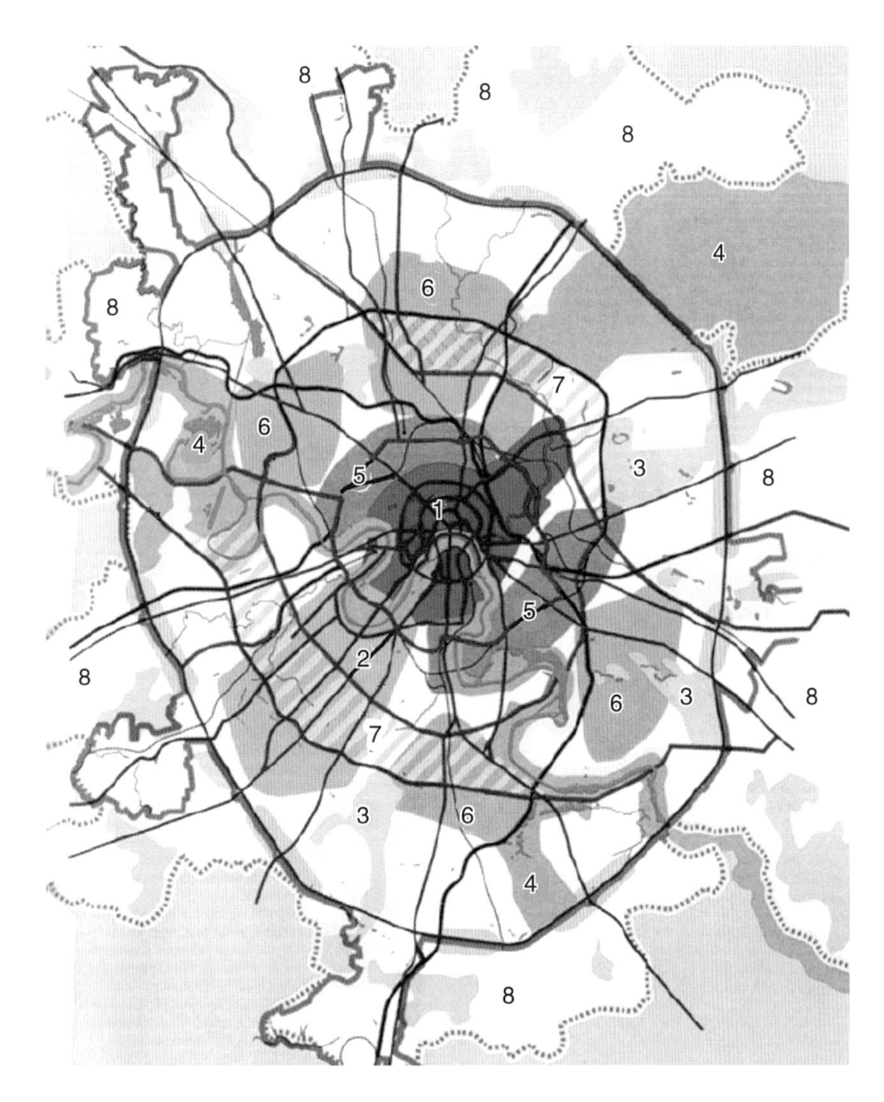

编号说明：1- 历史中心区
2- 首都代表区
3- 自然区
4- 水—绿植区的直径范围和国家公园“驼鹿岛”
5- 工业用地改造区
6- 城市和聚合体中心发展区
7- 公共建筑综合体、公共住宅和住宅综合体形成带
8- 莫斯科市和莫斯科州交界相互影响的区域

图 8-26　2010 年版莫斯科市主体规划区示意图

（图片来源：韩林飞，韩嫒嫒．俄罗斯专家眼中的莫斯科市 2010—2025 年城市总体规划 [J]. 国际城市规划，2013，28（5）：78-85.）

8.4 首都城市的空间组织与功能疏解应对

综上所述，世界各国首都城市在其空间的组织与利用上，无不以展示国家主权与形象、服务国家核心政务管理职能、传承民族文化、塑造壮美人居环境等为己任，是承载了特殊功能与职责的一类城市。

为了进一步完善城市功能构成和优化城市空间布局，很多具有相当国际影响力的首都城市正尝试通过在更大区域内安排和布置首都管理职能、不断提升和优化城市空间建设等手段，来实现首都城市发展及国家美好强盛的综合目标。上述研究表明，首都城市推进功能疏解的主要做法与经验主要包括以下几方面，对我国首都北京的城市建设具有重要的参考价值。

①通过调整与优化资源配置，减少首都城市发展的“极化”现象，避免首都城市的“一枝独大”；

②在首都城市的合理区位相对集中地布置国家管理的核心职能与礼仪空间，形成相对规模化的国家政务办公区与国家形象展示区；

③推进首都周边地区的发展，促进部分首都功能及其带动的人流、物流等在首都邻近地区的分散布局，强化首都地区的区域一体化建设；

④选择国内其他适宜地区，布置一些专门类型的首都管理职能，以此带动更多地区的公平与均衡发展，实现国家的整体强盛；

⑤通过设置专门的管理与联络部门或机构等，有效促进首都相关职能部委之间的交流与联系，并对服务首都功能的空间供给和空间利用等进行专门管理；

⑥重视首都城市中历史与文化空间的保护和发展，创造有特色的国家代表性城市空间。

参考文献

[1] 北京市人民政府 . 北京城市总体规划（2016 年—2035 年）[Z]. 2017.

[2] Cabinet Office. Government's Estate Strategy[R]. Cabinet Office，2014.

[3] HALL P，沈尧，刘瓅珣 . 欧洲的启示：转型期中国城市化的挑战与机遇（上）——Peter Hall 教授访谈 [J]. 北京规划建设，2014（5）：178-187.

[4] HALL P. Seven Types of Capital City[M]//GORDON D. Planning Twentieth-Century Capital Cities. London：Routledge，2006.

[5] FAGGIO G. British experience with the relocation of public sector jobs[EB/OL]. [2019-10-09]. https://www.ft.dk/samling/20141/almdel/ul%C3%B8/bilag/132/1522381.pdf.

[6] Mayor of London. The London Plan[R]. Greater London Authority，2004.

[7] FARRELL T. Shaping London：The patterns and forms that make the metropolis[M]. Wiley，2009.

[8] Mayor of London. The London Plan[R]. Greater London Authority，2015.

[9] Mayor of London. The London Plan：the Spatial Development Strategy for Greater London[R]. Greater London Authority，2021.

[10] National Capital Planning Commission. The Comprehensive Plan for the National Capital，urban design element[R]. National Capital Planning Commission，2016.

[11] National Capital Planning Commission. The Comprehensive Plan for the National Capital，Federal Workplace：Location，Impact，and the Community[R]. National Capital Planning Commission，2003.

[12] 国土交通省 . 平成 25 年度首都圏整備に関する年次報告 [R]. 2013.

[13] Senatsverwaltung für Stadtentwicklung und Umwelt，Bundesministerium für Verkehr，Bau und Städtebau. Hauptstadt Berlin：Parlaments- und Regierungsviertel[M]. DSK，2013.

[14] 韩林飞，韩媛媛 . 俄罗斯专家眼中的莫斯科市 2010—2025 年城市总体规划 [J]. 国际城市规划，2013，28（5）：78-85.

9

第九章　专题五

首都城市文化功能的组织与空间布局研究

首都既是一个国家的经济、政治、文化中心，也是该国发展程度的显著标志。首都对内的文化意义是国家统一、民族认同的立国之本，对外则是集中展示国家形象的最大舞台。从首都城市的一般性发展历程来看，从最初的政治与军事功能，到因生产力水平提高而叠加的文化艺术与对外交往职能，以及技术革命的发展带动人口、资金、技术向首都城市的聚集，而进一步叠加的金融中心、科技中心、教育中心等职能。对首都核心职能的展示宣传，与对首都所代表的国家民族形象的展示宣传一起，构成了首都城市文化职能的基本要求，主要集中在文明传承、国家建设、对外交流这三个方面。上述功能在城市空间上的系统安排可强化首都城市的空间秩序，彰显首都城市的特色。

9.1 中国传统都城的文化体系及空间安排

中国历史上的都城以政治、仪礼为核心，通过复杂的政治网络和长期积累的文化传统来执行其职能，通过纲维有序的城市空间组织政事、文教、外交、军事等功能，体现礼乐交融。

9.1.1 以文化空间宣兴礼乐，建构“教化宣传—祭祀庆典—功勋纪念”的多重文化职能

随着汉代儒家思想在执政体系中的尊崇，以及唐代开始吸纳道教、佛教崇祭山川岳渎的发展，崇礼乐、兴教化始终贯穿于治国要务之中。劝学兴礼、崇化历贤之风渐兴，文化性、纪念性功能及其所依附的城市空间不断充实完善，大体分为如下一些类别。

以儒学为核心，实施教化职能的国家教育机构及文化建筑。“教化之行也，建首善自京师始，由内及外”（《史记·儒林列传》），以教化功能为主导的太学第一次诞生于汉长安。此后两汉之交，王莽在长安城南郊修建太学学舍。东汉明帝亲临洛阳太学行礼，讲授儒经，倡导礼乐。汉顺帝在安帝薄于艺文之后，重修太学校舍“凡所造构二百四十房，千八百五十室”，可见其规模宏大。在元、明、清的都城中，太学延续而成的国子监是国家管理

教育的最高行政机关和国家设立的最高学府。除宣教儒学的太学外，王莽在长安南郊建设的明堂、辟雍、灵台“三雍宫”文化建筑，是儒学思想中对理想都城模式的探索，其中明堂建筑成为此后都城中最具有代表性的礼制建筑，用于举办祭祀、朝会、庆赏、选士等大礼典活动。辉煌的儒家典制成为国家强盛的象征[1]。

以儒家典制为主导，兼容道教、佛教，融皇帝私礼与国家公祭于一体的天地、社稷与先祖祭祀。汉成帝将汉武帝修建的天郊甘泉圜丘和地郊汾阴后土分别迁至长安城南郊和北郊，此后王莽在长安城南郊修建宗庙，加之官社、官稷，逐步形成了对天地、社稷、先祖的郊庙祭祀体系，并流传于后世，不断扩充完善[2]。祭祀活动以儒家典制为主导，自唐代开始吸纳佛教、道教进入王朝祭典“仰奉圣灵，冥资福佑”，作为君权神授的护佑和支撑。这些祭祀活动将皇帝私礼与国家公祭融合为一体[1]。皇家坛庙即帝王举行祭祀典礼的地方，如清北京的“九坛八庙”。

对国家有突出贡献的人物和事件的功勋纪念，可分为对功勋群体的纪念和对突出个体的纪念。汉宣帝因“思股肱之美”（《汉书·李广苏建传》），将长安城的“麒麟阁”改造成为“功臣纪念馆”。对个体的纪念多以寺庙的方式出现，如元、明、清北京都城中为纪念孔子而设立的孔庙；元大都中除祭祀皇族外，同时祭祀帝师八思巴的大兴教寺；明北京城中的明英宗为纪念王振而树立雕像的智化寺等。

除上述国家职能层面的文化功能外，都城地区还有着丰富的民间文化生活及支撑设施，有着为数众多的不同宗教寺庙道观、书院贡院、文玩市场等。

9.1.2　以整体格局象天法地，营造“京城—京郊—京畿”的文化空间体系

中国传统都城自秦咸阳始，在天地山河之间营城、立宫、凿池、构庙，象天法地，以“非壮丽无以重威”的整体格局体现天授君权，将国家文化、信仰与都城空间紧密联系起来，并逐步建构形成“京城—京郊—京畿”的多层次文化空间体系，空间秩序由规整严谨向自然天成过渡，体现出礼乐交融的文化图景[2]。

都城的雄阔壮丽体现在城池本身恢宏的空间尺度上，特别是大一统时期的都城。秦咸阳、汉唐长安、明清北京均以其恢宏巨大的都城尺度显现于世。作为礼仪政务的聚集之处，都城内部空间组织井然有序。西汉长安开启了以南北轴线组织宫城的模式。此后，都城的中轴线序列营造逐渐成为体现礼仪政事谨严有序的重要途径，至明清北京达到鼎盛。都城中轴线通常以礼仪政事为核心，包含具有礼仪教化性质的政治枢纽（宫城）和处理国家政事的衙署，体现出都城的非凡气势。除此之外，中央职能的其他功能，如文教、军事、外交等支撑性功能依据与中央枢纽的关系不同而呈现出圈层式分布，层次分明、秩序井然。

都城的非凡气势也体现在都城与大范围山水格局交融的整体存在。秦咸阳以宫城为中心，形成自由分散的大尺度帝国都邑，体现其以天地为象征的帝国气魄与浪漫；汉唐长安将都邑及其周边地区建设成为由山川、宫城及其他建筑要素融为一体的巨型空间尺度人居环境；至明清北京在区域内营造形成了京城、京郊和京畿等多层次的空间体系。在都城之外的郊野地区，广泛分布着祭祀坛庙以及苑囿寺观。祭祀坛庙与都城的空间格局联系更加紧密，空间序列组织受都城影响相对严谨规则，而且体现出祭拜对象“移天缩地在君怀”的图示。而距离都城更远的苑囿寺观，除了供游憩观赏，一些离宫别苑也承担着会晤使臣、处理政务的职能。这些苑囿寺观布局相对自由，更加与山水环境相结合。在更大的京畿范围内，帝王陵寝以及众多的政治、军事、文化市镇结合特定的自然环境建设，形成了更为广阔的文化空间网络[2]。

9.2 外国首都的文化功能体系组织及空间安排

外国首都城市由于发展历程的不同，在文化功能体系的组织方面各具特色，但总体来说，对民族国家发展的纪念、对当代成就的展示和对外交流促进这几个方面都有相对体系化的组织，从教育宣传、祭祀庆典和功勋纪念几个方面展开。

9.2.1　与国家民族主体发展相关的教育宣传体系及其空间安排

对国家民族主体发展的相关历史及自然的教育宣传是首都城市文化功能中的核心部分。从伦敦、巴黎、柏林、东京、新加坡、莫斯科、华盛顿等首都城市的文化教育宣传体系组织来看（图 9-1~ 图 9-7），其类别可大体划分为：

①最高宗教管理机构和宗教场所；

②具有教育职能的国家图书馆和具有代表性的大学、青少年中心等；

③保存和展示国家民族发展的历史传统、自然环境，依托于国家博物馆、国家档案馆，以及综合承载自然环境、重要历史及事件和人物活动的国家公园、国家纪念地等特定地区；一些首都城市还设置有超越本国、本民族的更大范围的博物馆、展览馆，如新加坡的亚洲文明博物馆；

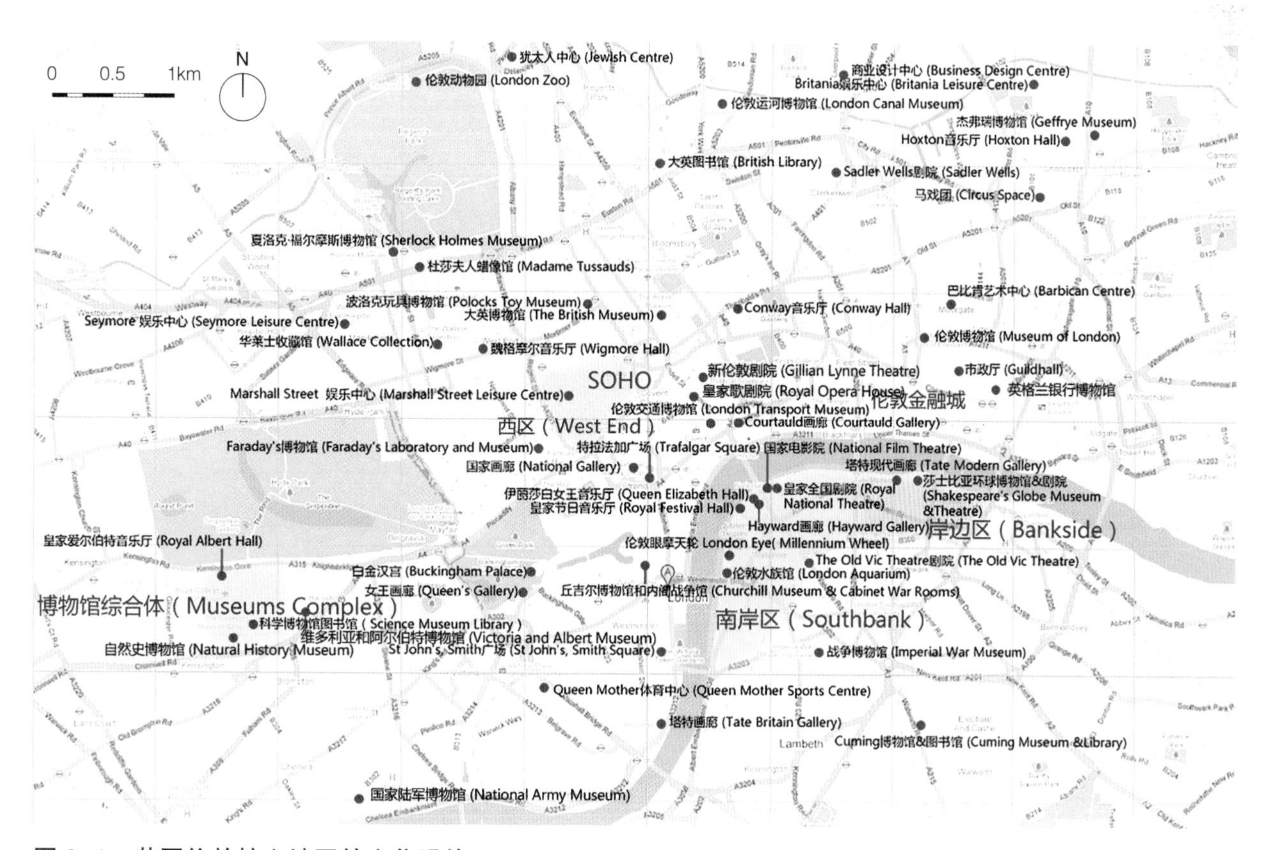

图 9-1　英国伦敦核心地区的文化设施

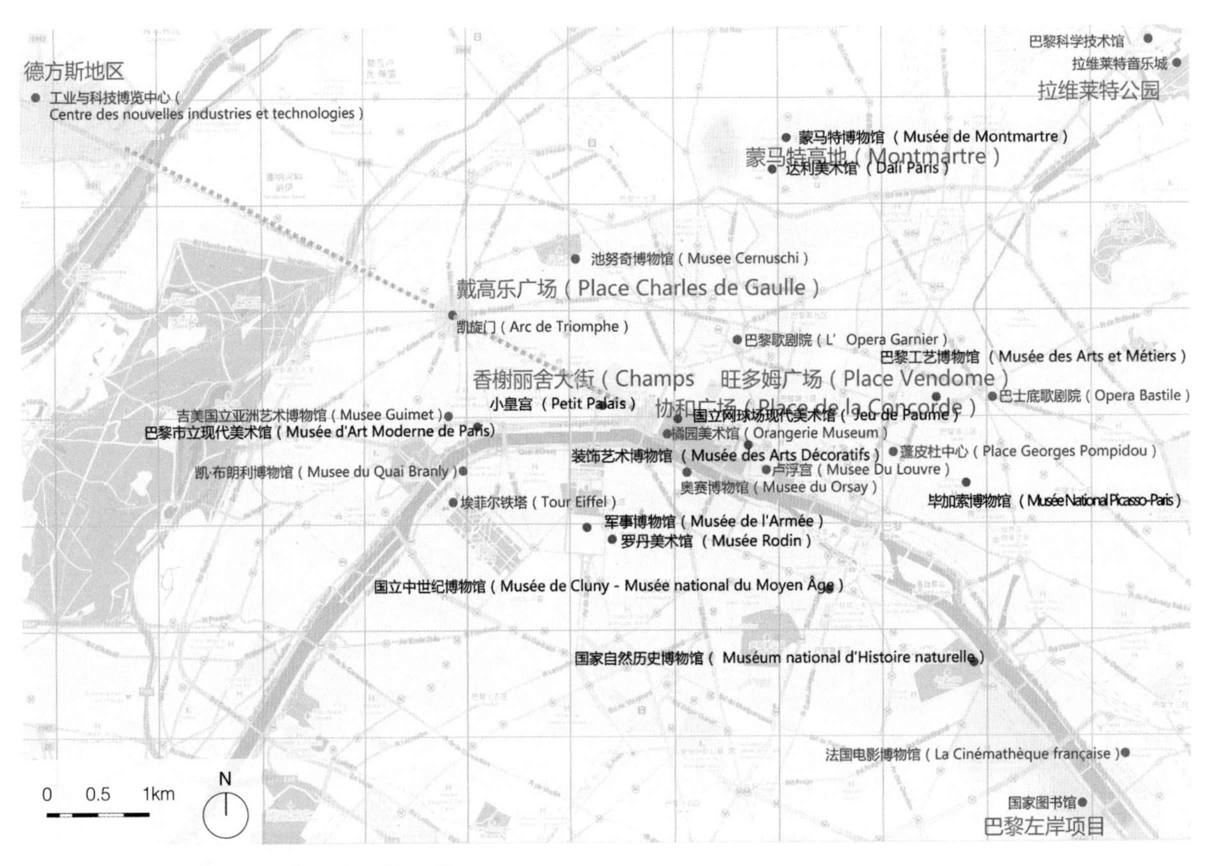

图 9-2 法国巴黎核心地区的文化设施

图 9-3 德国柏林核心地区的文化设施

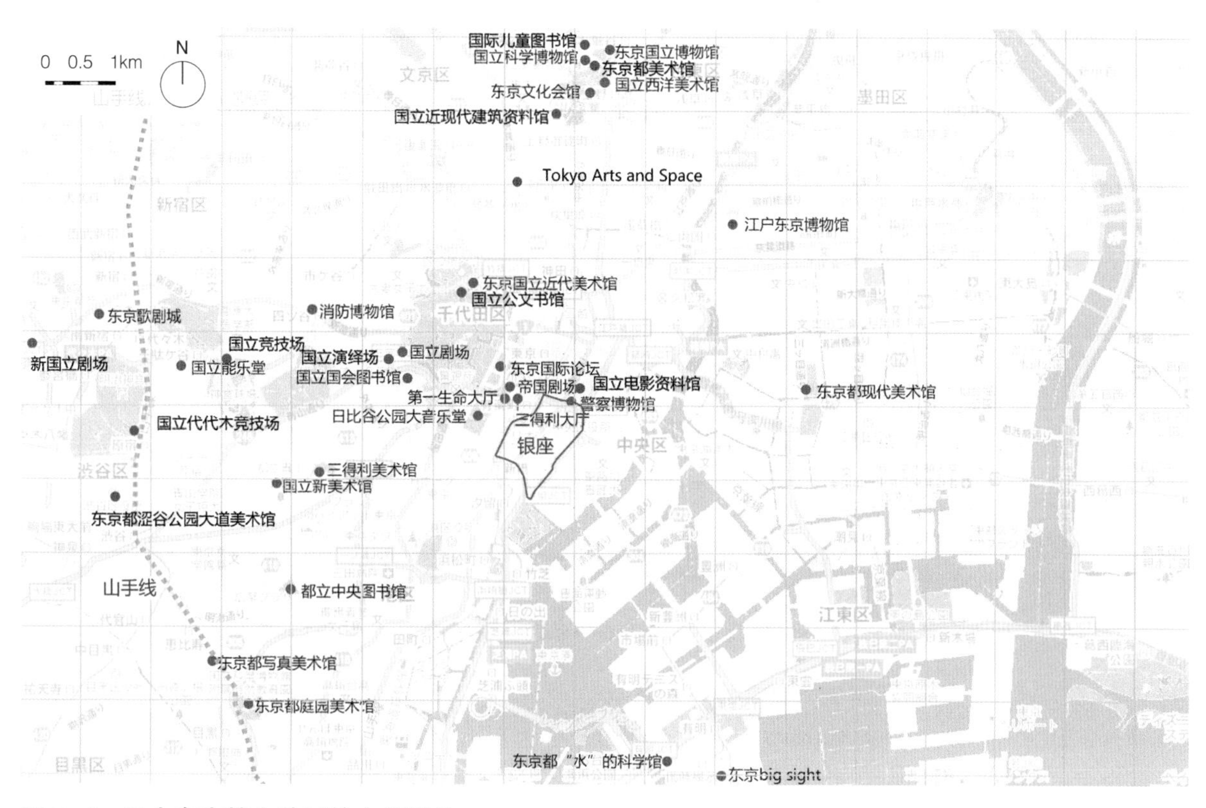

图 9-4　日本东京核心地区的文化设施

图 9-5　新加坡核心地区的文化设施

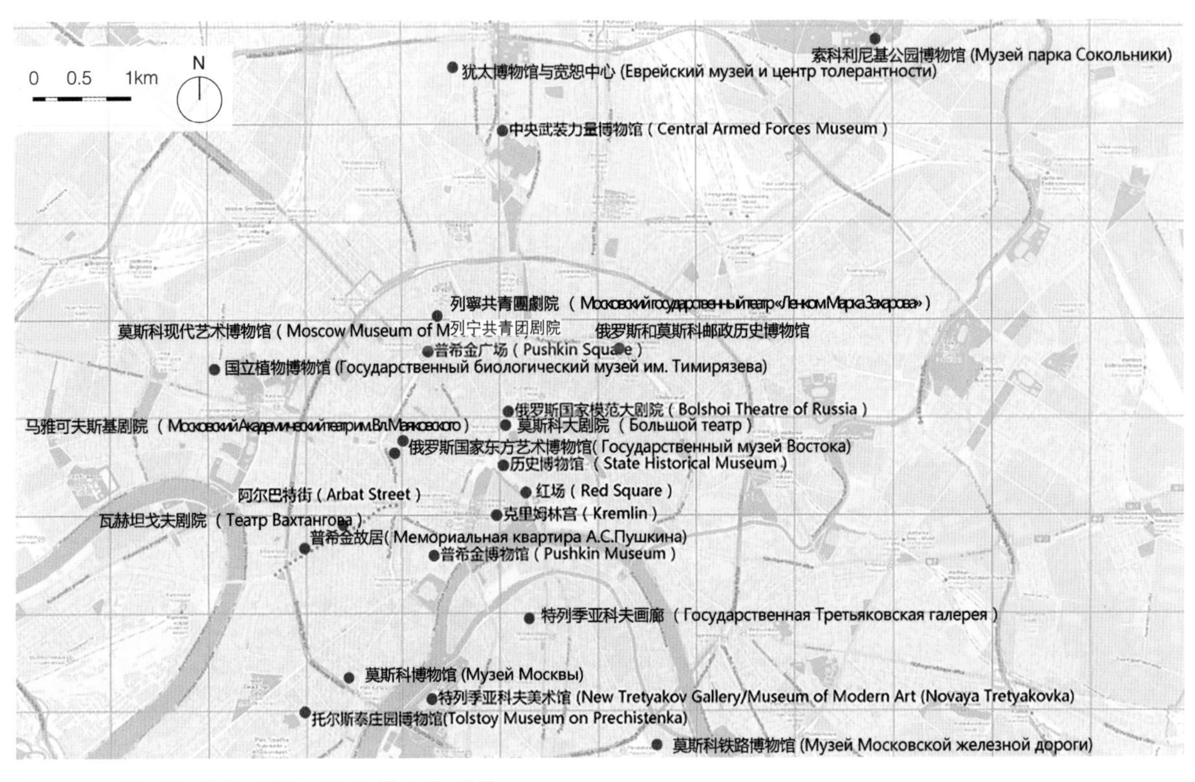

图 9-6 俄罗斯莫斯科核心地区的文化设施

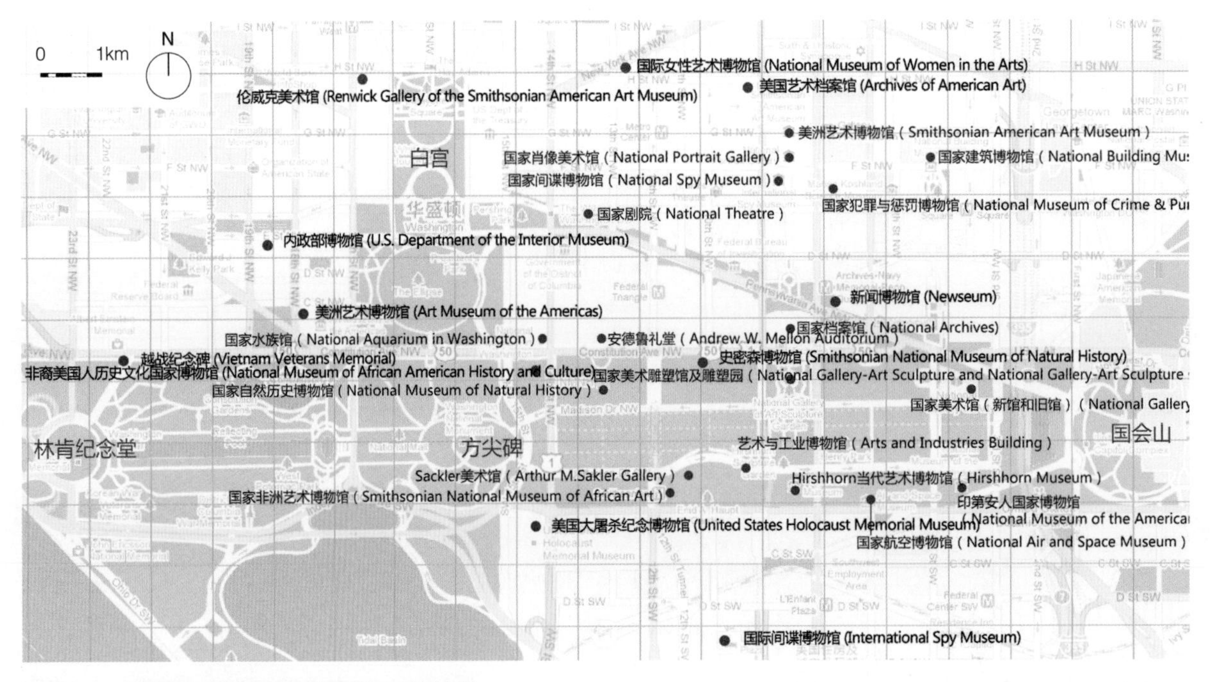

图 9-7 美国华盛顿核心地区的文化设施

④国家建设成就展览，如社会经济发展成就展览、科技发展成就展览、对外交流成就展览等，依托于展览馆、博物馆系列，如科技馆、航天航空馆；

⑤代表国家文化艺术最高水平的机构和相关设施，如国家剧团与剧院剧场、国家乐团与音乐厅、国家美术馆等。

这些机构、团体与文化设施多位于城市核心地带，与行政管理中心相结合，与城市的主要空间结构相结合，体现国家形象和精神气质。

美国的国家公园体系包含 22 类地区，用于保护纪念以及宣传展示国家层面的自然环境地区、重要历史及事件和人物活动的地区等。在华盛顿特区中，共计有 11 类、34 个国家公园，涵盖自然特色地区，与国家发展相关的历史地区、重要事件、重要人物纪念地，重要战争纪念，特定人群权益争取等方面，突出体现了美国国家主导的价值体系（表 9-1）。

9.2.2　与国家民族主体相关的祭祀庆典活动及空间安排

外国首都城市举行祭祀庆典活动，几乎都是针对历史进程中的悠久文化传统、影响国家民族的重大历史事件，空间安排大多位于历史地区，与这些传统或者事件、人物的活动地点紧密相关。

亚洲国家倾向于在首都城市举行庆典祭祀活动，体现对民族文化传统的重视。例如，日本隔年 6 月中旬举办的“东京山王祭”（Tokyo Sanno Festival）、韩国首尔举办的宗庙大祭、越南河内举办的升龙城庆典、新加坡的国家庆典等[3]。

日本每两年会于 6 月中旬在首都东京千代田区举办“东京山王祭”，以“天下第一祭”而闻名全国，它和大阪天神祭、京都祇园祭并称为日本的“三大祭”。游行队伍着古装，自日枝神社出发，穿越游行于东京站、银座、国会议事堂前等东京中心街区，最终回到日枝神社（图 9-8）。

韩国首尔的宗庙 1995 年被联合国教科文组织认定为世界文化遗产。2001 年，宗庙祭礼和宗庙祭礼乐被联合国教科文组织列入人类非物质文化遗产代表作名录。宗庙祭礼是由新罗时代中国传入的宗庙祭礼传承而来，成为遵照儒教传统举行的王室仪礼，展现韩国的历史传统，强化儒家文化、礼仪之邦的国家形象（图 9-9）。

美国国家公园体系及华盛顿特区中的相关内容 表9-1

分类名称（中文）	分类名称（英文）	华盛顿特区中的国家公园体系内容
国际历史地段	International Historic Site	—
国家战场	National Battlefields	—
国家战场公园	National Battlefield Parks	—
国家战争纪念地	National Battlefield Site	—
国家历史地段	National Historic Sites	·玛丽·麦克劳德·白求恩议会大厦 ·弗雷德里克·道格拉斯大道 ·卡特·G. 伍德森故居
国家历史公园	National Historical Parks	·切萨皮克和俄亥俄运河
国家历史步道	National Historical Trails	·华盛顿－罗尚博历史步道 ·星条旗之路 ·约翰·史密斯船长切萨皮克国家历史步道
国家湖滨	National Lakeshores	·切萨皮克湾
国家纪念地	National Memorials	·二战纪念碑 ·华盛顿纪念碑 ·越战纪念碑 ·托马斯·杰斐逊纪念馆 ·马丁·路德·金纪念馆 ·林肯纪念馆 ·朝鲜战争老兵纪念馆 ·富兰克林·德拉诺·罗斯福纪念馆 ·非洲裔美国人内战纪念馆
国家军事公园	National Military Parks	·华盛顿保卫战纪念公园
国家纪念物	National Monuments	·贝尔蒙特—保罗妇女平等国家纪念馆
国家公园	National Parks	·岩溪公园 ·安那卡那斯提亚公园
国家景观大道	National Memorial Parkways	·乔治·华盛顿景观大道
国家保护区	National Preserves	—
国家休闲地	National Recreation Areas	—
国家保留地	National Reserve	—
国家河流	National Rivers	—
国家风景路	National Scenic Trails	·波托马克遗产
国家海滨	National Seashores	—
国家野生与风景河流	National Wild and Scenic Rivers	—
其他公园地及其他	Parks (other)	·总统公园（白宫） ·宾夕法尼亚大道 ·国家广场和纪念公园 ·国家首都公园—东部 ·波托马克河畔林登·贝恩斯·约翰逊纪念林 ·西奥多·罗斯福岛 ·肯尼沃斯公园和水上花园 ·杜邦堡公园 ·福特剧院 ·宪法花园 ·国会山公园

（资料来源：https://www.nps.gov/state/dc/index.htm）

图 9–8　日本“东京山王祭”

（图片来源：https://www.gotokyo.org/tc/spot/ev048/index.html）

图 9–9　韩国首尔宗庙大祭

（图片来源：https://baike.sogou.com/v69326697.htm?ch=ww.wap.best.chain）

图 9–10　清明公祭轩辕皇帝典礼

（图片来源：黄鹤 摄）

新加坡国家庆典强调的则是各族平等、多元文化交融的国家形成历史。每次国庆庆典都要组织不同的群体或团体穿着不同民族的服饰，表演代表本族群的舞蹈。除不同族群的参与，国庆庆典通常还包括防卫表演、阅兵仪式以及一些当代艺术科技展示。活动组织在金沙区域进行。

西方首都城市大多通过对塑造西方新世界历史进程中具有里程碑性质的重大事件的100周年进行庆祝（如1876年美国独立100周年、1889年法国革命100周年等），总结过去的辉煌成就，并增强人民面对未来的信心。欧美国家整体上表现出价值导向清晰、形式多样、现代性和全民性兼顾的庆典风格。具体表现为以“独立日”庆典仪式为代表的国家庆典和以全民狂欢的节庆活动为代表的两大分支[3]。其中以法国巴黎举办的国庆巡游庆典（香榭丽舍大街）、墨西哥首都墨西哥城举办的独立庆典演出（宪法广场）以及美国在“独立日”这一天在费城这一独立宣言签署地举办的国家庆典等最具典型性。

上述这些风格各异的首都城市祭祀活动或庆典活动，或因独特厚重历史文化入选世界非物质文化遗产名录，提升了城市和国家的文化品位，成为独树一帜的民族文化名片；或因参与人数众多的狂欢性质凝聚人心，加强了社会团结[3]。祭祀活动基本都位于城市的最核心地区，总体上突出了民族和国家的传承发展。

9.2.3　与国家民族主体发展相关的功勋纪念体系及其空间安排

对于国家民族发展历程有着非常重要影响的人物群体或突出个人，以及重大事件，在首都城市的文化职能中，通常会设立单独的纪念项目，或者以纪念碑、纪念馆、纪念堂的建筑方式呈现，或者以纪念广场、纪念公园等开放空间的方式呈现。纪念的类别可细分如下。

①推进民族独立、国家统一、世界和平等重大进程的杰出人物纪念，如华盛顿的林肯纪念堂、巴黎的戴高乐广场等。这些纪念内容通常设置在首都城市重要的轴线上，以突出其丰功伟绩。

②国家功勋群体纪念，包括为国家民族独立统一而在战争中献身的群体或者为推进国家社会科技发展作出卓越贡献的群体，主要通过英雄纪念碑、国家公墓、名人堂等方式加以体现。

③国家对外交往或者重要事件纪念，如华盛顿的二战胜利纪念碑。

9.2.4 外事交流与空间安排

对外交流是首都的核心职能之一，包括元首会晤、重要国际活动等方面。单国或多国元首会晤通常涉及一系列的礼仪活动及较高的安防要求。在正式会晤结束后，参观活动的组织也对线路组织和参观内容的民族国家代表性有着很高的要求。重要国际活动的举办（如地区性磋商、国际展览活动等）则对交通可达、配套服务有着较高的要求。

从空间布局上看，针对国家元首的接待会晤礼仪大多在一个比较集中的空间范围内，便于组织、安防布置，也对所在城市功能干扰较小。例如，美国接待外国元首的礼仪主要集中在白宫附近，包括：白宫南草坪的迎宾仪式，检阅仪仗队和鸣礼炮 21 响；白宫内的两国元首会谈；会后举行联合记者招待会或发表联合声明；白宫国宴。用于接待外国元首的布莱尔国宾馆（Blairhouse）距白宫北草坪仅几步之遥。英国的国宾接待集中在白金汉宫、唐宁街 10 号及威斯敏斯特大教堂地区。外国元首常常下榻于白金汉宫，但有时也住在温莎城堡或圣路德宫，外事活动通常包括位于白金汉宫的宴会、威斯敏斯特大教堂内的无名战士墓敬献花圈、在唐宁街 10 号与英国首相举行会谈等。莫斯科的国宾接待活动一般在克里姆林宫举行欢迎仪式，流程包括走红毯、奏国歌、两国元首分别发表简短致辞。国家元首一般入住莫斯科总统饭店，距离克里姆林宫约 3km。日本接待外国领导人的会晤活动主要在皇居和东京赤坂迎宾馆（也被称为“东宫御所”）两个地点，主要包括在皇居与天皇的见面、在赤坂迎宾馆的元首会晤和新闻发布会，以及在皇居由天皇主持的“宫中晚餐会”。皇居与赤坂迎宾馆相距约 3km。

9.3 北京首都文化功能体系组织及空间安排设想

综上所述，作为首都的北京，在文化功能体系的组织上，应立足于中华民族5000年文明延续、多民族统一的中华民族特色、富强民主文明和谐美丽的国家价值体系和价值追求以及世界强国的国家地位，在文明传承、国家建设、对外交流方面，通过教育宣传体系、祭祀庆典体系和功勋纪念体系来履行国家文化职能，延续原有“京城—京郊—京畿”的多层次文化空间网络，以及调整优化、补充完善文化功能及相关设施布局，强化首都地区的总体空间格局，再塑雄阔壮丽的首都意象（图9–11）。

9.3.1 中华文明传承

以中轴线及其延长线和历史文化遗产、自然山水环境为依托，保存和展示国家民族发展的历史传统与自然环境。

在教育宣传体系上，建议强化中轴线的文化职能，在永定门内的南中轴线段、天坛和先农坛之间设立国家胜利林荫大道，纪念国家统一和多民族融合。划定国家民族发展历程中与农业（“三山五园”地区的京西稻种植地区）、工业（首钢地区）、科技（中关村、航天城地区）、军事战争相关（卢沟桥）的国家纪念地，划定四大国家公园和自然历史廊道（京西古道、运河粮道）。

在祭祀庆典体系上，尊重千年尺度上中华民族的“天地—社稷—先祖”祭祀体系，建议在太庙及社稷坛举行以缅怀先烈、民族奋斗和中华民族复兴为主题的国事典礼，依托天坛、地坛、日坛、月坛，拓展周边城市空间，承接生态文明建设、科技文化创新等为主题的庆典活动和城市公共生活。

在功勋纪念体系上，建议增设推进国家民族发展重大进程以及历史上在科学技术、文化艺术等方面有着卓越成就的杰出人物和群体纪念。

在强化中轴线及其延长线文化职能的基础上，建议连通经过国家经济管理片区的首都博物馆与白云观、天宁寺、金中都鱼藻池，北至现北京展览馆的首都西侧南北副轴；经过国家对外交往管理片区的国际展览馆、东岳庙和

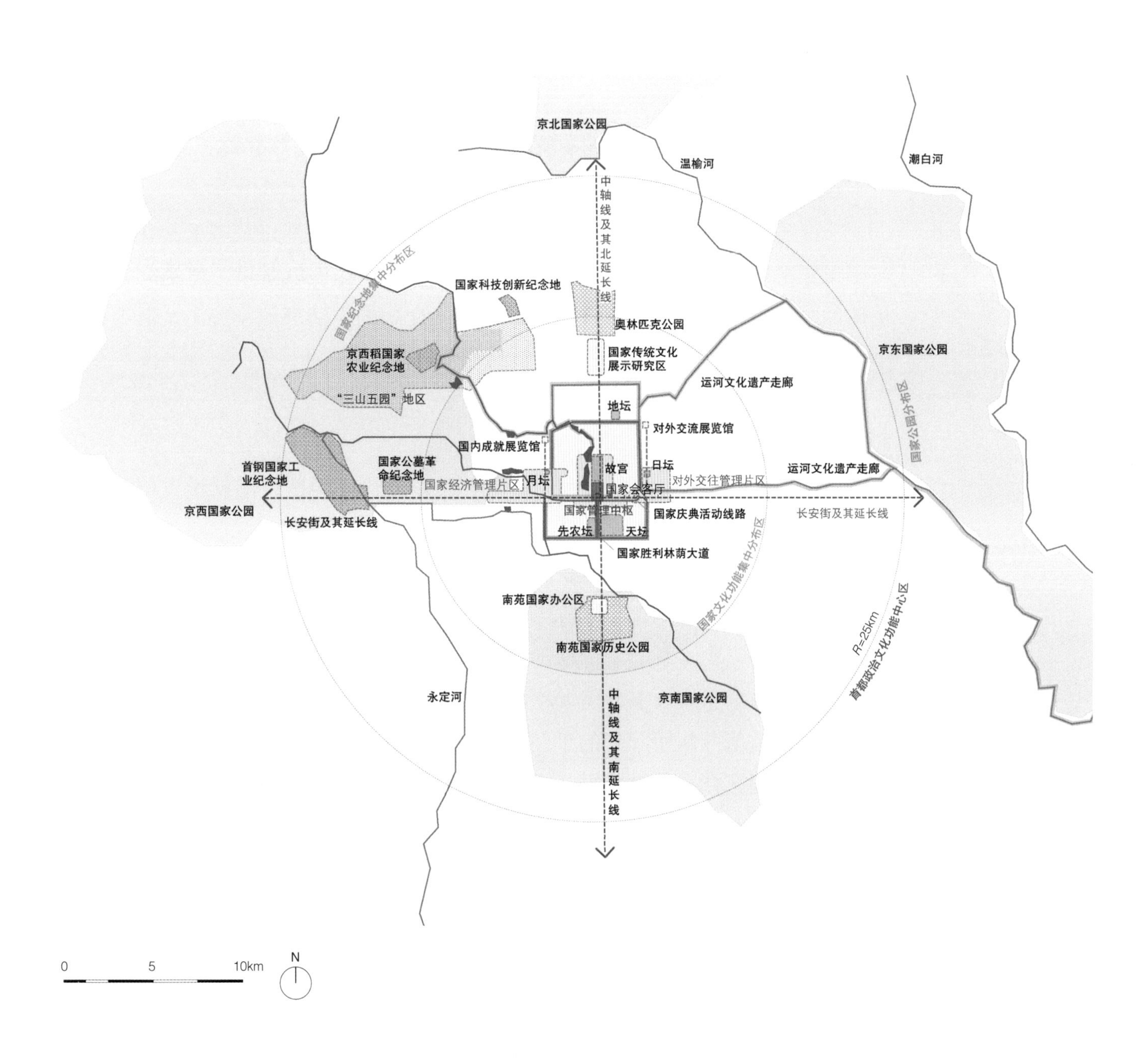

图 9-11　国家文化功能体系空间布局建议

日坛的首都东侧南北轴，与北京中轴线及其延长线（中华文明轴）并列，与长安街国家政治轴相交，形成“两主两辅”的首都核心区城市轴线体系，辅以西侧的长河、动物园、紫竹院公园、永定河引水渠、玉渊潭和莲花池，以及东侧的亮马河、朝阳公园、团结湖公园、通惠河、庆丰公园，连通高梁河和永定河水系之间的元、明、清城池、河湖体系，构成首都核心区生态水系，展现生态文明理念。

上述文化功能通过中轴线及其延长线和东西副轴，以及国家文化遗产、国家纪念地、国家公园、坛庙体系、纪念场馆，拓展以城市开放空间等为主体的公共活动地区，辅以谨严有序、礼乐交融的空间环境，突出“以人民为中心”的发展思想，体现中华民族的绵延昌盛。

9.3.2 国家成就展示

依托长安街及其延长线，以及西侧的南北副轴地区，建议设置国家现代化治理和社会经济发展成就的纪念地与展示宣传体系。

在教育宣传体系上，建议将西侧的南北副轴北端点的现有北京展览馆改为国家建设成就展览馆，展陈国内社会经济发展成就。

在祭祀庆典体系上，传承延续现有国庆典礼。

在功勋纪念体系上，建议增设改革开放纪念馆，纪念和缅怀重要历史人物为国家改革开放所起到的重要作用。本研究建议划定八宝山国家公墓，增设纪念为国家社会科技发展、文化艺术发展、推进社会进步而作出卓越贡献的人士的名人堂，如国家勋章获得者、国家最高科技奖获得者等。

9.3.3 国家对外交流

依托长安街国家政治轴线，以及东侧的南北副轴地区，本研究建议设置国家对外交流的展示宣传体系。

在教育宣传体系上，原有位于西坝河的国际展览馆可承接对外展览的相关活动，与周边使馆、CBD 地区均有较好的联系。

在对外交流活动组织上，建议考虑将东交民巷适度更新改造，回应历史上的功能布局。同时，将社稷坛和太庙作为国家公共活动场所，结合天安门广场的相关安排，利用天安门和午门之间的空间组织相关活动，使总体流线更加紧凑，降低对城市功能的干扰。

总体而言，国家文化职能的空间分布可呈现如下总体格局。

①中心城区是文化功能的核心区，强化中轴线、长安街的不同文化职能，以天安门广场和太庙、社稷坛为核心建构国家礼仪中心，举办基于传统文化的国家庆典、公祭和国宾活动。增设西侧的南北副轴线以集中展示国家建设成就，增设东侧的南北副轴线以集中展示国家对外交流。补充国家功勋纪念内容。

②在中心城区至首都政治文化功能中心区范围内，主要是国家农业发展、工业发展、科技发展和国家英烈的纪念地，以及自然山水的景观地区，供人们游憩观赏。

③在首都政治文化功能中心区之外，是大尺度的国家公园、帝王陵寝以及众多的政治、军事、文化市镇与自然环境的结合，将首都北京融合在更大的空间区域之中，彰显整体存在的文化特色。

参考文献

[1] 吴丽娱．皇帝“私”礼与国家公制：“开元后礼”的分期及流变 [J]. 中国社会科学，2014（4）：160–181，208.

[2] 吴良镛．中国人居史 [M]. 北京：中国建筑工业出版社，2014.

[3] 高小岩，全美英．首都庆典：文化空间的重塑 [J]. 江苏师范大学学报（哲学社会科学版），2014，40（3）：83–88.

[4] 张勃．明代国家山川祭祀的礼仪形态和多重意义 [J]. 中原文化研究，2017（4）：110–117.

[5] 王秀玲．清代国家祭祀及其政治寓意 [J]. 前沿，2016（6）：103–107.

[6] 黄佛君，段汉明，张常桦．古代国家都城祭祀体系与空间模式——以唐长安为例 [J]. 人文地理，2012，27（1）：45–49，65.

10

第十章　专题六

服务首都功能提升的长安街地区空间质量比较评估

一直以来，北京市的规划建设都围绕服务中央、服务首都功能展开，这是提高国家施政能力和服务水平的重要手段，也是实现北京“四个中心”定位的首要任务。但是长期以来，首都功能的布局都存在一些问题，特别是都与城的矛盾较为突出。本研究聚焦以国家机关和大使馆为主的首都功能，从都、城关系的视角，以柏林、华盛顿、伦敦为比较对象，对长安街地区首都功能的空间质量开展比较评估，据此提炼核心问题，提出优化策略。

10.1 评估对象与框架

本研究以长安街地区为对象，首先剖析长安街地区首都功能的基本用地结构，进而遵循都、城关系的主线，确定效率、象征、安全、便利、融合五大维度，分解出 9 个一级指标和 13 个二级指标，据此开展进一步的评估。综合考虑长安街地区的现状特点，为保证可比性，明确柏林、华盛顿、伦敦各类公共管理用地等比较评估的对象及具体范围，并通过人口密度、相对值计算等方式提高可比性。

10.1.1 评估对象：长安街地区

本研究聚焦于首都功能，并选取其较为集中的长安街地区为对象，从都、城关系的视角展开讨论。

本次评估的长安街地区范围东至东三环，西至西三环，北至地安门大街，南至珠市口大街，总面积约 60.8km²，其中有国家机关用地约 2.3km²、大使馆用地约 0.57km²（图 10-1）。该地区内共有中央和国家机关 61 家，部分具有行政管理性质的事业单位（如银保监会、证监会等）4 家，以及全国人大、全国政协、中央军事委员会、国家监察委员会、最高人民法院、最高人民检察院、共青团中央等机构。

为了更好地挖掘北京长安街地区首都功能布局的特征，本研究选取世界上几座在规划建设上较为成熟的首都城市——柏林、华盛顿、伦敦——中首都政务功能相对集中的地区（后文以城市名字代称）进行横向比较。在空间范围的选择上，遵循两个原则：一是为便于比较，评估范围面积应基本一致——统一框选出与长安街地区相近的面积为 60.8km² 的空间范围；二是以政务为核心，与各城市实际的空间发展结构相结合，即以各国首都功能为核心，使框选的范围包含各国首都规划已划出的首都功能核心地区、核心功能区的主要区域，如柏林的议会与政府区（Parliament and Government Quarter）、华盛顿的中央华盛顿区（Central Washington）、伦敦的中央活动区（Central Activities Zone）。为了避免各类城市功能在评估分析中发生边界性问题，研究扩大了实际的数据搜索边界，以保证分析的全面性和科学性，而所谓研究范围只是数据整合和可视化的空间范围（图 10-2）。

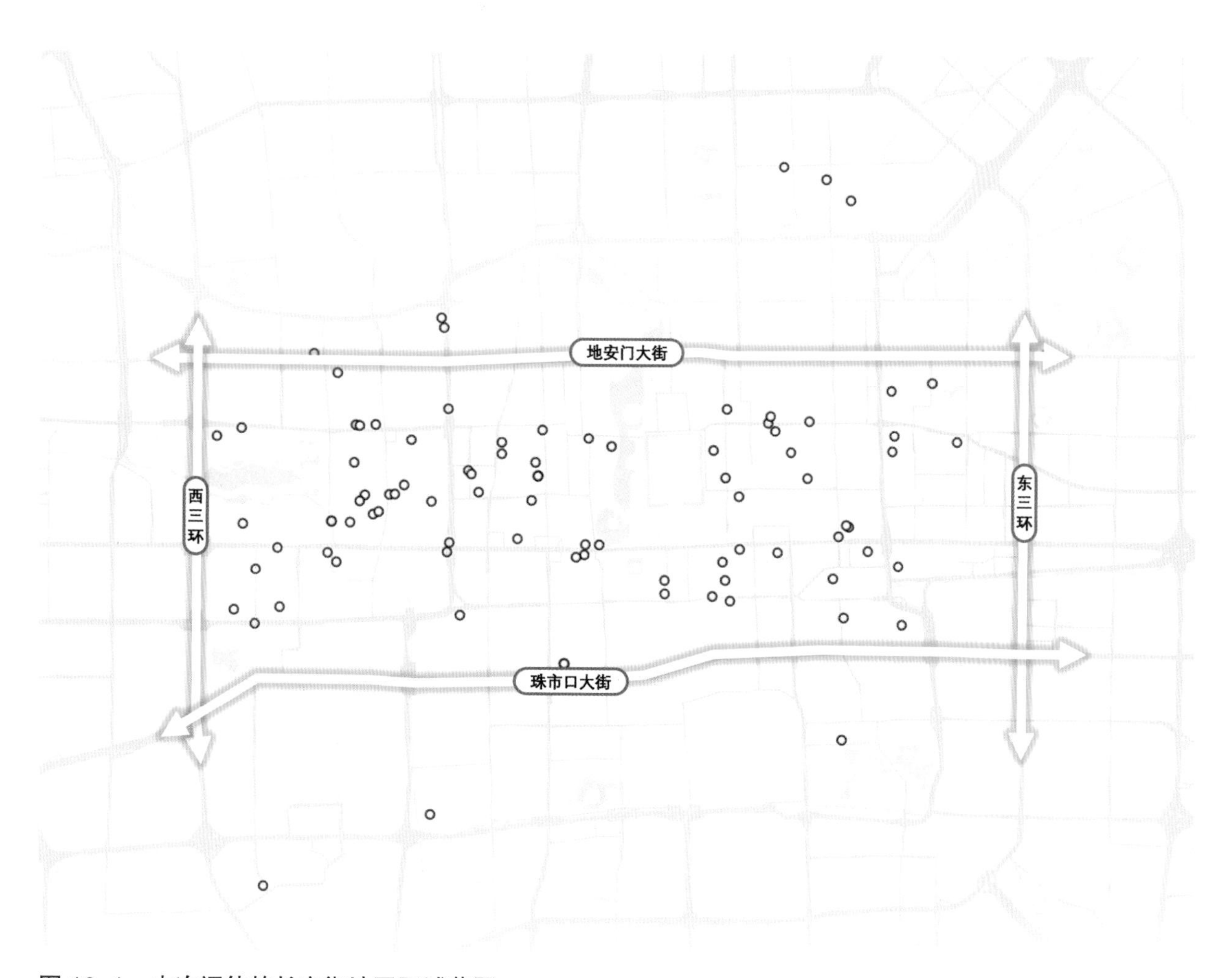

图 10-1　本次评估的长安街地区区域范围

此外，为削弱不同首都城市由基本国情、自然地理条件等方面的不同而带来的差异，研究通过以下两种手段减轻其对评估判断的影响：一是将人口纳入计算数据，如在“便利”维度的评估中，将设施总量除以对应人口后再进行下一步计算和比较；二是在评估中增加一个指标——相对值，即以某空间单元计算得出的绝对数值除以本城市在该项的总体均值，计算得出该单元的相对值。该相对值表达了空间单元在本城市整体中的相对水平，若该值大于 1 说明该单元水平高于本城市均值，值越远离 1 说明该单元的优势度（或区分度）越高。该值与各城市之间的差异无关，能通过横向对比看出首都功能的特征与问题，提出调整方向。

柏林：议会与政府区　　伦敦：中央活动区

图 10–2　各国首都研究范围与既有规划区或功能区的关系

10.1.2　评估框架

（1）指标体系

从基本用地结构、综合空间关系两个视角出发，首先通过用地结构剖析长安街地区首都功能的基本物理特征，进而遵循都城关系的主线，确定效率、象征、安全、便利、融合五大维度，分解出9个一级指标和13个二级指标，据此开展综合空间关系的评估。综合考虑北京长安街地区首都功能的特征，为保证可比性，明确柏林、华盛顿、伦敦及其各类公共管理用地等评估对象及具体范围，并通过人口密度、相对值计算等方式削减干扰。

依照“都”与“城”的主线，围绕“都”梳理出首都功能本身的“效率”“象征”“安全”三个维度，围绕“城”梳理出与首都功能相关的城市层

华盛顿：中央华盛顿区

面的“便利”“融合”两个维度。其中，“效率”维度主要评估政务运转的效率，映射到空间上就是指首都功能彼此之间沟通对接是否方便、与城市资源接轨的能力是否突出；“象征”维度主要评估首都功能及其周边彰显国家形象的能力和水平；“安全”维度主要评估首都功能及其周边是否能得到足够的安全保障，以及安全保障的程度是否适中从而不至于影响正常工作；“便利”维度主要评估首都功能周边各项城市公共服务设施及居住保障是否到位，供给规模是否适中；“融合”维度主要评估首都功能是否与城市社会空间实现了恰如其分的互动，以及是否获得了积极的国民认同。

将效率、象征、安全、便利、融合五个维度分解为 9 个一级指标和 13 个二级指标，构建首都功能导向下的空间质量评估指标体系，具体含义将在后文介绍（表 10–1）。

（2）数据来源

本研究所用数据包括各国首都地理信息及功能数据、各国首都规划及人口数据。

首都功能导向下的空间质量评估指标体系　　表10–1

主线	维度	一级指标	二级指标
都	效率	集聚度	平均最近邻指数
		连通度	空间选择度
			空间整合度
	象征	自然象征	绿地水域面积
		人文象征	人文要素数量面积
	安全	安全基础设施	地铁站密度
		安全距离	建筑距离
			建筑道路距离
城	便利	公共服务设施政务友好度	公共服务设施政务友好度
		居住服务潜力	居住服务潜力
			户均居住服务潜力
	融合	功能混合度	综合香农指数
			政务香农指数

本研究中北京的地理信息及功能数据来自百度地图（https://map.baidu.com），柏林、华盛顿、伦敦地理信息及功能数据来自Open Street Map（https://www.openstreetmap.org，以下简称“OSM”）等开源地图网站，通过API接口完成数据获取，内容包括北京、柏林、华盛顿及伦敦的道路、建筑、兴趣点（Point of Interest，POI）数据。北京的地块边界数据来自清华大学建筑与城市研究所及北京城市实验室。北京市交通泊位数据来自北京市交通委员会。这些数据主要用于四座城市的用地识别及各类用地的提取，以及自身物理特征、空间集聚度、空间连通性、象征水平、公共服务设施政务友好度、居住服务潜力、功能混合度、安全基础设施的测度和分析。

各国首都规划数据包括美国《国家首都综合规划：联邦要素》（*The Comprehensive Plan for the National Capital*：*Federal Elements*）、德国《首都柏林——议会与政府区：20年发展计划》（*Capital City Berlin - Parliament and Government District*：*Twenty Years of Development Programme*）、英国《政府资产战略》（*Government's Estate Strategy*）。这些数据主要用于辅助地理信息数据，对国家机关进行识别、提取和验证。人口数据来自各城市统计年鉴及人口统计网站，如《北京市统计年鉴2021》、City Population、Statista、London Datastore，主要用于公共服务设施评估中的人口密度测算。

（3）研究单元

为便于对长安街地区的空间质量进行量化评估，为各类数据的整理、计算、汇总提供基础，本研究将该地区划分为284个空间研究单元，其中包含69个首都政务单元和59个中央政务单元。划分标准及步骤如下。第一，基于核心区控制性详细规划中的街道、街区划分（图10-3），以城市重要水系、公园绿地、主次干路及主要支路为界，形成基础框架。第二，综合权衡用地整体性、独立性、街区尺度等因素进行调整，如对于中南海等相对完整的地块，尽管其尺度很大，仍将其划为一个单元；对于前门周边功能独立性较高的条状地块，尽管其尺度很小，也将其划分为独立单元。

且为平衡单元大小不同有可能带来的数据连接差异，后续计算中将单元面积考虑在内。第三，包含国家机关和大使馆的研究单元为首都政务单元，仅包含国家机关的研究单元为中央政务单元，两者统称为“首都功能单元”。尽管外地驻京办事处也属于首都功能，但其规模较小，暂不考虑在内。

为便于比较，本研究对柏林、华盛顿及伦敦也按照类似原则和尺度进

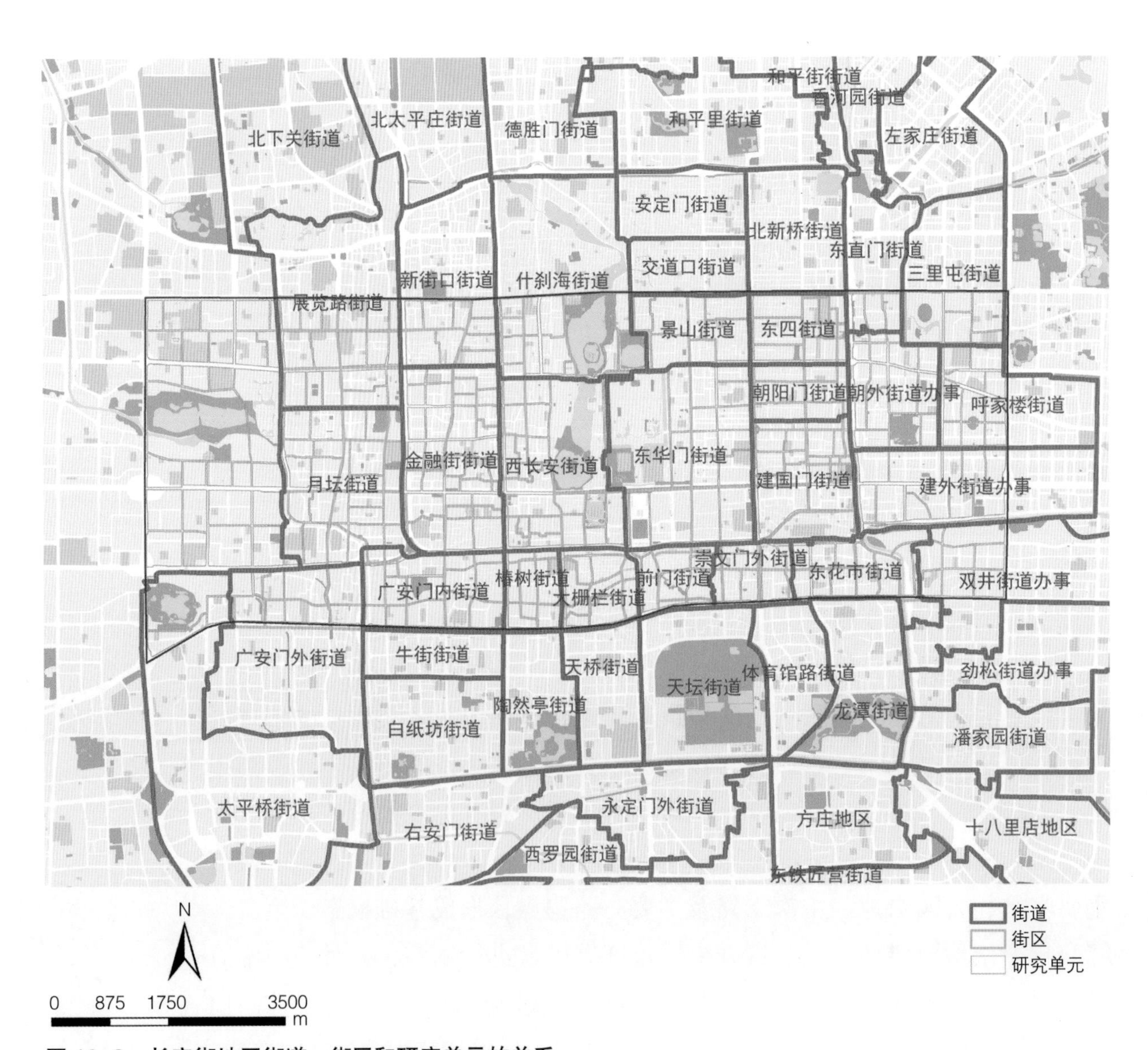

图 10-3 长安街地区街道、街区和研究单元的关系

行了单元划分。各城市由于自然基底、路网结构等方面的差异，最终的单元数量不尽相同，但尺度基本一致，单元平均边长为350~450m，单元平均面积为0.1~0.2km^2。这些研究单元将作为后续各类数据计算、归纳、比较的基础。

（4）方法过程

评估过程中用到的技术方法包括功能区识别、空间句法、核密度分析、平均最近邻指数、缓冲区分析、热力分析等。以下对各类方法的原理以及本研究过程中的操作进行详细介绍，以期为后文提供清晰的导出路线与理解方式。

第一，基于POI数据的功能区识别。对各类功能（特别是首都功能）的精准识别是评估工作开展的基础和前提。研究根据从百度地图、OSM获取的各国首都POI及建筑数据，以及从清华大学建筑与城市研究所、北京城市实验室获取的北京地块数据，进行各类功能区的识别。

首先构建首都功能导向下的用地分类标准。围绕首都功能，基于“都”和“城”两类要素，结合核心区控制性详细规划街区分类，在常规城市土地利用分类的基础上进行调整细分。该分类方式主要有以下两个特点。

一是以首都功能为重点。首都功能是本研究的核心，因此在用地分类中，将首都功能及与之相关的各类管理用地统一归入公共管理大类，细分为国家机关、大使馆、其他政府机关、其他公共管理类，并进一步将其他政府机关、其他公共管理细分为市属机关、区级及以下机关、外地驻京办事处、协会组织、事业单位等类，以便对首都功能及相关公共管理用地进行深入分析。

二是以都、城关系为主线。提炼“都”和“城”的要素，除上述公共管理中的国家机关、大使馆、外地驻京办事处、国家级协会组织等管理职能外，还提炼出国家级文化遗产、文化设施等体现首都风貌的要素，便于后续以都、城关系为线索对重点要素与首都功能的关系进行分析。

基于此分类标准，利用ArcGIS平台对POI数据进行重分类，受数据局限，仅北京以较为理想的地块作为功能统计单元，其他城市以建筑作为功能统计单元，推算出相应用地规模。将重分类后的 POI 与建筑、地块图层进行空间连接，采用 POI 样方密度法计算出各地块中占主导的 POI 类型。最后根据各城市现状地图进行比对校核，得出评估工作的基本底图。

第二，基于空间句法的连通性分析。空间句法主要应用于“效率”维度中连通性指标的评估。空间句法可以挖掘出空间结构中的社会逻辑，对城市空间的可达性、可穿越性、使用效率等多种社会属性进行描述。首先将来自 OSM 的路网数据进行清洗，提取出居住区以上级别的城市道路（即 Trunk、Primary、Secondary、Tertiary、Residential 五级道路），进而导入 Depthmap 软件，绘制轴线图（Axial Map），并基于此生成线段模型（Segment Map），作为空间计算的基础。为显著地表达不同空间之间的关系，经过反复测试，以 2000m 为半径计算选择度和整合度。最后，将结果链接到各研究单元，分五级进行可视化，并将首都功能单元与其他单元均值进行对比，挖掘首都功能单元与其他空间之间的相互关系。

第三，基于核密度分析的空间分布模式探究。核密度分析主要应用于“效率”维度中集聚度指标、“象征”维度中人文要素指标的评估。提取国家机关、大使馆等首都功能点，以及各类公共服务设施功能点，分别基于 ArcGIS 平台进行核密度分析，将结果以自然断点法分为 9 级，观察相应要素在空间内的聚集和分布状况。

第四，基于平均最近邻指数的集聚度分析。平均最近邻指数（Average Nearest Neighbor）主要应用于“效率”维度中集聚度指标、“安全”维度中建筑安全距离指标的评估。与莫兰指数等空间统计方法不同，平均最近邻指数不仅能得出要素是否聚集，还可以对聚集的程度进行量化，很适合进行不同主体之间的比较。在 ArcGIS 中，“平均最近邻”工具将返回五个值，其中平均最近邻指数小于 1 表示聚集分布，数值越小，集聚度越高；z 得分和 p 值用来表征统计的显著性。首先提取出各城市首都功能用地（即国家机关、大使馆用地），进而进行平均最近邻指数计算。由于该指数的统计学意义受搜索面积影响很大，故指定面积参数值为 60.8km²，即研究范围的面积，以便于对各城市进行对比分析。

第五，基于缓冲区分析的要素服务范围分析。缓冲区分析主要应用于“象征”“便利”两个维度，以及“安全”维度中安全基础设施指标的评估。该方法通常用于计算要素的服务和影响范围。将成年人15分钟的步行距离1000m作为各指标要素的辐射范围，对研究单元构建1000m缓冲区，统计各单元缓冲区范围内的公园绿地、水系、人文象征要素以及各类公共服务设施的用地面积或POI数量，并除以单元面积或对应人口以计算相对密度，削减不同单元面积或不同城市国情背景带来的差异，最后进行归一化和加权计算，得出相应指数，对首都功能单元进行对比分析，观察步行可达范围内各类要素的供给服务状况。

10.2 评估结果与讨论

10.2.1 基本用地结构

以下对长安街地区的基本用地结构进行描述，从基本用地结构进行剖析。评估结果显示：长安街地区首都功能用地规模较大，但在公共管理类用地中占比较低，说明存在较多其他类别的公共管理功能，如市级机关、事业单位等。

（1）整体：居住主导，首都功能用地规模相对较大

从北京、柏林、华盛顿、伦敦的横向对比来看，北京呈现出明显的居住和办公用地占总用地比重较高，休闲及自然环境用地占总体比重较低的特征。北京居住用地占总用地比重超出四城均值16.05个百分点，在所有类别中差值最大，其次为办公用地，超出均值6.29个百分点，其他偏高的类别有公共管理大类中的国家机关、大使馆、其他政府机关、其他公共管理用地，公共服务大类中的教育、医疗用地，以及文化大类中的文化遗产用地，与四城均值的差值均在3个百分点以内；北京商业、公园绿地、水域用地占总用地比重偏低，与四城均值的差值分别约为8.49%、12.90%、10.24%，其余如运动、文化设施等用地占比也相对较低，但与四城均值的差值都在1%以内（图10-4）。

总的看来，与其他3座首都相比，北京呈现出如下特征：第一，在所有

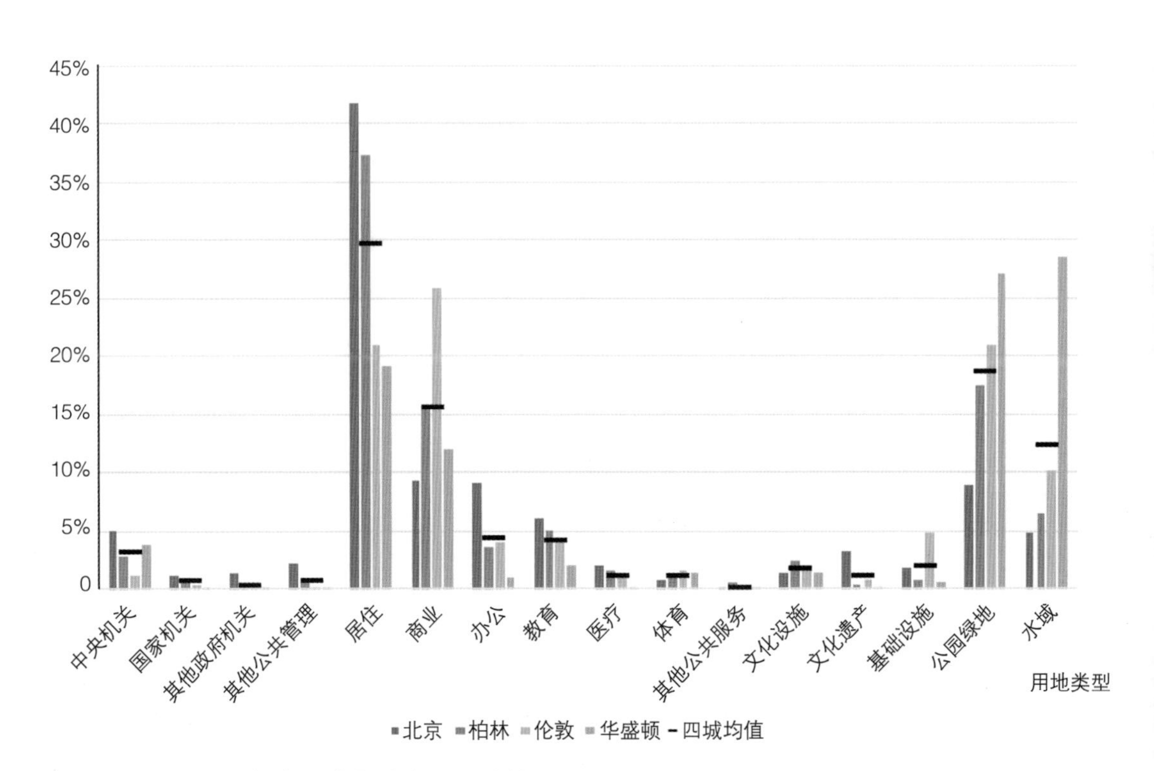

图 10-4　各城市各类用地占城市总用地的比重

用地中，公共管理类用地（特别是国家机关等首都功能用地）占总用地比重相对较高；第二，作为历史悠久的古都，北京的文化遗产类用地占总用地比重较高，在展示首都历史风貌方面有更大潜力；第三，与首都功能并不直接密切相关的办公用地占总用地比重偏高，城市产业在一定程度上挤占了首都空间；第四，服务于城市的日常休闲生活的商业、运动、文化设施等用地占总用地比重较低，而服务日常生活所必需的居住、教育、医疗等用地占总用地比重较高。

（2）公共管理类概况：首都功能占比相对较低，空间布局分散

从空间上来看，北京长安街地区的公共管理类用地呈现以下特征。第一，首都功能形成了较为明显的集聚区。国家机关虽在整体上散布于长安街、阜成门大街—朝阳门大街沿线，但在三里河、天安门一带相对集聚；大使馆主要集中在日坛一带。第二，除上述集聚区功能相对单一外，其余区域的不同公共管理用地交错分布。第三，国家机关、大使馆及事业单位的占地面积相对较大，布局较整，其他类别的公共管理用地（如市属机关、区级及以下机关等）占地面积较小，布局更分散。

比较发现，在公共管理类用地中，尽管北京的首都功能用地绝对规模最大，国家机关用地面积约为 2.3km²，但占公共管理类用地的比重并不算高。北京的国家机关占公共管理类用地的比重比其他城市低 6~33 个百分点，大使馆占公共管理类用地的比重分别较柏林和伦敦低 8% 和 6%；而其他政府机关（即市、区等政府机关）及其他公共管理用地占公共管理类用地的比重远超其他国家（图 10–5、图 10–6）。这说明尽管北京的首都功能用地总量

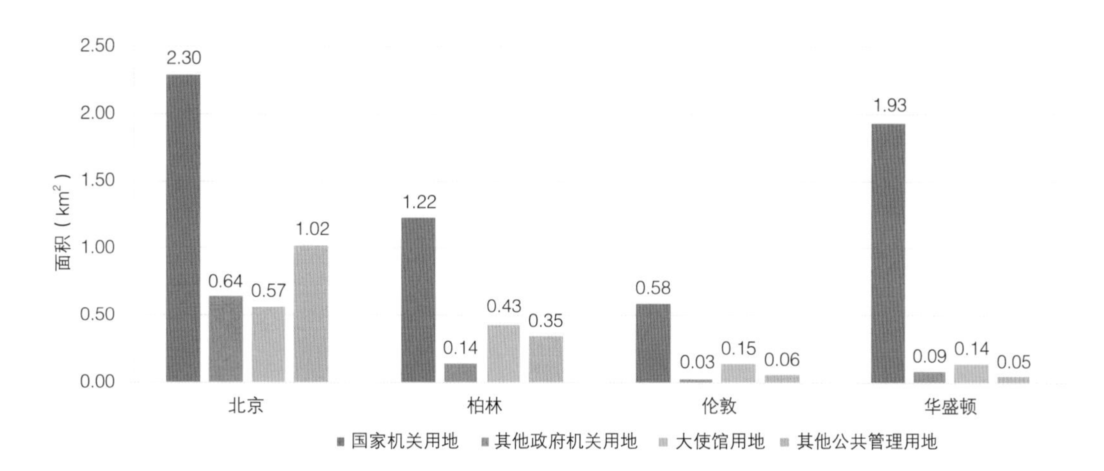

图 10–5 各城市公共管理类用地面积

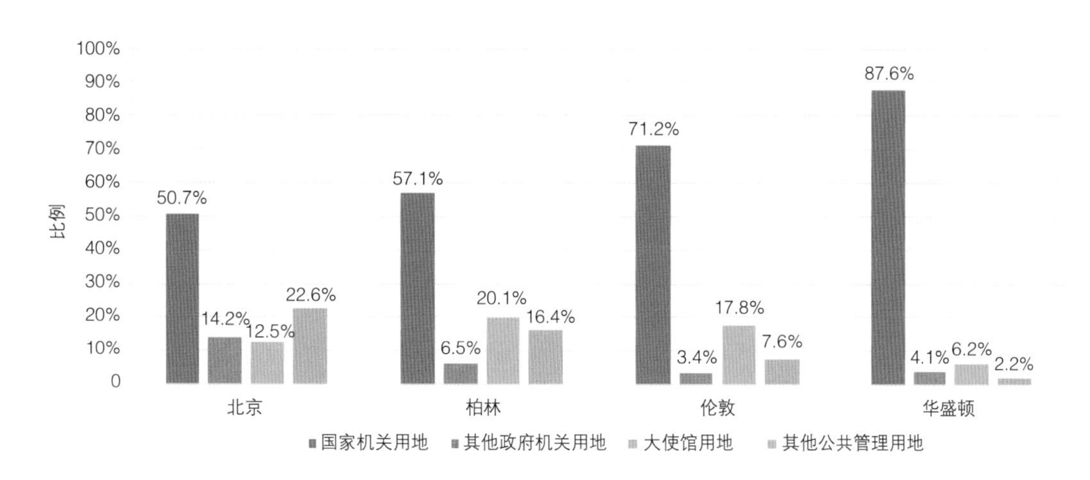

图 10–6 各城市公共管理类用地占比

相对于其他城市来说较大，但在公共管理类用地中占比不高，影响首都功能的整体布局。

从空间的相互关系上看亦是如此。正如前文所述，长安街地区公共管理类用地布局的一大特征是不同类型用地交错分布，从中央到区级、从政务到社会事务，空间关系错综复杂。首先，柏林、华盛顿和伦敦的首都功能分布较为密集，基本集中在半径为 3~5km 的圈层，而北京的国家机关几乎遍布于整个研究范围；其次，其他国家首都尽管也存在州机关、市机关等其他政务机构，但从总体上来看各自成组团，有一些与首都功能相邻布局，但规模较小。

10.2.2　综合空间关系

以下从综合空间关系的视角出发，按照效率、象征、安全、便利、融合五个维度，对长安街地区首都功能彼此之间及与其他空间要素之间的关系进行评估。评估结果显示：第一，在功能组织上，政务街区中综合功能混合度较高，不同层级（如中央与地方）和不同类型（如政府部门和协会组织）政务的混合度较高。第二，在便捷与安全性上，不同国家机关之间的距离较远，连通性较弱，部分政务建筑与道路外缘距离过近，安全性有待优化。第三，在自然文化象征上，首都功能周边的自然和人文象征要素的面积较大，但数量和类型较少，空间整合有待加强。第四，在配套服务上，首都功能周边居住服务潜力相对较小，但商业等城市服务设施规模较大，运动、文化和交通设施相对较少。

（1）效率：空间集聚度和连通性不高

“效率”即服务首都功能的运转效率，在空间层面，主要涉及与城市资源的接轨和各单位之间的往来沟通，通过空间集聚度、连通性对北京长安街地区的首都功能运转效率进行评估。结果显示，长安街地区首都功能的空间集聚度较低，空间连通性较弱。

①聚类分布，但集聚度不高

在对各城市首都功能集聚度的评估中发现，北京的集聚度并不算高。长安街地区首都功能的平均最近邻指数为 0.87，小于 1，为聚集分布。但从集聚程度上来看，四城均值为 0.42，平均最近邻指数越高则集聚度越弱，北京数值高出其他三城最高值 1.5 倍以上，高出四城均值 1 倍以上，所以集聚度较弱（图 10–7）。另结合 p 值和 z 得分可知，长安街地区首都功能聚类分布的置信度约为 95%，而其他三城均为 99%。

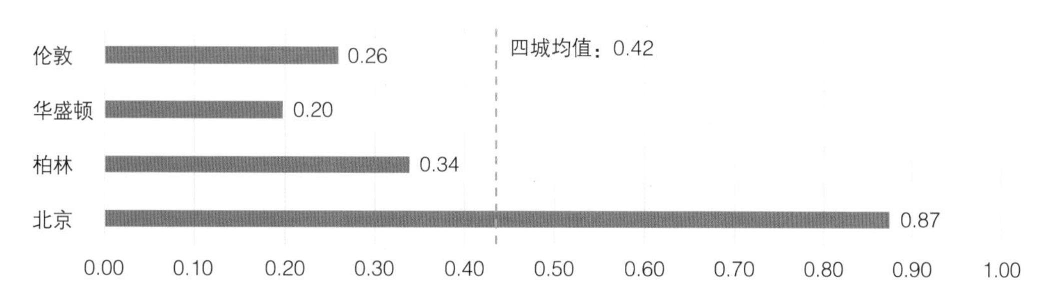

图 10–7　各城市首都功能平均最近邻指数比较

研究进而对首都功能点进行核密度分析，更直观地挖掘并呈现其空间聚集特征（图 10–8）。结果显示，柏林、华盛顿和伦敦的国家机关大体形成了“一个主核 + 若干聚集点”的空间结构，但长安街地区则形成至少 3 个等级相近的主要核心，分别位于三里河、西单南侧、建国门，其他区域分布着若干散点，整体较分散。

②整体空间连通性不高，首都功能可达性和穿越性较低

长安街地区的空间选择度和整合度为四城中最低，其中空间选择度比四城均值低 80% 左右，空间整合度比四城均值低 60% 左右。说明从绝对数值来看，北京包括首都功能单元在内的城市空间的连通性较弱，影响资源整合和彼此交流，而各城市首都功能单元与普通研究单元并无明显区别（图 10–9）。

对相对值进行分析，可发现以下规律：第一，整体上，各城市首都功能单元空间整合度的优势度较高，而空间选择度的优势度较低，说明首都功能基本上布置在本城市内可达性较高、穿越性较低的位置；第二，对北京而言，在空间选择度上，首都功能单元的优势度位列第三，中央政务单元的优

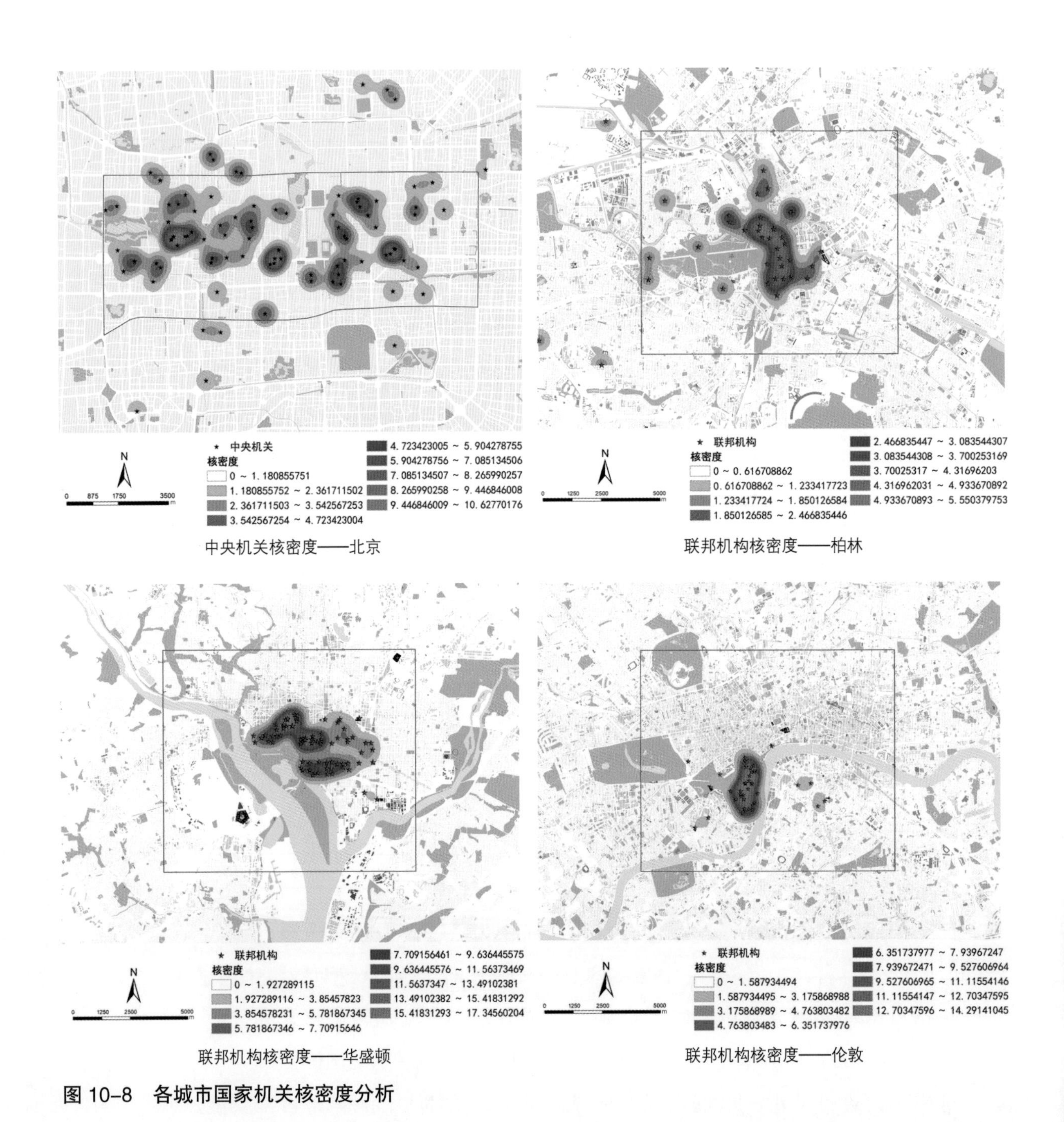

图 10-8　各城市国家机关核密度分析

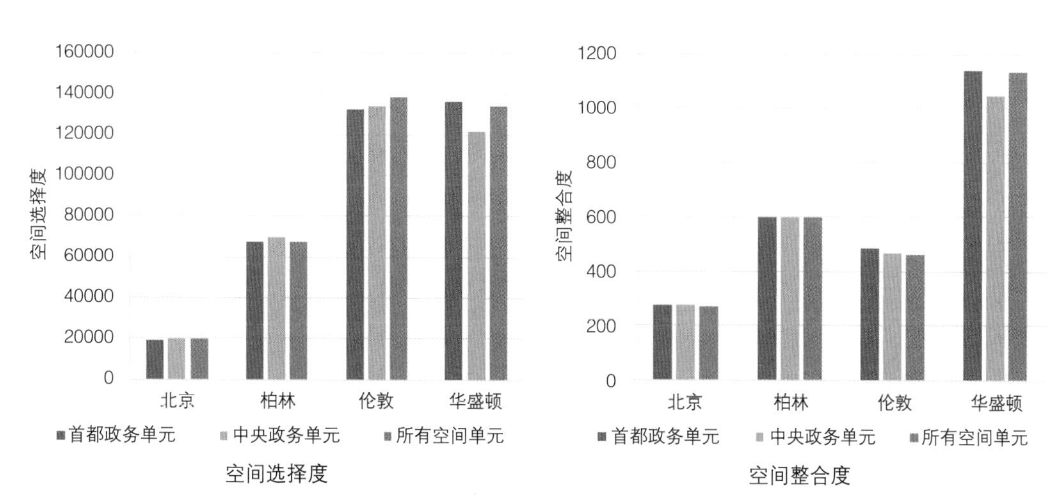

图 10-9　各城市空间句法计算结果

势度位列第二，在空间整合度上，首都政务单元的优势度位列第二，中央政务单元的优势度位列第一，说明尽管北京整体的空间连通性较差，但首都功能单元（特别是中央政务单元）已经处于自身内部可达性相对较好的位置（图 10-10）。

进行空间上的叠加计算可发现以下两点。第一，在空间选择度（可穿越性）方面，四城大部分的首都功能单元位于空间选择度较低的区域，这也符合上述数理统计得出的结论，但柏林、华盛顿和伦敦有一定数量的首都功能

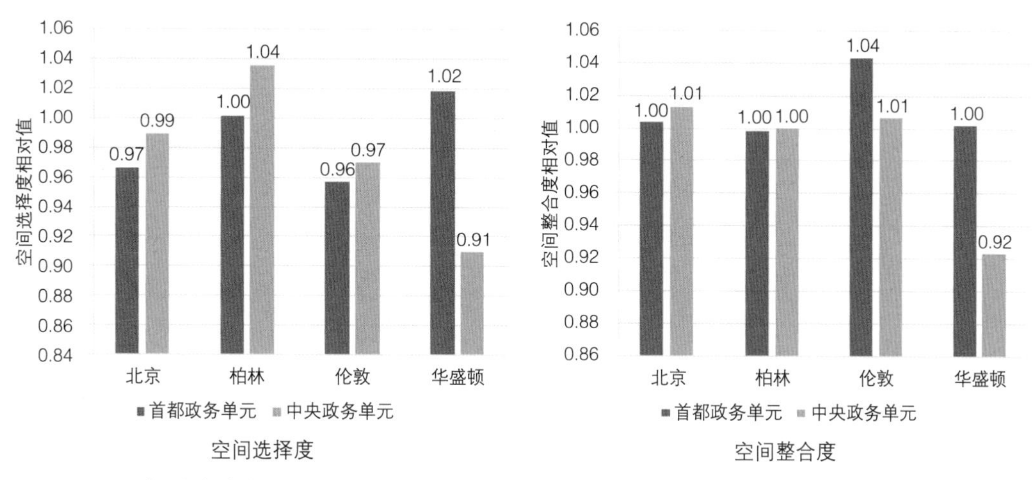

图 10-10　各城市空间句法相对值

单元位于空间选择度中等甚至较高的区域，而这一数目在北京则极少，说明北京大多数的首都功能单元相对穿越性较低、独立性更高（图 10-11）。第二，在空间整合度（可达性）方面，从其他三城来看，尽管首都功能单元基本上

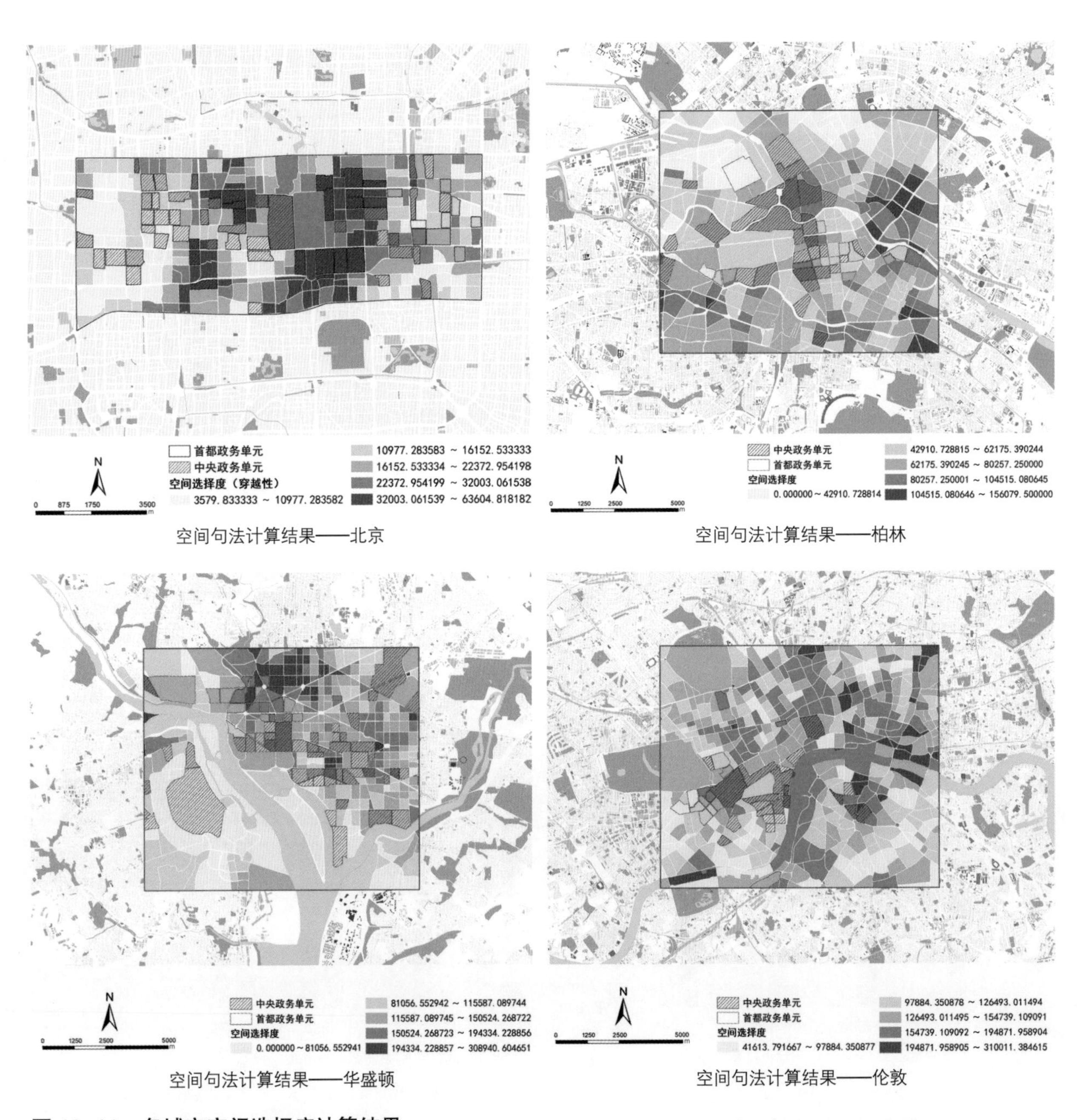

图 10-11　各城市空间选择度计算结果

位于城市可达性较高的区域，但它们并不位于可达性最高的区域，而是位于与之相邻或位于次中心区域，但相对而言，北京的首都功能单元与高可达性区域形成了较为紧密的耦合关系（图 10-12）。

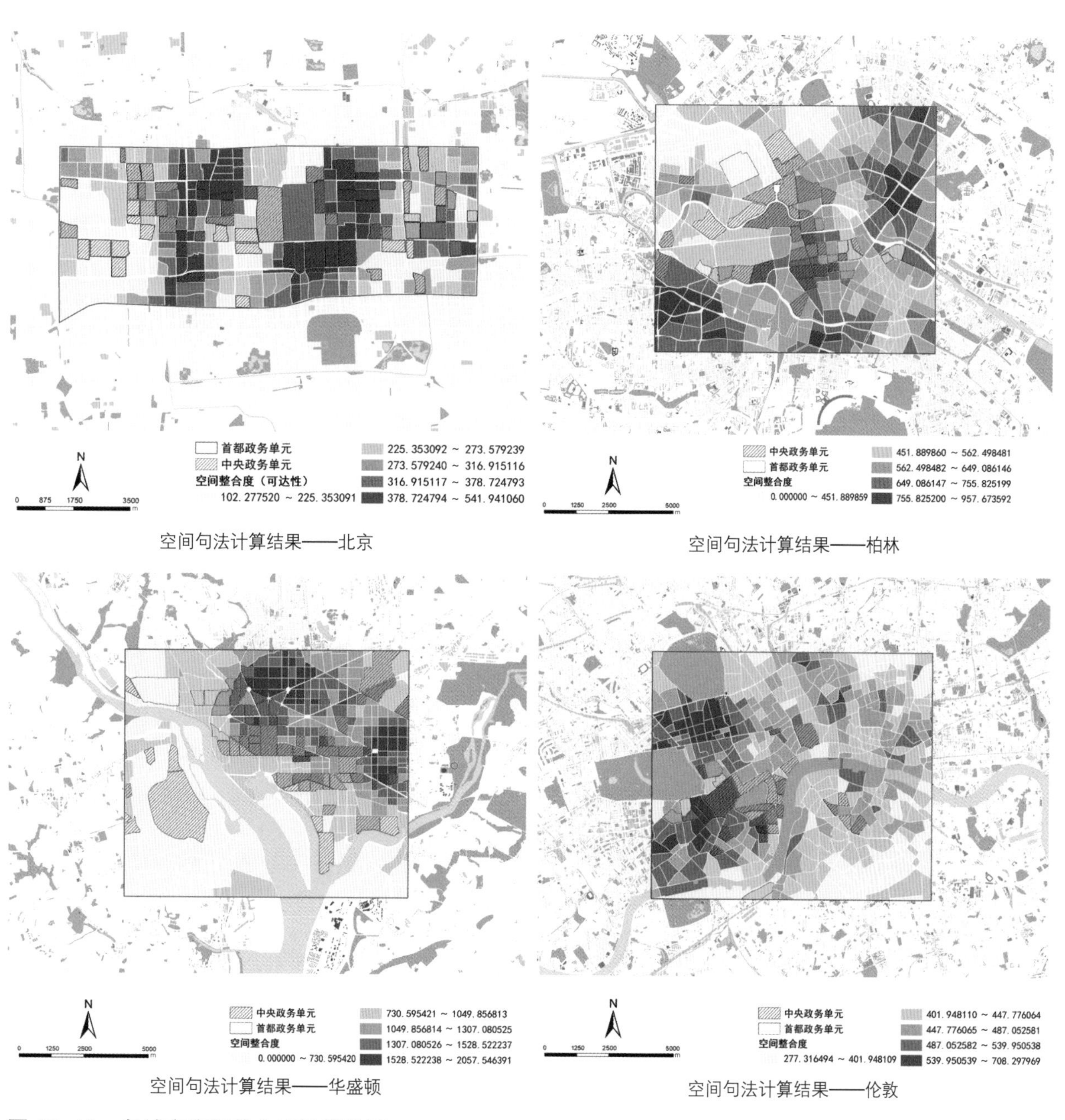

图 10-12　各城市空间整合度计算结果

（2）象征：首都功能单元与象征要素有待结合

首都往往还承担起彰显国家形象、促进意识凝聚的功能，因此象征是其空间质量评估的重要内容。本研究从自然和人文两个方面对长安街地区的象征性进行评估，得出以下结论：首都功能周边的自然和人文象征要素的面积较大，但数量和类型不多，多样性不够突出。

①自然象征要素面积较大，与首都功能单元结合紧密

首先计算每个研究单元各自1000m缓冲区范围内的绿地、水域面积，对四城进行横向对比发现，北京每平方公里首都功能单元所拥有的绿地、水域面积最低，分别为2.66、2.87km²，比四城均值低了一半左右。但从相对值来看，北京首都功能单元的自然象征水平在本城市内的优势度较高，仅次于华盛顿，说明北京尽管绿地、水域面积较小，但相对聚集在首都功能单元周边（图10–13）。

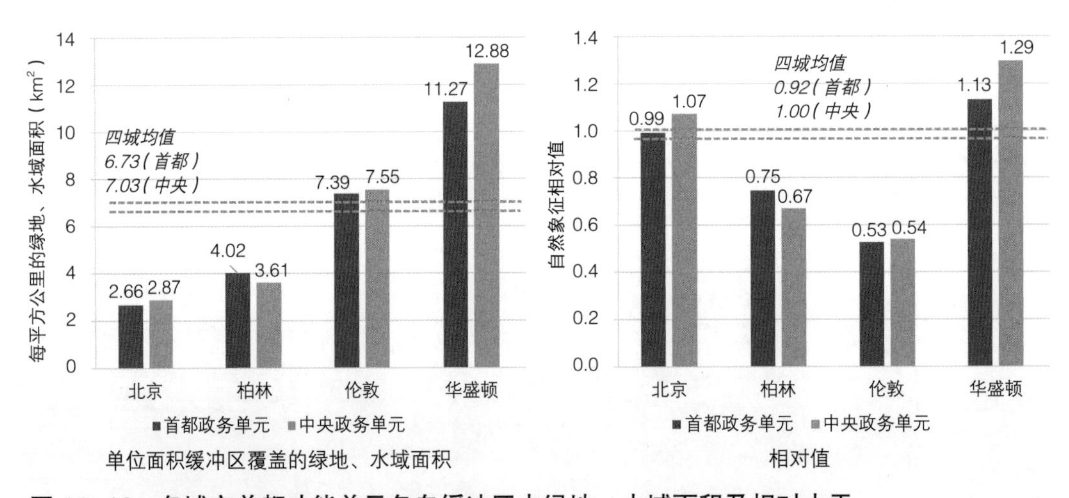

图10–13 各城市首都功能单元各自缓冲区内绿地、水域面积及相对水平

进而计算各城市内所有首都功能单元形成的1000m总体缓冲区内的绿地、水域面积，结果显示，北京在首都功能单元缓冲区内的绿地、水域面积位列第二，约为4.82km^2，说明北京首都功能单元周边自然象征要素的规模较大；但绿地、水域与首都功能单元面积的比值偏低，在四城之中位列第四，约为0.07，可能与北京首都功能分布较为分散有关（图10–14）。

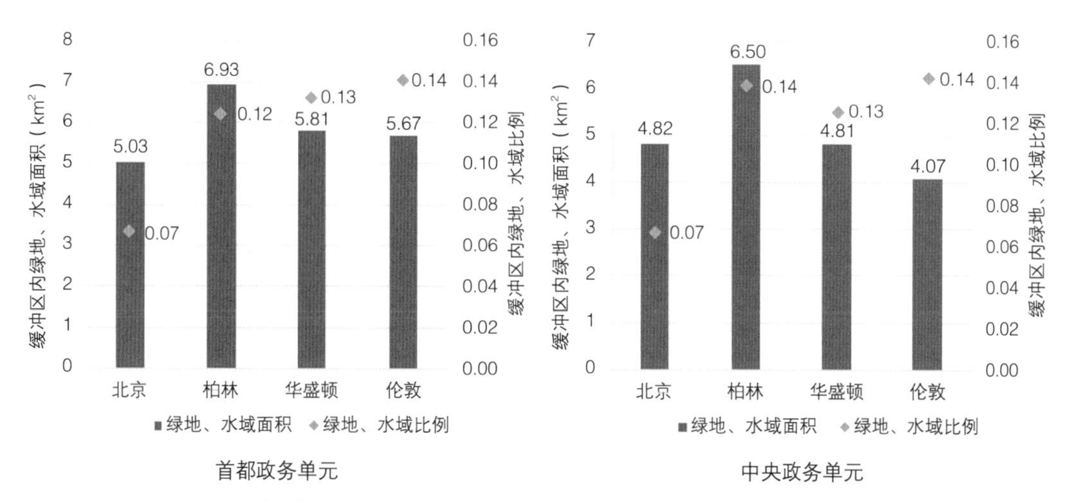

图 10–14 各城市首都功能单元总体缓冲区内绿地、水域面积与比例

在空间分布上，将各城市单位面积研究单元缓冲区覆盖的自然象征要素面积划分为 15 级，可以明显看出长安街地区自然象征水平不高，大量区域在 1~3 级，首都功能单元中有相当一部分处在低水平区域，如东四等地，高水平区域主要聚集在中南海和玉渊潭一带（图 10–15）。但是从相对值来看，相对于柏林、伦敦，长安街地区有更多的首都功能单元自然象征水平处于本城市均值以上，说明首都功能单元在北京的优势度相对于其他城市而言较高，这些地区包括中南海—天安门、三里河—玉渊潭、日坛—建国门等。

②人文象征要素面积较大，与首都功能单元结合相对不紧密

从数量上来看，北京长安街地区的人文象征水平在四座城市中最低，每平方公里首都功能单元拥有的人文象征要素数量仅为 21、24 个，比四城均值低了 60% 左右，比其他三城最大值低了 70% 以上，说明北京首都功能单元在人文要素上的绝对数量低于其他城市。从相对值来看，北京首都功能单元的优势度也不高，和城市平均水平几乎无异，而华盛顿、柏林首都功能单元的优势度则相当高，超出平均水平 0.45~0.95（图 10–16）。但是从面积上来看，北京长安街地区的人文要素面积在四座城市之中最大，为 3.75km^2，约为四城均值的 2 倍，这与北京人文象征要素多为建筑群、开放空间有关（图 10–17）。综上所述，北京首都功能单元的人文要素在数量上较少，但

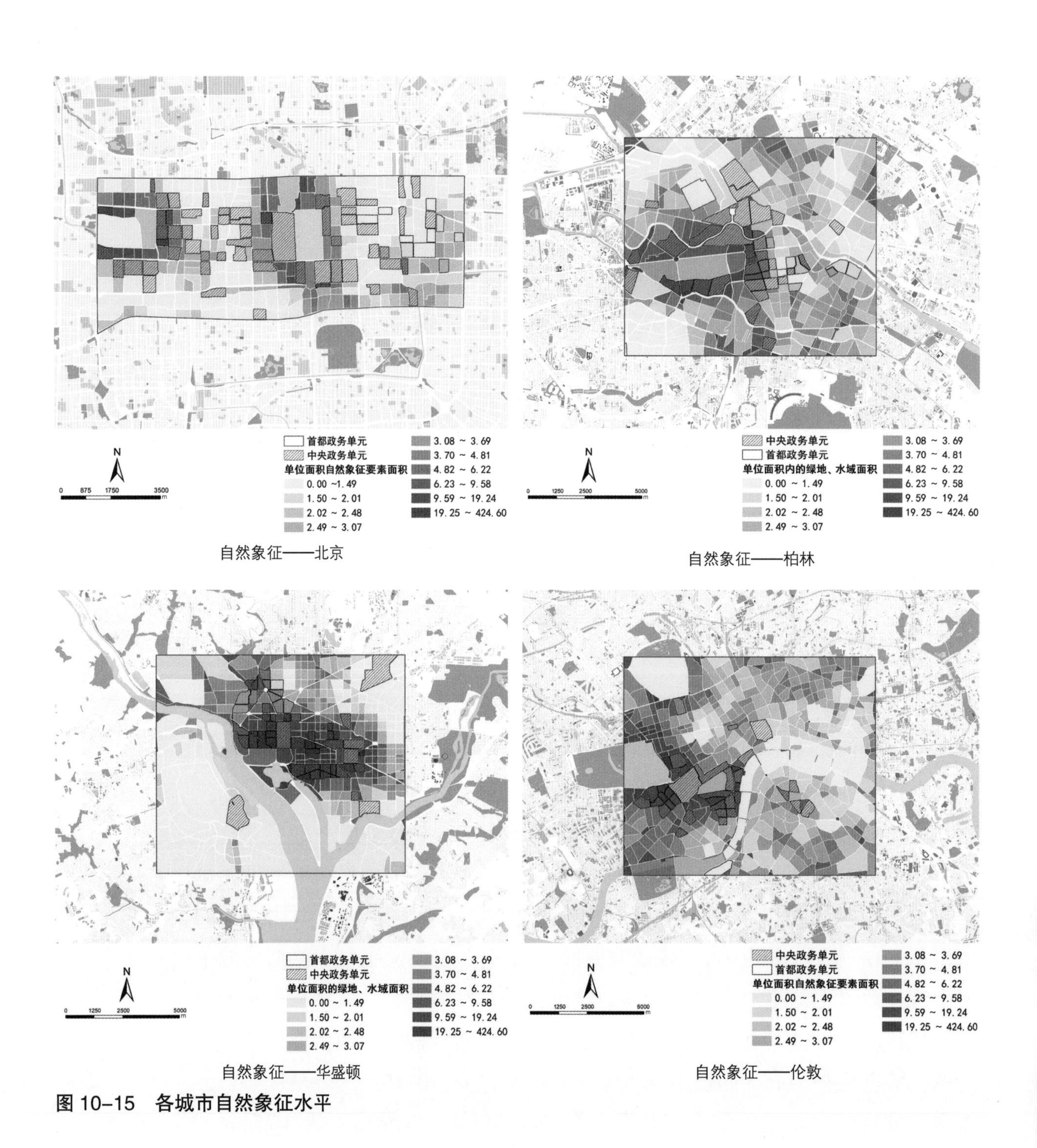

图 10-15 各城市自然象征水平

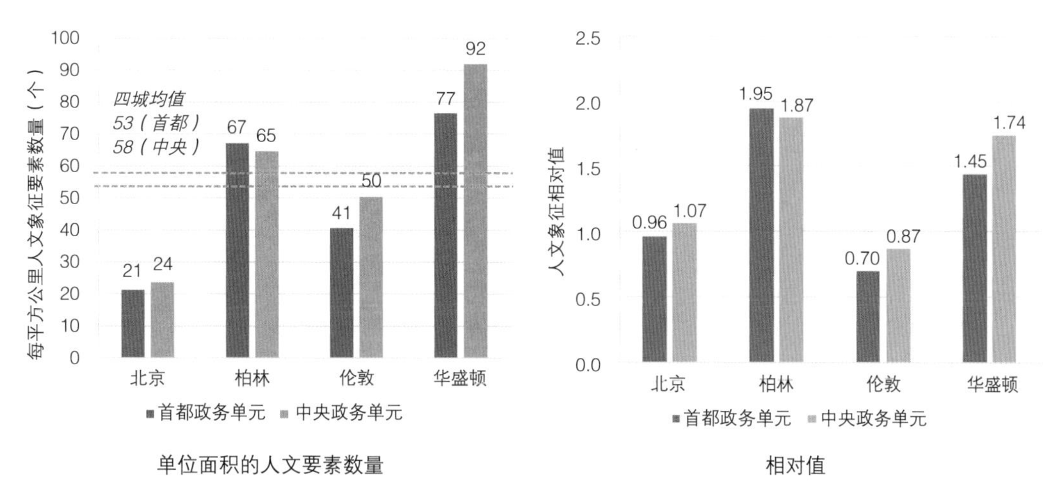

图 10-16　各城市首都功能单元人文象征要素数量及相对水平

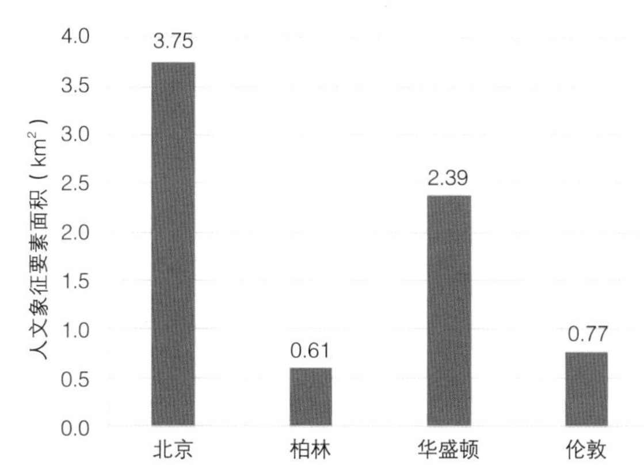

图 10-17　各城市人文象征要素面积相对水平

是在面积上较大，人文象征要素与首都功能单元的结合相对不紧密。

在空间上，将各城市的单位面积政务单元缓冲区所覆盖的人文象征要素数量统一分为 10 个等级，可以看出，其他三座城市的人文象征水平呈现出较为明显的圈层式递减结构，首都功能单元集中的区域基本达到 10 级，但北京长安街地区的人文象征水平则总体较低，内部分布不规则，人文象征水平较高的地方包括天安门、阜成门一带（图 10-18）。从相对值来看，柏林、华盛顿基本都有一半以上的首都功能单元人文象征水平处于本城市均值以上，但北京则有约三分之二的首都功能单元处于本城市均值以下，包括玉

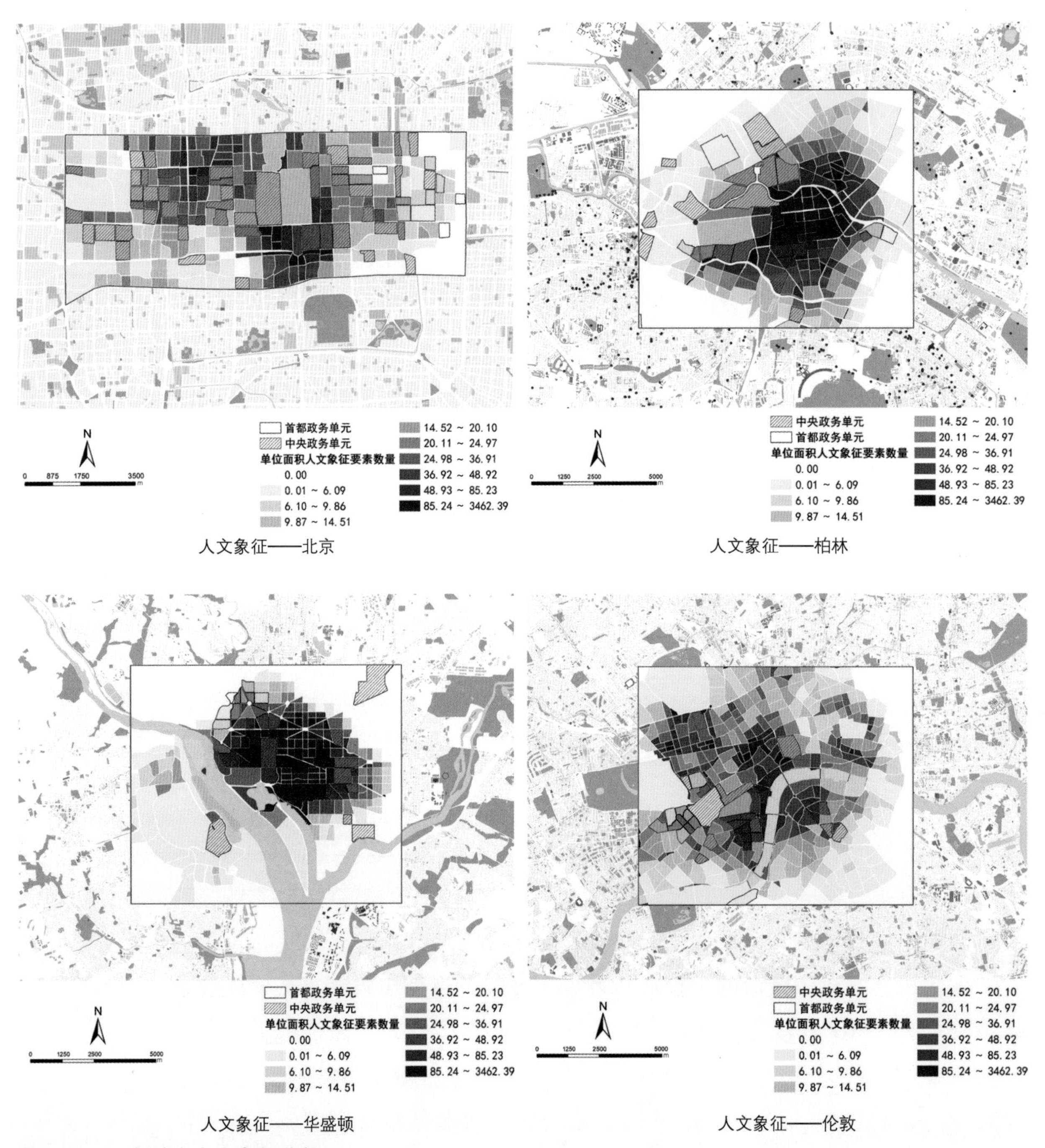

图 10-18　各城市人文象征分数

渊潭、灯市口、日坛等片区。这说明北京的人文象征要素与首都功能单元的结合相对来说不够紧密。

（3）安全：安全保障有待提升

安全是首都政务功能所必须具备的特殊性质之一，首都功能关乎国家运转，牵一发而动全身，可靠的安全保障是其正常发挥管理职能的必要前提。对北京长安街地区首都功能周边的安全基础设施、安全距离两个方面进行分析。结果显示：以地铁站为代表的安全基础设施数量偏少；政务建筑与其他类型建筑之间的距离较为适中，但部分建筑与道路外缘的距离过小，不利于政务安全与城市活力的平衡。

①以地铁站为代表的安全基础设施数量偏少

地铁站可在紧急情况下用作避险设施，综合权衡数据可获取性，通过地铁站密度评估安全基础设施情况。相较于其他三座城市，北京长安街地区政务单元缓冲区内每千人地铁站数量最少，为 1.24 个，而其他城市核心地区都在 1.88 个以上，其中柏林的首都政务单元最高，达到 3.51 个。将地铁站密度从低到高分为 10 级，北京长安街地区绝大多数位于 3 级及以下，其他三座城市核心地区的高值区域基本与最核心的首都功能耦合，而北京则整体较低，首都功能单元大部分位于 2 级及以下（图 10–19）。

②部分政务建筑与道路距离偏小，与其他类型建筑不密集

空间距离对于安全管控至关重要，以首都功能单元内的建筑为核心，通过其与道路、其他类型建筑的距离来对其安全状况展开评估。

将各城市包含较多其他类型建筑的首都功能单元提取出来，对各单元分别进行平均最近邻指数分析，最后取均值，得出各城市首都功能单元内承载首都功能的建筑与其他类型建筑之间的聚集程度，反映彼此之间的空间距离，平均最近邻指数越小，则空间距离越小。结果显示，北京的平均最近邻指数为 1.29，在 4 座城市中按从小到大（即从密集到不密集）排位列第三，密集程度仅高于华盛顿，说明北京承载首都功能的建筑与其他类型建筑之间的空间距离较大，相对来说不算密集，有较好的安全保障空间。

将各城市首都功能单元内建筑（或围墙）与道路的距离分为高、中、低

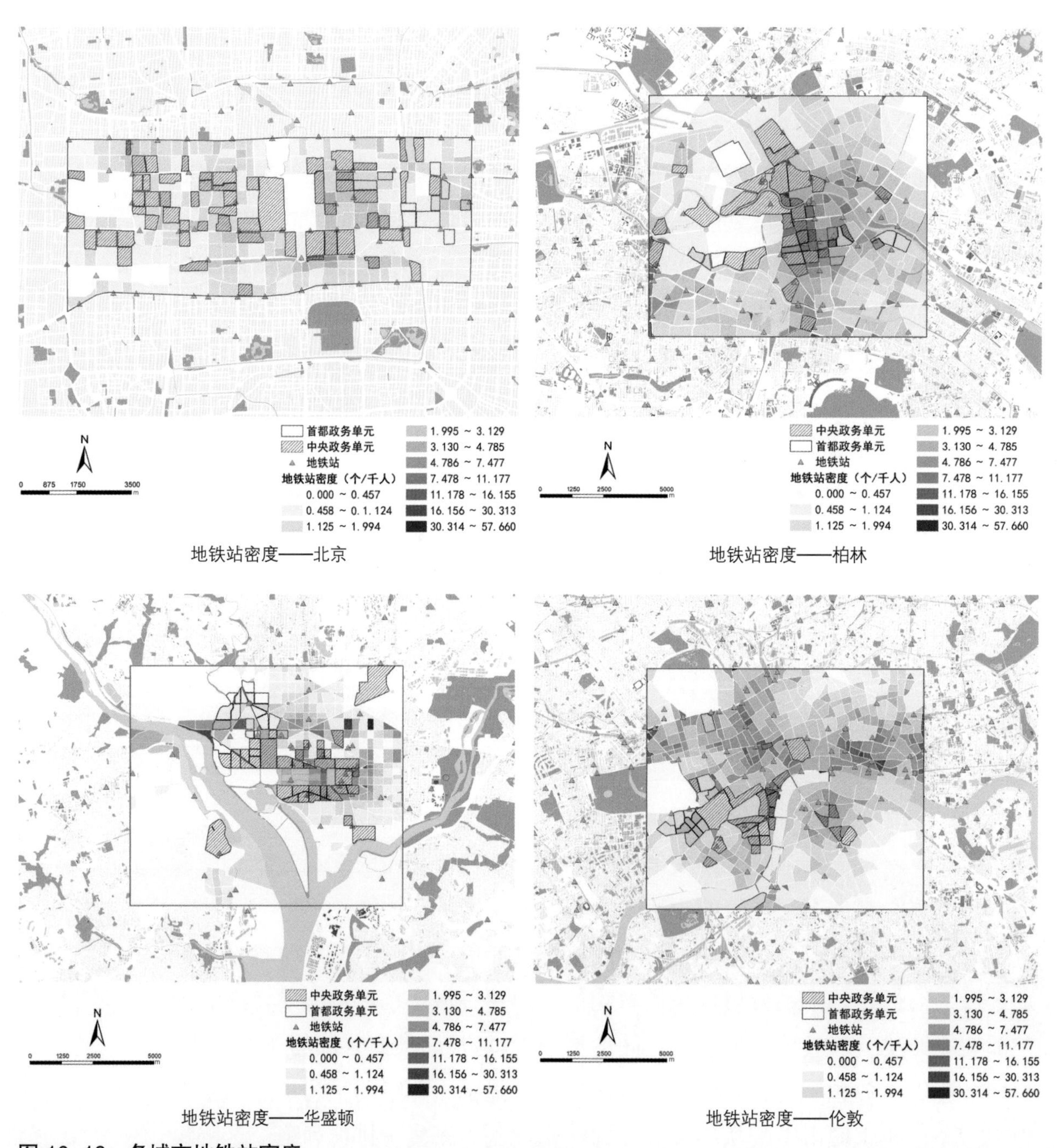

图 10-19　各城市地铁站密度

三级，比较发现，北京在中、高值区间与其他三城差别不大，低值在三城之中偏低。各城市高值出现在最主要的政务建筑周边，如北京的人民大会堂、柏林的国会、华盛顿的国会、伦敦的唐宁街 10 号等，在 10~25m 范围内；各城市中值为 6~8m；但在低值区间，其他三城在 4~6m 范围内，而北京仅为 2.5m，在围墙之外留给城市空间的距离并不多，特殊时期需要采取进一步的安全管控措施，也没有充足的空间。

（4）便利：城市服务设施空间适配有待优化

首都功能的运转离不开优质的城市服务，特别是各类功能设施的配合支撑。本研究通过各类设施的政务友好度以及公共管理类建筑周边的居住服务潜力，来测度长安街地区在政务功能导向下的城市服务便利程度。结论如下：第一，总体及首都功能单元周边的城市服务设施规模总量偏大，特别是医疗、商业和教育设施，运动和交通设施则较为适中；第二，国家机关周边的居住服务潜力在公共管理类功能中偏低。

①城市服务设施规模偏大，首都功能单元区分度不足

将上述各项加和，计算总体设施政务友好度，研究发现，长安街地区首都功能单元的设施总分为 0.179（首都政务单元）、0.158（中央政务单元），远高于其他三座城市，是四城均值的 2 倍以上，说明长安街地区首都功能单元及其周围的城市服务设施密度过高；从相对值看各城市内部相对水平可知，各城市首都功能单元及其周围的设施密度均低于本城市平均水平，但北京的相对值分别为 0.93、0.82，更接近 1，而其他三城基本为 0.3~0.7，说明长安街地区首都功能单元与普通城市单元设施供给的区分度不足，在本地区内部依然偏高（图 10-20）。

将各分项进行横纵对比发现：第一，无论是绝对分数还是相对值，北京长安街地区各项数值大体上都处于雷达图的最外圈层，也就是说，首都功能单元及其周边的各类设施总量偏大，且在其内部，首都功能单元与普通城市单元的差别不大；第二，从绝对分数来看（由于已经进行归一化，所以不同类别的设施之间也具有可比性），各城市首都功能单元及其周围规模最大的是运动设施，其次是医疗、商业和教育设施，规模最小的是交通设施；第三，

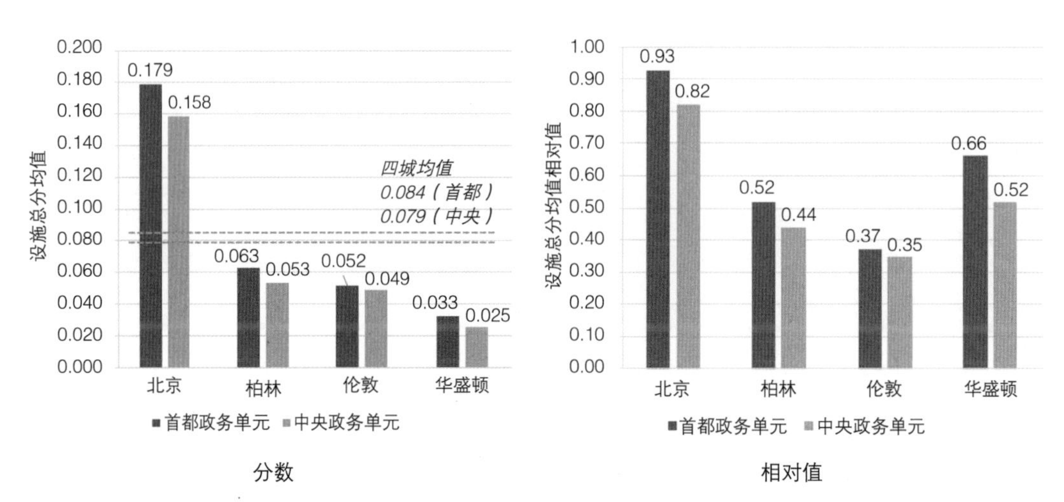

图 10-20 各城市设施总体政务友好度及相对水平

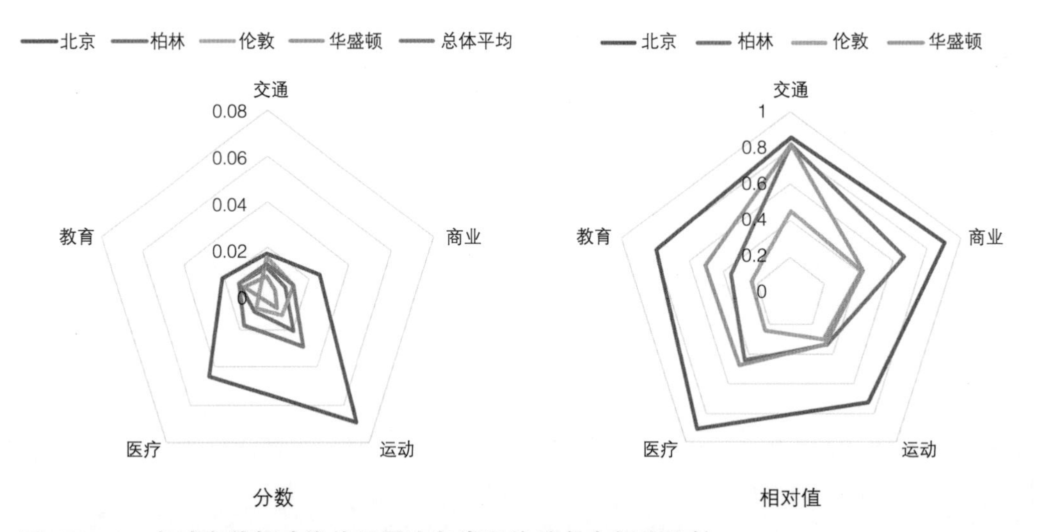

图 10-21 各城市首都功能单元周边各类设施政务友好度比较

从相对值来看，首都功能单元区分度相对较高的是运动设施，其次是教育设施（图 10-21）。

在空间上，将设施政务友好度从低到高划分为 15 个等级，长安街地区大部分研究单元都在 10 级以上，其中包括绝大多数的首都功能单元，而其他三城大部分的首都功能单元均在 10 级以下，说明北京首都功能单元及其周边各类设施密度较高（图 10-22）。从相对值来看，柏林、华盛顿、伦敦

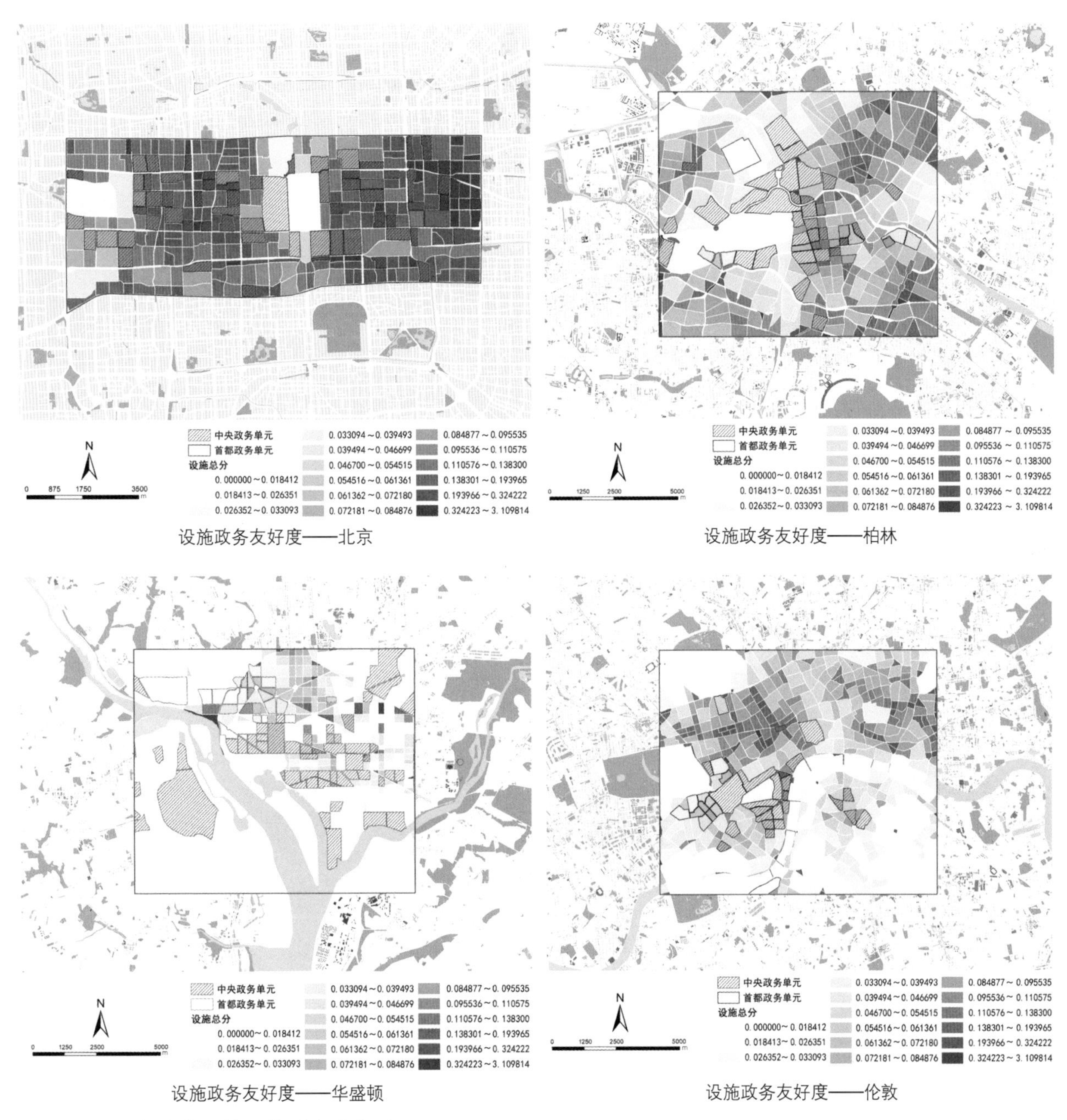

图 10-22　各城市设施总体政务友好度

几乎所有首都功能单元及其周边的设施供给都在本城市平均水平之下，而北京虽然大部分首都功能单元都是如此，但也有不少例外，如西四、复兴门、建国门附近片区，说明这些片区与其他研究单元在设施供给方面没有太大的区分度。

②国家机关周边居住服务潜力相对较小

对公共管理类建筑周边居住服务潜力的分析发现，承担首都职能的国家机关、大使馆居住服务潜力分别为2.6、2.5，都在总体均值3.5以下，分别低了0.9、1.0；居住服务潜力最高的是其他政府机关，为5.7，其次为其他公共管理部门，为4.2（表10–2）。

各公共管理类建筑周边居住服务潜力　　表10–2

类别	公共管理类建筑面积（万m^2）	半径1000m范围内居住面积（万m^2）	居住服务潜力
国家机关	526.3	1377.4	2.6
大使馆	110.8	272.1	2.5
其他公共管理部门	290.9	1234.1	4.2
其他政府机关	160.7	922.2	5.7
总计	1088.7	3805.8	3.5

从户均居住服务潜力可以获得更直观的认知。国家机关的户均居住服务潜力为375.9m^2，比公共管理总体均值低了126.3m^2；户均居住服务潜力最高的是其他政府机关，数值为824.6m^2（表10–3）。

各公共管理类建筑周边户均居住服务潜力　　表10–3

类别	估算工作人数（人）	半径1000m范围内居住面积（万m^2）	户均居住服务潜力（m^2/户）
国家机关	36639	1377.4	375.9
大使馆	7712	272.1	352.8
其他公共管理部门	20249	1234.1	609.4
其他政府机关	11184	922.2	824.6
总计	75784	3805.8	502.2

注：每1名工作人员按照1户计算。

综上可知，首都功能周边的居住服务潜力在各类公共管理功能中偏低，住房在空间适配上存在错位，居住资源相对更多地聚集到市区级及以下政府机关、其他公共管理部门周边，而非国家机关周围。

（5）融合：功能混合度偏高

政府与社会的关系是一个值得讨论的话题。首都功能既要在与社会的互动中增进社会融合、维持城市活力，又要在相对独立的空间中保持政务的严肃性和正常运转。通过香农指数反映城市总体的综合功能混合度以及公共管理类内部的政务功能混合度。结果显示：长安街地区综合功能混合度偏高，不同类型（如政府部门和协会组织）、不同层级（如中央与地方）的首都功能较为混合。

①综合功能混合度较高

对综合功能混合度的统计分析发现，长安街地区综合功能混合度的绝对数值在四座城市中最高，首都政务单元为 1.20，中央政务单元为 1.23，都比四城均值高出 0.09。从相对值来看，除华盛顿的中央政务单元外，各国首都功能单元的综合功能混合度都高于本城市平均水平，北京首都政务单元位列第四，中央政务单元位列第二，分别超出本城市平均水平 0.25、0.42。这说明长安街地区首都功能单元的综合功能混合度较高，这意味着略多的社会干扰。

在空间上，将各城市的综合功能混合度分为 5 个等级，可以看出，长安街地区的高等级功能混合度片区在 4 座城市中最多，大部分首都功能单元的综合功能混合度等级在 3 级以上，其中三里河、天安门—建国门、西单等首都功能单元所在片区的综合功能混合度最高，而在华盛顿、伦敦，大部分首都功能单元的功能混合度在 1~3 级（图 10–23）。从相对值来看，北京与其他城市的差异不再突出，有约一半的首都功能单元的综合功能混合度在本城市均值以下，这些区域包括中南海、三里河北部、西四、日坛使馆区等。

②不同类型、不同层级的首都功能混合度较高

对首都功能混合度的统计分析发现，长安街地区的政务功能混合度在 4 座城市中最高，中央政务单元尤为突出，高出四城均值 0.14，高出最低

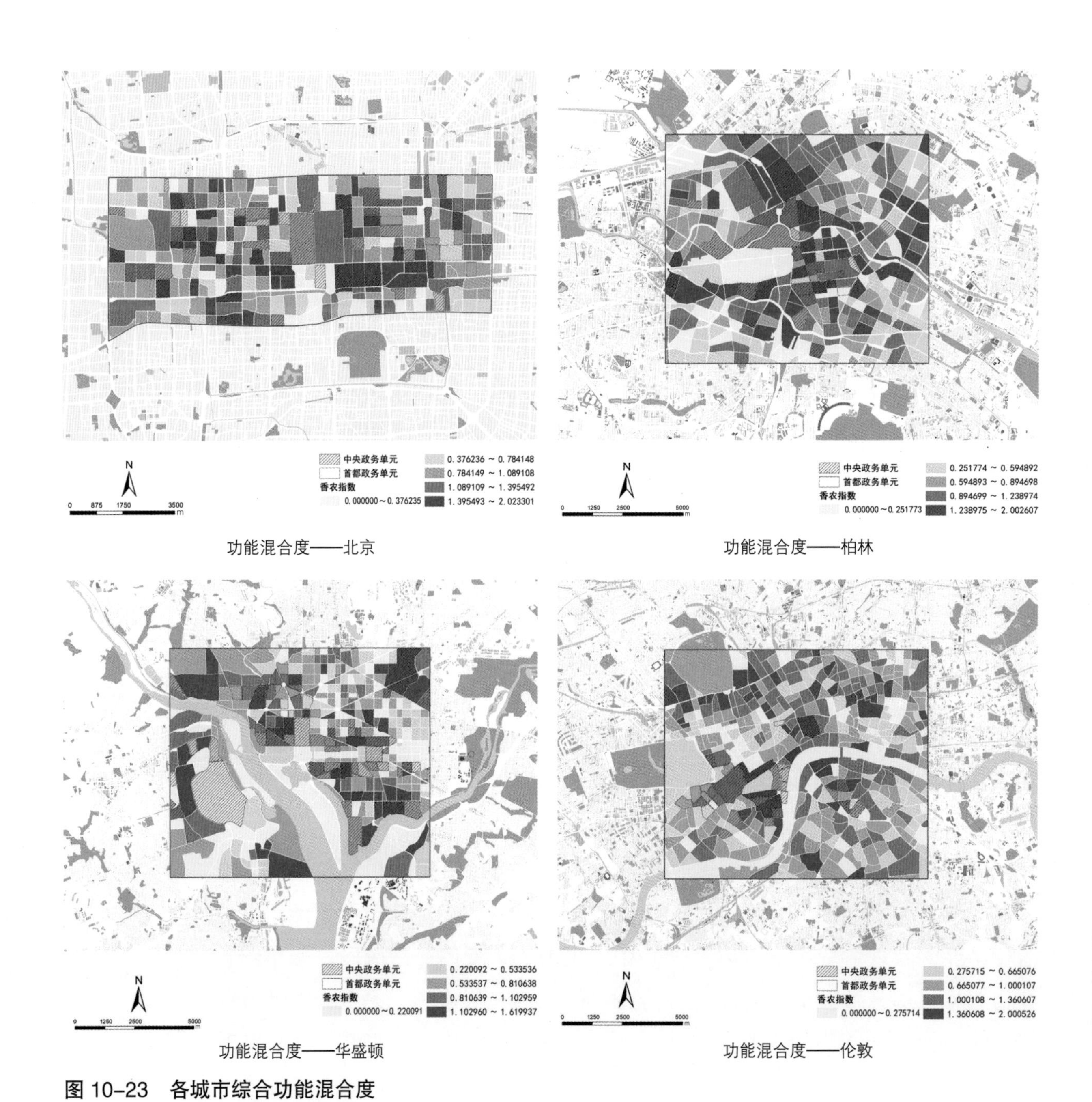

图 10-23 各城市综合功能混合度

值 0.30，首都政务单元也高出四城均值 0.12。这说明长安街地区的首都功能层级、类型混杂较为严重，中央与地方、政府与社会组织交错布局的情况较为突出。

对首都功能混合度的分析发现，各城市的主要首都功能倾向于独立布局（即政务香农指数为 0），如北京的中南海、柏林的施普雷河河湾、华盛顿的国家广场、伦敦的威斯敏斯特等。在华盛顿和伦敦，即便是非核心政务职能，政务香农指数也基本是 1~2 级。而这一点在北京则不太一样，北京有许多首都功能单元所在片区，如三里河、建国门、东四等，政务功能混合度较高，基本都在 4~5 级（图 10-24），说明在这些地区，首都功能与非首都政务在空间上形成了交错耦合关系，可能会导致彼此之间的资源竞争和事务干扰。

10.2.3　评估结论

相较于其他 3 座首都城市，长安街地区首都功能分布具有以下特征：第一，在用地规模上，长安街地区首都功能用地规模较大，但在公共管理类用地中占比相对不高，这意味着其他公共管理用地在一定程度上挤占了首都功能的空间资源。第二，在功能组织上，政务街区中综合功能混合度较高，不同层级（如中央与地方）和不同类型（如政府部门和协会组织）政务的混合度较高。第三，在便捷与安全性上，不同国家机关之间的距离较远，连通性较弱，部分政务建筑与道路外缘距离过小，安全性有待优化。第四，在自然文化象征上，首都功能周边的自然和人文象征要素的面积较大，但数量和类型较少，空间整合有待加强。第五，在配套服务上，首都功能周边居住服务潜力相对较小，但商业等城市服务设施规模偏大，运动、文化和交通设施相对较少。

10.3　长安街地区空间优化策略

根据上述评估结论所揭示的长安街地区首都功能布局的核心特征与问题，对长安街地区的空间优化提出建议。

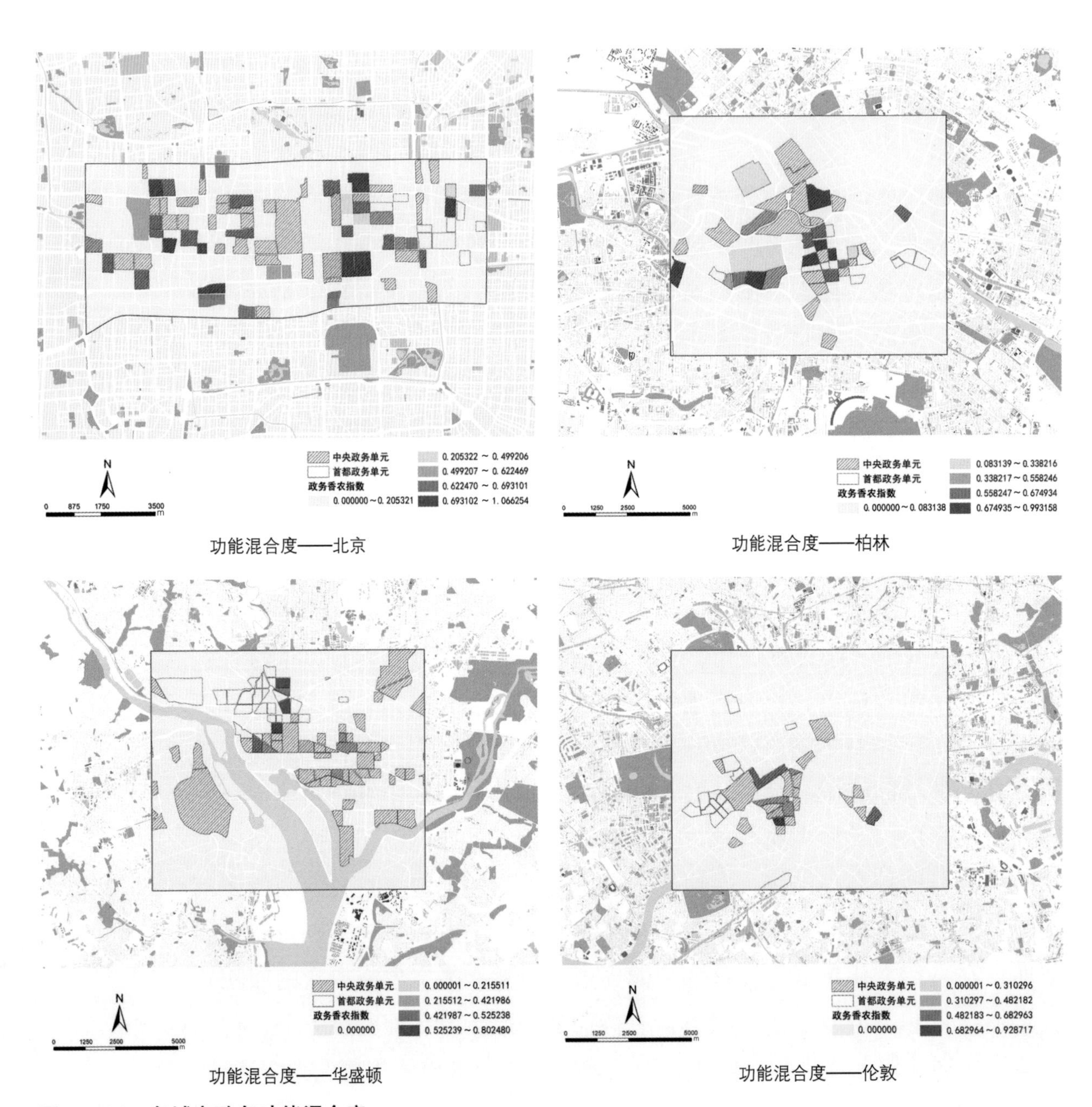

图 10-24 各城市政务功能混合度

10.3.1　引导国家机关适度集聚布局

首都功能机构繁多，彼此之间往来密切，空间集聚是首都功能高效运转的重要基础。目前虽然大使馆相对集中于日坛等地区，但国家机关在不同时代的建设积累下，总体上较为分散。对于国家机关布局问题，需要正视历史背景，既不宜进行重大搬迁，也不应该原封不动地保持现状，而是应该随着城市整体秩序的重构稳步推进。延续北京历史上国家机关向长安街沿线、天安门、三里河聚集的传统，借鉴世界各国首都功能“一主核+若干聚集点”的经验，综合考虑北京长安街地区首都功能现实的分布状况，建议首都功能继续沿东西轴线长安街布局，结合非首都功能的腾退，进一步引导国家机关向天安门、三里河、建国门靠拢，西部形成经济管理中心，东部形成国际交往中心，中间为国家综合政务核心，形成“一主核+两副核”的首都政务功能布局。

10.3.2　塑造首都功能象征环境

首都功能作为国家权力中心，也承担着彰显民族风貌、凝聚人民精神的重要功能，往往是国家文化的集中体现地。目前长安街地区的自然及人文象征要素总面积较大，只是在空间布局上与首都功能的结合有待优化。

在自然象征方面，参考相关案例，围绕首都功能相对集中布局的地区，重点加强玉渊潭—月坛、北海—景山—天安门、日坛等公园的水系整理与开放空间建设，形成收放有序、虚实结合的首都功能空间格局。

在人文象征方面，建议形成“一区、一核、两轴”的人文象征格局。其中，“一区”指国家象征核心展示区，包括国家象征性水系、重要文化遗产、国家纪念核心、国家政治中心、国家文化设施等，围绕国家象征这一目标提升区内人居环境，整合空间资源与流线，为彰显国家形象提供支撑；“一核”指以天安门广场为中心的国家综合象征核心，将古代、近代、现代的文化资源整合利用，结合文化设施布局，建设国家文化宣教基地，宣扬国家精神的同时，为我国人民提供文化凝聚和国民教育的场所；“两轴”指长安街东西轴线与南北中轴线，以南北中轴线串联国家重要文化遗产、开放空间，结合中轴线申遗做好首都风貌塑造工作，东西长安街轴线串联重要纪念场所及展示节点，做好功能置换、整合与提升工作。

10.3.3 强化首都功能安全保障

安全是首都功能的基本需求。目前长安街地区的安全保障有待优化，主要在于部分首都功能建筑与街道的间距不足，或间距充足但管控措施单一，造成空间浪费。这一方面影响安全管控措施的落实，另一方面也为城市活力塑造带来障碍。本研究建议通过丰富、多元的街道家具，实现政务安全与日常运转的平衡，如通过植被与地面铺装的变化形成空间障碍、通过花池和长椅阻碍非传统恐怖袭击进入核心区域等，既提升了首都功能的安全性，又不干扰正常的城市生活。围绕政务安全和城市活力的平衡这一目标，设计3类街道：一类为空间较宽裕的街道，建议安排候车亭、非机动车停车架、路灯等城市基础设施，以及可移动微型公园、长椅等城市休闲设施，在平时既可以方便城市生活，又可以增加进入重要建筑的障碍，在特殊时期还可以移动部分街道家具以安排更多的安全保障措施；二类为空间比较充足的街道，建议在一类街道基础上减少城市基础设施的种类及规模；三类为空间较为紧凑的街道，在二类街道基础上进一步减少基础设施种类，同时建议将原来的封闭院墙向内移动，为微型公园等可移动街道家具腾出空间，使得安全保障措施更有弹性。

10.3.4 提升城市各项设施服务水平

长安街地区的公共服务设施总体来看规模偏大，根据比较评估结论，应进一步推动非首都功能，特别是各类公共服务功能的疏解，优化资源配置。目前，北京市的部分公共服务设施，特别是教育、医疗资源正在逐步向通州副中心和雄安新区转移。应进一步推动国家级、城市级公共服务设施的疏解，适度腾退首都功能周边的国家级、城市级医疗设施及商业设施、教育设施，同时加强社区级公共服务设施的建设。完善首都功能周边的机关工作人员住房保障，进行资源的空间整合，在三里河、建国门等首都功能集聚区周边通过购买、腾退、改造的方式提供一批工作人员周转房、家庭住房；实行以租代售模式，明晰住房产权，开放职工已购住房的二级市场，加快住房流转；结合工作单位及其职工住房，建设完整社区，实现国家机关工作人员的职住平衡与生活便利。

10.3.5　推动政务街区空间优化重组

目前北京长安街地区地块的综合功能混合度过高，在一定程度上干扰了国家机关的政务运转，为政务安全带来隐患。本研究建议以街区为单位推动空间重组，根据评估结果，综合考虑区位重要性、空间完整性，并结合核心区控制性详细规划划定的街区，确定近期重点整治更新的单元（图 10-25），将首都功能整合进相对完整的街区之内，腾退街区内部冗余的城市功能，编制中央国家机关城市设计导则，控制长安街沿线以及政务街区周边的建筑风貌及空间秩序，优化空间品质，同时以街区为单位开展安全保障工作，整合安保资源，方便政务机关内部之间的往来通行。促进首都功能与社会的融合，以街区重组为契机，使街区核心部分维持相对独立和封闭，但外围地区通过公共广场绿地、文化设施等方式提供国民活动聚集场所，使首都功能在保持正常运转的同时加强与公众的互动，凝聚人民力量。

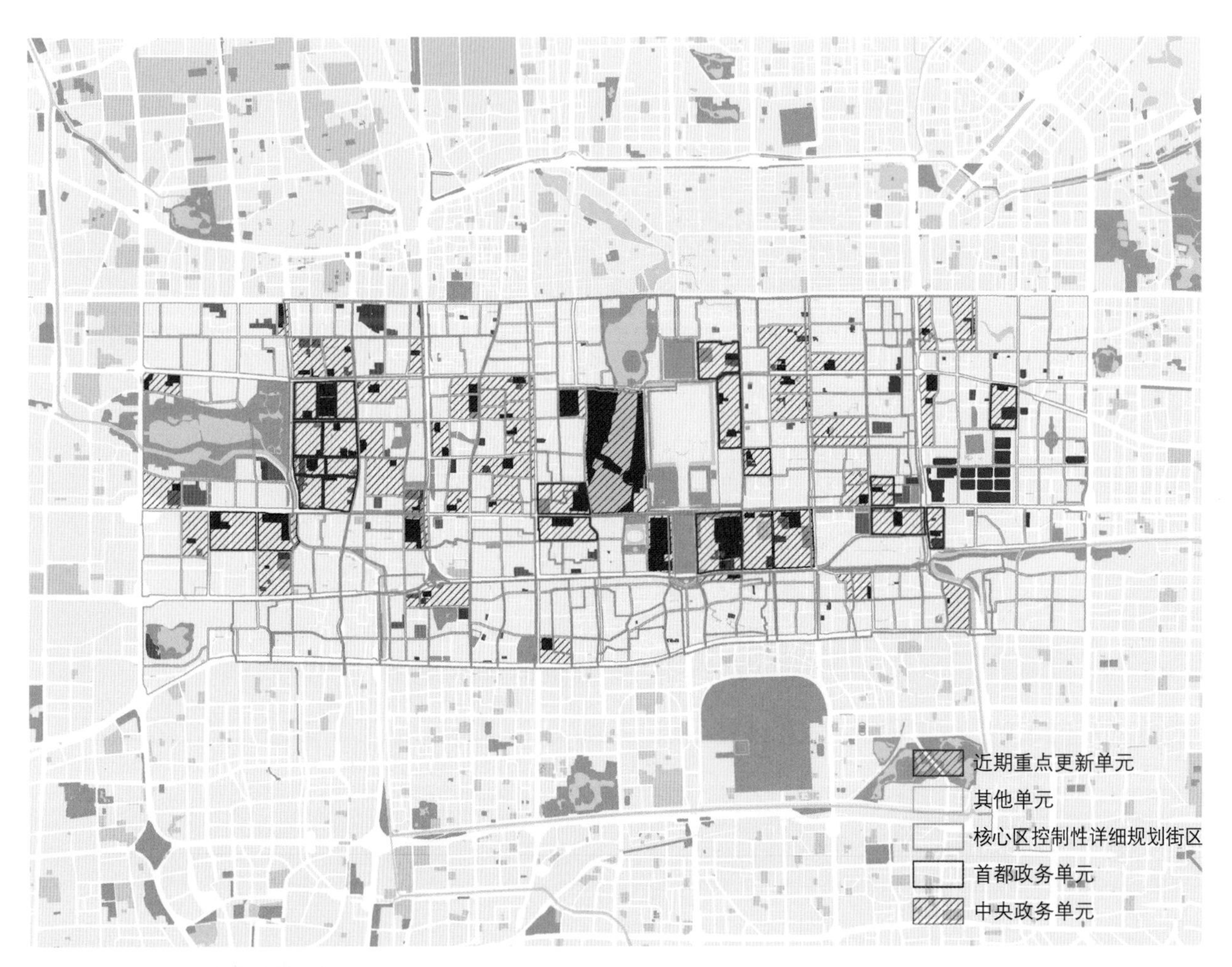

图 10–25 近期重点更新单元

参考文献

[1] 北京市人民政府 . 首都功能核心区控制性详细规划（街区层面）（2018—2035 年）[Z]. 2020.

[2] 郭璐 . 中国都城人居建设的地区设计传统：从长安地区到当代 [D]. 北京：清华大学，2014.

[3] 国家发展改革委，住房和城乡建设部 . 党政机关办公用房建设标准 [Z]. 2014.

[4] 康雨豪，王玥瑶，夏竹君，等 . 利用 POI 数据的武汉城市功能区划分与识别 [J]. 测绘地理信息，2018，43（1）：81-85.

[5] 吴良镛，吴唯佳，等 . "北京 2049"空间发展战略研究 [M]. 北京：清华大学出版社，2012.

[6] 吴唯佳，于涛方，赵亮，等 . 京津冀协同发展背景下首都都市圈一体化评估研究 [J]. 城市规划学刊，2021，（3）：21-27.

[7] Cabinet Office. Government's estate strategy[Z]. 2014.

[8] Cabinet Office. Government's estate strategy：better estate，better services，better government[Z]. 2018.

[9] DSK，Bundesministerium fur Verkehr，Bau und Stadtentwicklung，Senatsverwaltung fur Stadtentwicklung und Umwelt. Hauptstadt Berlin-Parlaments-und Regierungsviertel：zwanzig Jahre Entwicklungsmassnahme[Z]. DSK，2013.

[10] HILLIER B，HANSON J. The social logic of space[M]. New York：Cambridge University Press，1989.

[11] National Capital Planning Commission. The Comprehensive plan for the national capital：federal elements[Z]. 2016.

11

第十一章　专题七

北京中轴线南延地区空间布局研究

北京中轴线南延地区空间发展规划研究以北京新机场建设为契机，在京津冀一、二、三期研究报告的基础上，分析了新机场的建设对北京南城发展计划的带动、对大兴新城和亦庄新城发展空间格局的影响、与周边县市的空间关联；梳理了北京中轴线申遗对中轴线延展的规划要求、新机场周边禁限建空间要求的空间限制，借鉴了中外城市轴线的空间组织、历史上北京中轴线在不同尺度上的空间内涵，得出了几个基本判断。

①北京中轴线南延地区在首都地区大山水格局中占有重要地位。

②北京城市中轴线可以进一步建设成为京畿尺度的首都中轴线。

③北京中轴线的南延具有连续历史、构建特色的重要作用。

④北京中轴线的南延可以成为首都功能向南拓展组织空间秩序的重要依据。

⑤北京中轴线南延需要与本地区特殊的地形及其土地利用条件相适应。

基于以上判断，结合对北京中轴线空间节奏的分析，本研究对北京中轴线南延地区功能定位、区域绿心、建设规模等展开情景模拟，建议城市中轴线延伸部分的空间划分为实轴部分和虚轴部分，并对实轴和虚轴部分的空间发展愿景形成多方案比选。

11.1 从历史角度认识北京中轴线南延地区

11.1.1 中国传统择中思想与城市中轴线

《吕氏春秋·慎势》中有云："古之王者，择天下之中而立国，择国之中而立宫，择宫之中而立庙"，以及"以中为尊""王者必居天下之中，礼也""天子中而处""中正无邪，礼之制也"等描述了中国对城市建设的"择中"理念。关于中轴线的描述均说明中轴线在中国传统城市建设中由来已久，反映了中国传统礼制文化对城市空间秩序营造的影响。

从考古发现的岐山周代建筑遗址，到之后我国历朝历代重要的宫殿、坛庙、寺观，甚至民居建筑都大多采用了轴线布局的形式。在中国城市建设史中，这种方法的运用至少可以上溯到春秋战国时期，成书于这一时代的《周礼·考工记》中所记载的城市模式便清晰地反映了对这种规划方法的熟练运用。

中国历史上重要的都城，从《周礼・考工记》中的理想都城到汉魏洛阳、隋唐长安、明南京、北宋东京汴梁到元大都和明清北京，几乎无一例外地使用了中轴线“前朝后市，左祖右社”“祭天于南郊”的规划方法（图 11-1、图 11-2）。可见，中轴线在中国传统城市建设中由来已久。城市中轴线的基本特征为：以轴线为核心，规划和布置城市的建筑、街道、广场及相关的各种实体和空间，可以形成一种对称、规整的城市或建筑格局，突出位于中轴线上的建筑和空间，表现出清晰的逻辑关系和秩序感。

传统中国城市中轴线有明确的南北方向，依“南面而听天下”，形成北收南展的姿态。通常中轴线由道路和重要建筑物共同构成，串联多种建筑与城市空间形式，如宫殿、城楼、园林、街道、河道等，并有不同的空间尺度，

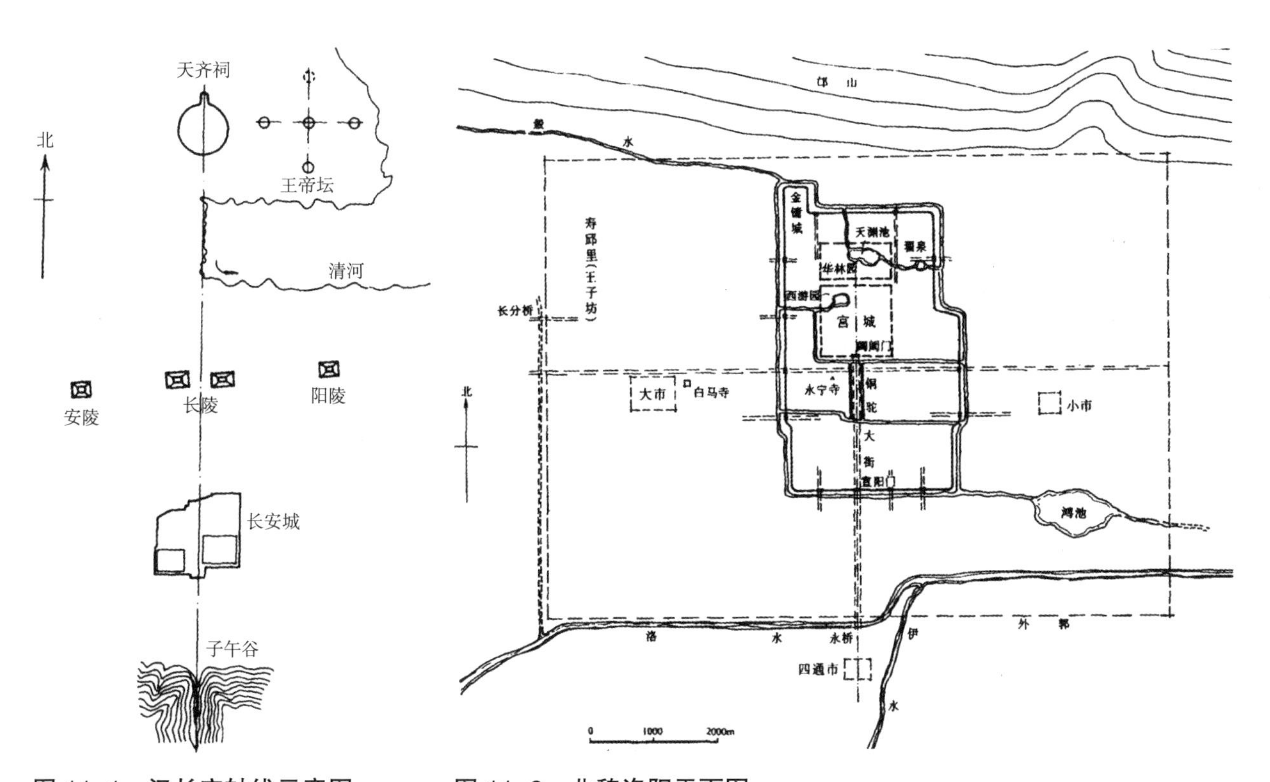

图 11-1　汉长安轴线示意图

（图片来源：秦建明，张在明，杨政．陕西发现以汉长安城为中心的西汉南北向超长建筑基线 [J]. 文物，1995（3）：4-15.）

图 11-2　北魏洛阳平面图

（图片来源：周维权．中国古典园林史 [M]. 北京：清华大学出版社，1990.）

体现了中国古代城市设计的整体观（图 11-3、图 11-4）。毋庸置疑，中轴线是北京城市格局中最值得保持、最富有原创精神的传统。

11.1.2　不同尺度的北京中轴线

中轴线的秩序感不仅是《考工记·匠人营国》的核心，也是中国历代都城的规划中都追求的城市形态，北京则成为这种形态最为完整的样本之一。如果对北京城市中轴线作进一步的探讨，可以看出在北京的规划中被影响的绝不仅仅是城市的规模、秩序，作为都城，它在不同空间尺度都具有控制能力。

图 11-3　隋唐洛阳与邙山伊阙关系图

（图片来源：吴良镛 . 中国人居史 [M]. 北京：中国建筑工业出版社，2014.）

图 11-4　清福州城与山图

（图片来源：吴良镛 . 中国人居史 [M]. 北京：中国建筑工业出版社，2014.）

（1）天下格局与国土尺度

朱熹曾有关于北京地理环境的描述："冀都是正天地中间，好个风水。山脉从云中发来，云中正高脊处。自脊以西之水，则西流入于龙门西河；自脊以东之水，则东流入于海。前面一条黄河环绕，右畔是华山耸立，为虎。自华来至中，为嵩山，是为前案。遂过去为泰山，耸于左，是为龙。淮南诸山是第二重案。江南诸山及五岭，又为第三四重案"（后见于《宸垣识略》描述的京畿"形势"）[1]。元代陶宗仪在谈到大都的城市选址和格局时也有十分相似的描述："城京师，以天下为本，右拥太行，左注沧海，抚中原，正南面，枕居庸，奠朔方，峙万岁山，浚太液池，派玉泉，通金水，萦畿带甸，负山引河，壮哉帝居！择此天府"[2]。北京中轴线的意义已经不仅是一条城市的轴线，更可以拓展到全国的角度，成为"天下"的一条"龙脉"。

（2）京畿和京郊尺度

北京中轴线"北收南展"的特质不仅体现在中国国土的"形胜"，更可在京津冀北平原、京畿以及京郊尺度得到具体的解读和展现。明代丘浚认为，北京"况居直北之地，上应天垣之紫微，其对面之案，以地势度之，则太、岱万山之宗（泰山）正当其前也。夫天之象以北为极，则地势之势亦当以北为极"[3]。而章潢则曰："山东诸山横过为前案，黄河绕之。淮南诸山为第二重案，大江绕之，江南诸山则为第三重案矣。盖黄河为分龙发祖之水，与大江及山东、淮南、江南之山水皆来自万里而各效于前，合天下一堂局，此所谓大局大成之上也"。同样，"巩华城—京城—固安"一脉相承的发展脉络展现了同一种构成法在不同尺度下的重复和强化（图 11-5、图 11-6）。因此，我们有理由相信，北京中轴线可以在更大的时空范围下有所作为。

（3）京城尺度

京城尺度的中轴线始建于元代。元代奠定了其位置与走向，明代在其基础上缩减北城并向南拓展，形成了长达 7.8km、贯穿旧城全城的城市轴线，至今已有近 750 年历史。中轴线历经元、明、清、民国直至现代各时期的发展与变迁。元大都中轴线的空间序列是严格恪守《周礼·考工记》的范例，是在遵照“惟王建国，辨方正位，面南为尊”的思想和“左祖右社，前朝后市”的规制建设的基础上，进行了一定创新而成。明、清时期北京城进行了大规模的改造和调整，逐步形成了以紫禁城为核心，包括宫城、皇城、内城和外城的多重城廓，以及南至永定门、北到钟鼓楼，长达 7.8km 的城市中轴线（图 11–7）。

中华人民共和国成立之后，北京在恢复建设过程中，地安门、永定门、中华门等城市中轴线上的一些建筑先后被拆除，同时也通过修建天安门广场、人民英雄纪念碑、毛主席纪念堂等新的标志性建筑对中轴线的空间序列予以加强。改革开放以来，以举办奥运会为契机，中轴线向北延伸至仰山一带，在亚运村的基础上又开发建设了多个奥运场馆和奥林匹克森林公园（图 11–8）。进入 21 世纪，在北京建设世界城市目标的指引下，北京市政府又提出了建设南城的行动纲领，在市场经济引导下，通过资本运作提高南城产业发展。目前北京中轴线向南、北分别延伸至南苑机场和奥林匹克森林公园，形成了贯穿城市南北总体发展主轴。

图 11–5　京畿尺度上的北京中轴线

（图片来源：元刻本《契丹国志》，引自曹婉如，等 . 中国古代地图集（战国 – 元）[M]. 北京：文物出版社，1990.）

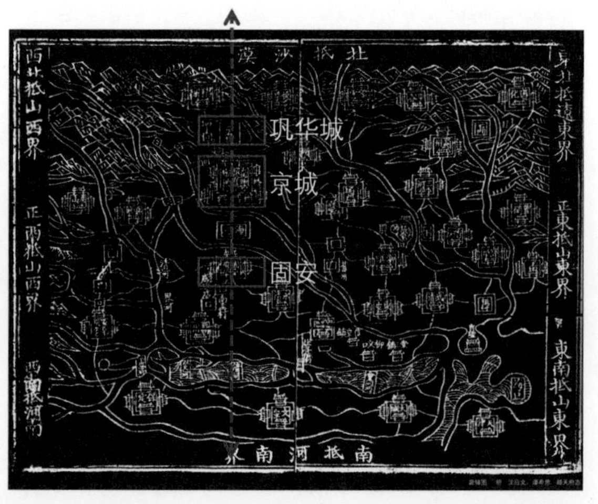

图 11–6　京郊尺度上的北京中轴线

（图片来源：沈应文，谭希思《顺天府志》明万历二十一年 .）

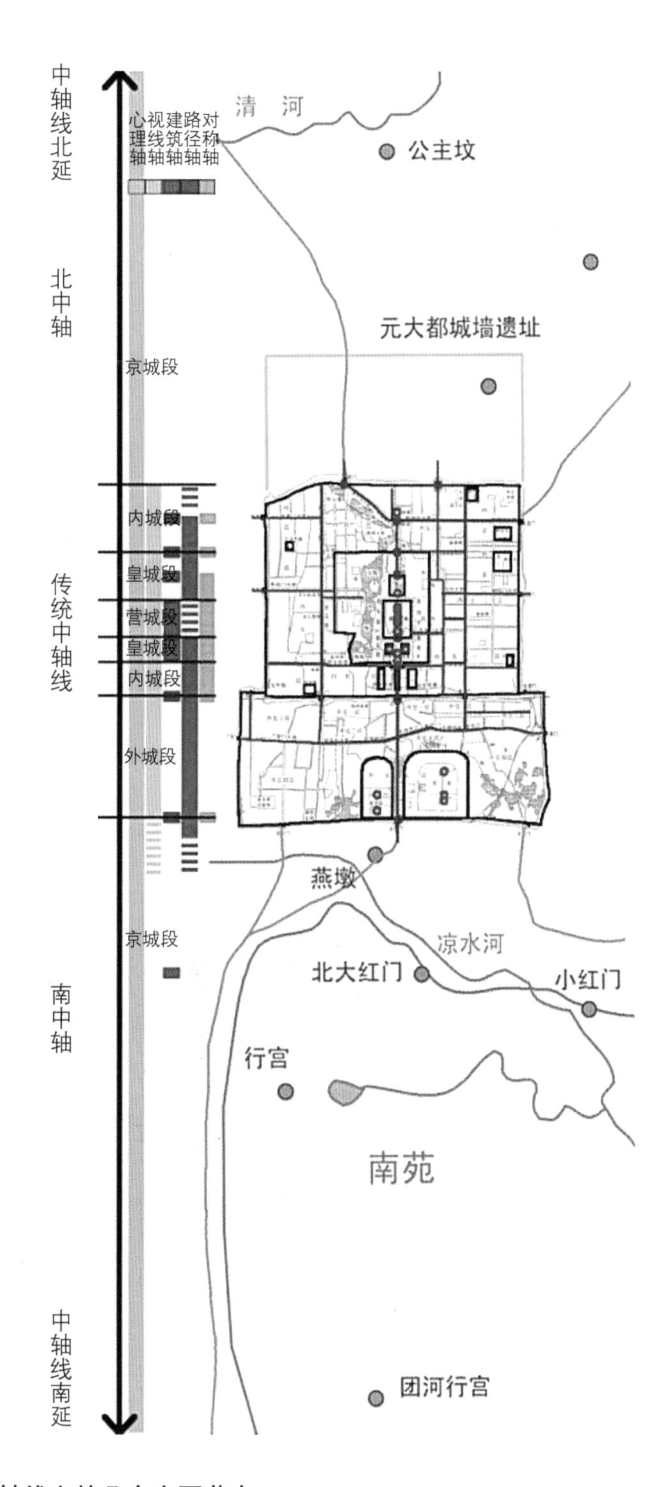

图 11-7　北京中轴线上的几个主要节点

（图片来源：李路珂．北京城市中轴线的历史研究 [J]. 城市规划，2003（4）：37-44，51.）

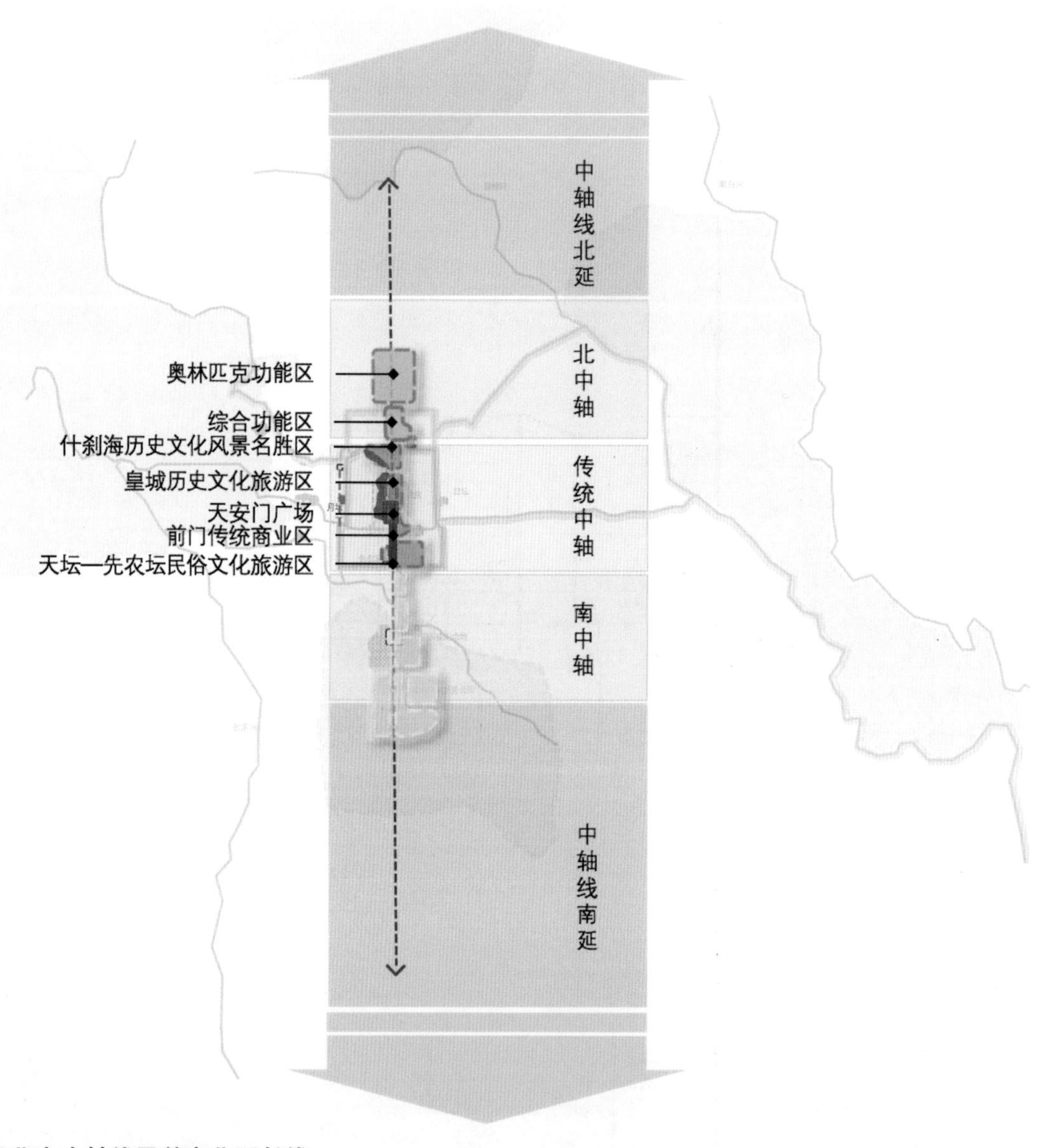

图 11-8 现代北京中轴线及其南北延长线

（4）申报世界文化遗产核心区（申遗核心区）

2012 年国家文物局更新了中国申报世界文化遗产部分的预备清单。在更新后的清单中包括了“北京中轴线”。这意味着北京中轴线作为一个遗产实体，其价值已经得到了初步的认识。申遗核心区北起钟楼、南至永定门的北京中轴线，包含了以故宫为代表的宫殿建筑，从元代至近现代与中轴线直接相关、严格依据礼制思想规划建设而成的北京城市中轴线要素和紧邻轴线两侧对称的皇家坛庙，以皇家御苑为代表的园林景观，以城门、城墙等为代表的城市防御体系，以地安门、前门商业区为代表的“前朝后市”都城格局，还包括散落其间的大量传统民居。申遗核心区长 7.8km，宽 0.1~2.6km，面积 468hm^2，是北京文化古都和历史文化名城保护的重要内容，也是梁思成先生所称的“都市计划的无比杰作”[4]（图 11-9）。

中国古代城市中轴线规模宏大，联系着城市所在地区的山水格局，着重于城市尺度的空间序列组织，北京城市中轴线是其中最为典型的代表。北京中轴线在天下格局、京畿、京郊、京城等不同尺度下的空间形象和规划观念

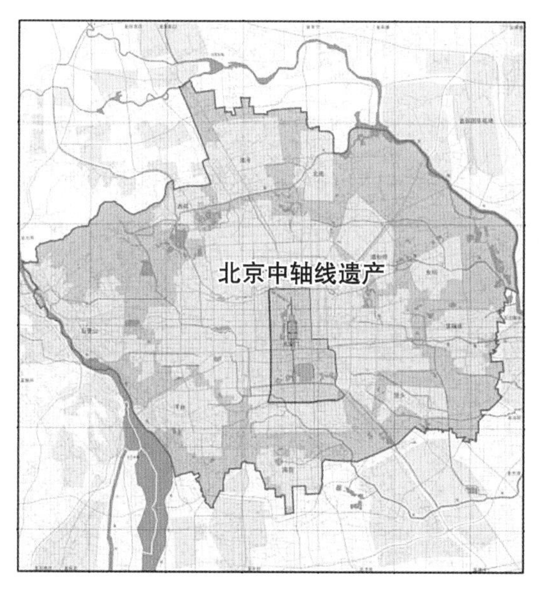

图 11-9　北京中轴线重要建筑节点及申报世界文化遗产核心区范围

反映了中国传统的宇宙观，具有突出的普遍价值，在世界古代都城的规划中也具有唯一性。

北京京城尺度上的中轴线作为北京旧城的核心，蕴含着元、明、清封建都城及中华人民共和国首都在城市规划方面的独特匠心。它是严格按照《周礼·考工记》规划并建设的都城，既是古代中国礼制思想的物质载体，同时又强化了井井有条的社会秩序。北京中轴线既代表着中国文化“以中为尊”的价值观及“天人合一”的信仰，又不失中国传统哲学对自然的尊重和对人与自然和谐关系的理解。

北京中轴线在近 800 年的历史中历经中国社会的重大变革，不断被改造和发展，始终适应不同时代的社会生活需求。北京中轴线的核心价值在于这条轴线代表了中国经历了漫长的历史时期发展形成的环境观和城市规划方法，这一环境观和规划方法一直得到了延续，甚至影响到今天北京的城市规划。

可以说京城千年建城史中，元大都划定了中轴线的基准，明北京中轴线大局成形，并且在清北京得以增光添彩。而近现代北京中轴线在经历了沧桑变迁后，我们有理由相信通过长远期的规划设计的战略和手法，北京中轴线必能够再续辉煌。

11.1.3 “都城—林郊”关系中的都城城南地区

无论古今中外，首都地区都高度重视生态环境和文化、政治的融合建设。以秦汉时期为例，秦咸阳和汉长安南部是“上林苑”，开创了中国“都城—林郊”大地景观，以及在文化、军事、政治、生态、环境等方面的综合营建模式（图 11-10、图 11-11），其特点包括以下几个方面。

①规模宏大。以现在的区域度量，其应地跨蓝田、长安、户县、周至、兴平 5 个县（市）和西安、咸阳的 2 个市区。东起蓝田焦岱镇，西到周至东南 19km 的五柞宫遗址，直线长约 100km；南起五柞宫，北到兴平境内的黄山宫，直线长约 25km；总面积约 $2500km^2$。减去 $40km^2$ 的汉长安城面积之后，上林苑的实际面积约为 $2460km^2$。这样宏大的规模，是中国历代王朝的皇家

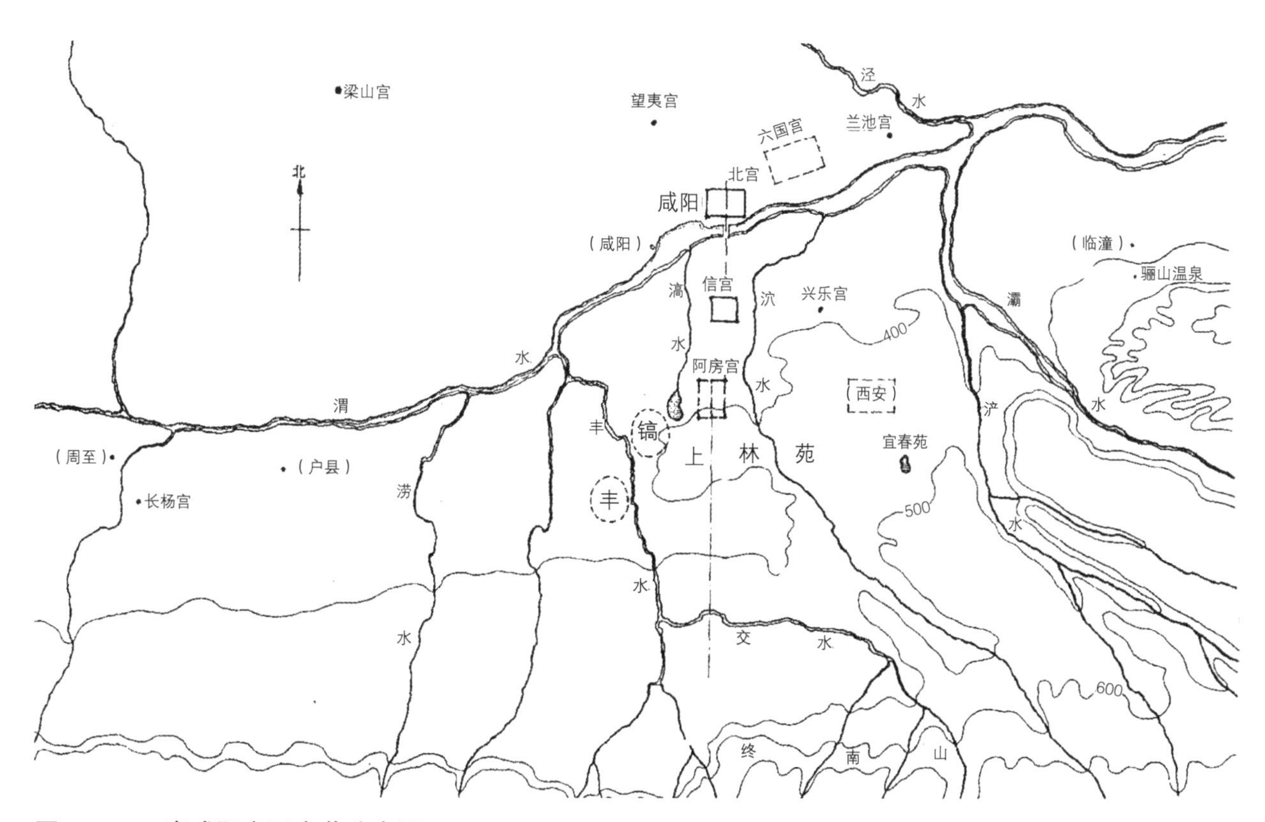

图 11-10 秦咸阳主要宫苑分布图

（图片来源：周维权 . 中国古典园林史 [M]. 北京：清华大学出版社，1990.）

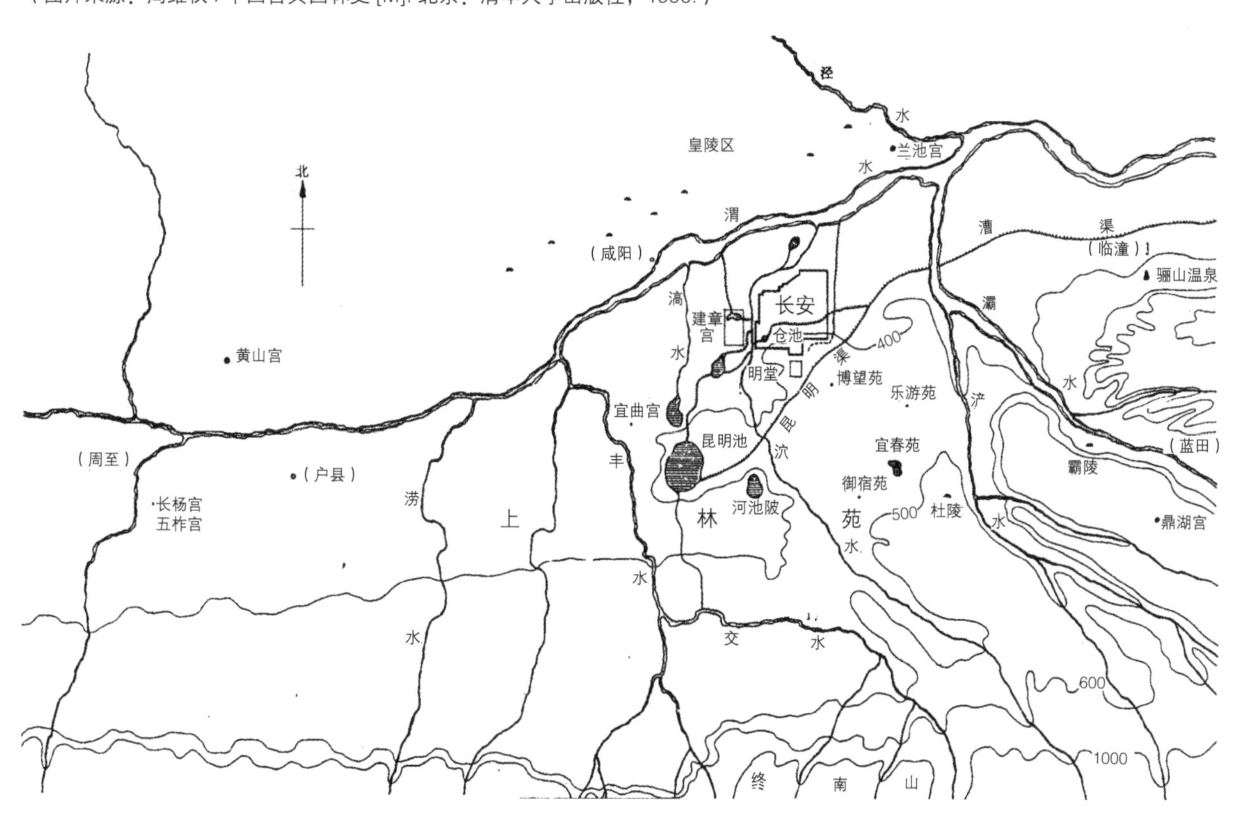

图 11-11 西汉长安及其附近主要宫苑分布图

（图片来源：周维权 . 中国古典园林史 [M]. 北京：清华大学出版社，1990.）

园林所无法逾越的。《西都赋》有云："徒观迹于旧墟，闻之乎故老"，东汉初期班固在写《西都赋》时，上林苑已是一片废墟。自秦至西汉，上林苑在中国历史上存在了240多年。

②自然形势。山为秦岭；水有灞、浐、泾、渭、沣、滈、涝、潏八水。司马相如的《上林赋》有云："终始灞浐、出入泾渭。沣镐涝潏，纡馀委蛇，经营乎其内。荡荡乎八川，分流相背而异态。东西南北，驰骛往来。"灞、浐二水自始至终不出上林苑；泾、渭二水从苑外流入，又从苑内流出；沣、滈、涝、潏四水纡回曲折，周旋于苑中。这段文字勾画出的上林苑范围为：灞、浐为东界，泾、渭为北界，沣、涝为西界，滈、潏为南界。这八条河流的水流方向不同，且以各自的形态，环绕或交错于上林苑之中。《羽猎赋》有云："武帝广开上林，东南至宜春、鼎湖、御宿、昆吾；旁南山，西至长杨、五柞；北绕黄山，滨渭而东。周袤数百里。"这里是依据周边宫观的位置为上林苑划定的界线。

③文化内涵。都城建设围绕象天法地、布局都城功能体系和园囿宫殿体系，都城至高无上，重天文、人文，推动了首都都城南迁。

④核心功能为游憩、军训、居住、朝会、狩猎、通神、生产。其中，游憩功能：汉武帝时期在秦代的一个旧苑址上扩建而成的宫苑既有优美自然景物，又有华美的宫室组群，包罗多种多样的生活内容，是秦汉时期建筑宫苑典型；军事功能：上林苑是当时汉武帝尚武之地，在此处有皇帝的亲兵羽林军，由卫青统领；文化功能：礼制建筑用于祭祀，包括文人骚客"赋"、上林乐府、太学，都城行政功能转移，包括官署机构和一些重要的国家行政活动，如外交功能（平乐观）等；经济功能：铸钱和官办手工业，以及菜园子、果园子（园、囿、圃、苑）；生态功能：微气候改善、调蓄洪水等。

秦汉上林苑为北京南中轴南延地区的定位启示如下。

①皇家园林从功能单一性向功能多样性变化转折。先秦时期以游猎功能为主的苑囿，逐步发展成兼具生态、政治、军事、经济、生活、文化等功能的综合性园林。

②上林苑与都城在空间上的连续性是二者相互作用的地理基础，这一变化正是都城的部分功能发生空间位移的表现。因此，对于北京中轴线南延地区，未来功能需要综合考虑和布局，要充分尊重北京中轴线南延地区的自然资源——永定河流域的生态和环境特点。北京中轴线南延地区要高度重视其文化性和战略性。

11.1.4　南苑—北京中轴线南延上的重要节点

南苑是元、明、清三朝的皇家苑囿，地处古永定河流域，地势低洼，泉源密布，草木繁茂、禽兽（尤其麋鹿）聚集。自辽金时起封建帝王就在这里筑苑渔猎。元朝时期，在这里圈建了一个“广四十顷”的小型猎场，取名“下马飞放泊”，自明朝起称为“南海子”，与紫禁城北积水潭的“北海子”相对应。清朝改名称为南苑，并在乾隆时期达到全盛阶段，共有 22 座苑门，并修建了 4 处行宫和若干庙宇，包括旧衙门行宫、新衙门行宫、南红门行宫和团河行宫，现仅存团河行宫（图 11-12）。

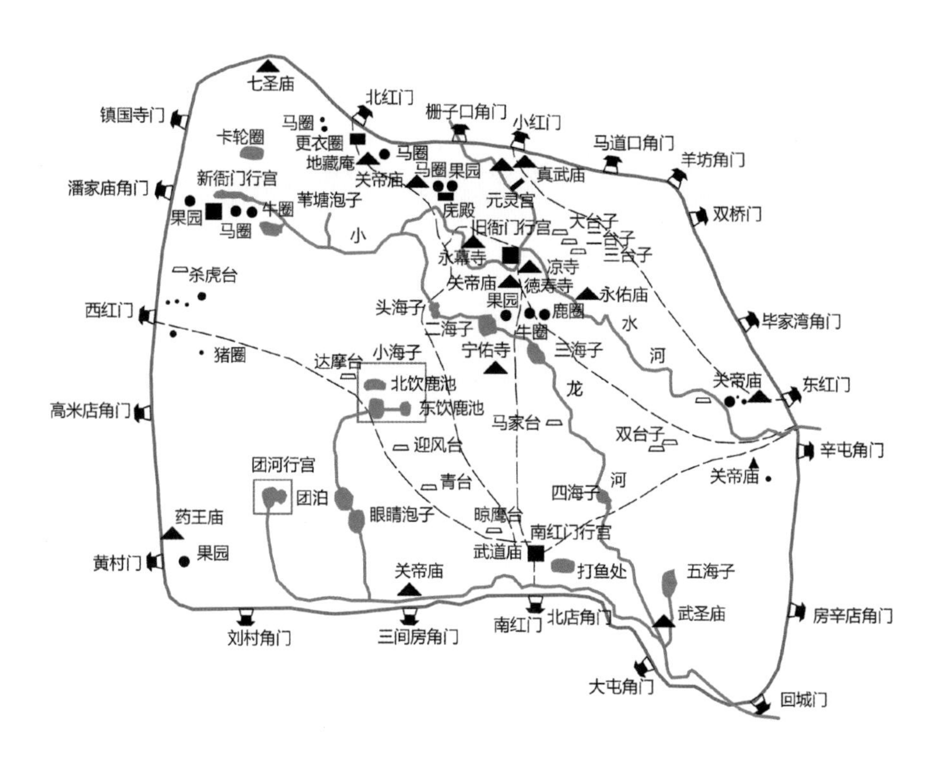

图 11-12　历史上的南苑

（图片来源：吴良镛，等．匠人营国——吴良镛·清华大学人居科学研究展 [M]. 北京：中国建筑工业出版社，2016.）

历史上南苑地区主要有 3 条河流水系，均在乾隆时期经历了一系列的治理过程：乾隆三十二年（1768 年），重点疏浚一亩泉；乾隆三十七年至乾隆四十二年（1773~1778 年），大规模治理团泊和下游凤河；乾隆三十八年（1774 年），大规模治理凉水河；乾隆四十七年（1783 年）前后，疏通苑内多处水泊。经过整治，河道纵横均布，生态环境良好。在用地功能上，南苑地区 60% 的用地为猎场，马圈、牛圈和羊圈散布其中。其余地块用于养牲、粮食和蔬果种植等。虽然后来建设了西苑、北苑，但这里仍是当时北京地区最大的猎场。

今天的南苑范围依然很大，基本覆盖了从南四环到南六环，从京开高速公路到京津塘高速公路之间的广阔范围，位于其间的南苑机场建立于日伪统治期间。中华人民共和国成立后，南苑地区发展为北京近郊重要农业区和工业区。位于西南隅的团河行宫遗址已辟为公园，南海子（又名三海子公园，内含麋鹿苑）也已建成（图 11-13）。

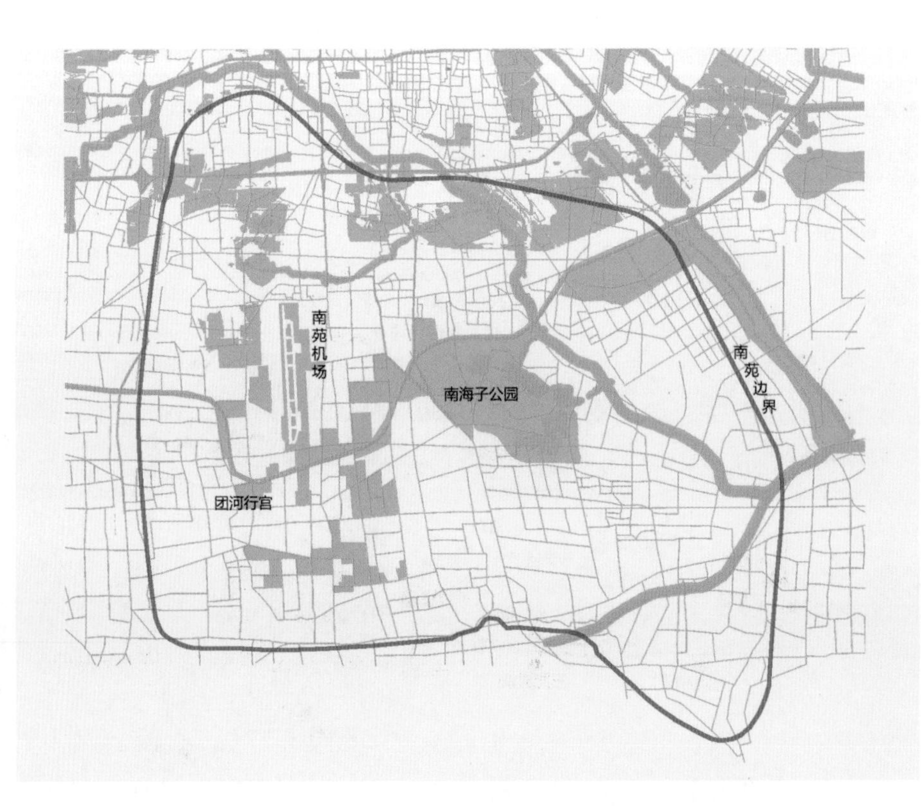

图 11-13　今天的南苑

（图片来源：吴良镛，等 . 匠人营国——吴良镛・清华大学人居科学研究展 [M]. 北京：中国建筑工业出版社，2016.）

11.2　北京中轴线南延地区基本定位

11.2.1　首都职能视角对北京中轴线南延地区的发展特色预判

历版北京城市总体规划都针对北京城市功能过度集中、首都功能过度集聚的问题提出要进行空间上的疏解。结合北京新机场建设契机及其周边地区的有利条件，可以尝试在更大的空间层面解决首都功能过度集中的问题，集中安排首都职能的疏解和新增部分，在更大空间范围形成地跨北京、河北地域的“京畿新区”，在保障、强化、提升首都职能的基础上，将首都优势转化为区域优势。

根据《京津冀地区城乡空间发展规划研究三期报告》，首都地区按其不同政治文化职能可以分为 3 个空间层次：①首都政治文化功能核心区（半径为 15~30km），即北京中心城区的范围；②首都政治文化功能拓展区（半径约为 100km），集中安置了国家行政管理后台支持机构、教育科研或新增行政和科研分支机构；③首都政治文化功能延伸区（半径约 300km），将首都文化延伸到这一广阔区域，在京畿尺度为首都功能的发挥提供区域支撑和保障。

北京中轴线南延地区位于首都政治文化功能拓展区和延伸区的叠合空间内，而北京中轴线南延，赋予了这一地区在文化传承中的空间骨架作用。因此，在这一地区所承载的首都职能中，文化职能尤为重要，应与北京中心城共同建设文化复兴的首善之区，传承中华民族优秀文化遗产和优秀文化传统。

本研究建议通过建设畿辅地区文化工程，设立内涵丰富的国家纪念地，以天安门广场为核心，以北京中轴线及延伸部分为骨架，以历史文化名城为载体，构建首都区域文化体系。在中轴线南延地区以国家功勋纪念、自然科学与历史、科技创新史、对外交流史等为主题，立足中国传统山水城格局进行地区设计，设立国家纪念地或国家游憩地。通过区域合作开展地区设计，并坚定作为长期建设，将其作为中华民族永久的纪念不断完善发展。

11.2.2　港城关系视角对北京中轴线南延地区的发展趋势预判

对于大部分特大城市来说，机场方向是重要的城市发展走廊。由机场带动的“港城”地区与城市中心区之间形成了紧密的发展联系，且这种联系在空间距离上呈现出一定的空间分布规律性。将北京与世界上主要的首都城市伦敦、巴黎、东京以及美国的重要金融中心纽约进行同尺度的空间对比分析可以发现，每座城市的重要大型国际机场数量都在 2 座及以上，且通常其中一座机场位于距离城市 25km 的范围之内，而另一座机场位于距离城市 25~50km 范围内（图 11-14）。相较而言，北京的机场距离城市相对较远，首都国际机场距离城市中心大约 50km，而新机场则距离城市中心超过 50km，这对机场与中心市区的人流、物流及交通组织等提出了更高要求。

机场方向作为城市发展的战略地区，已经成为很多世界城市加倍关注的廊道型发展地区。

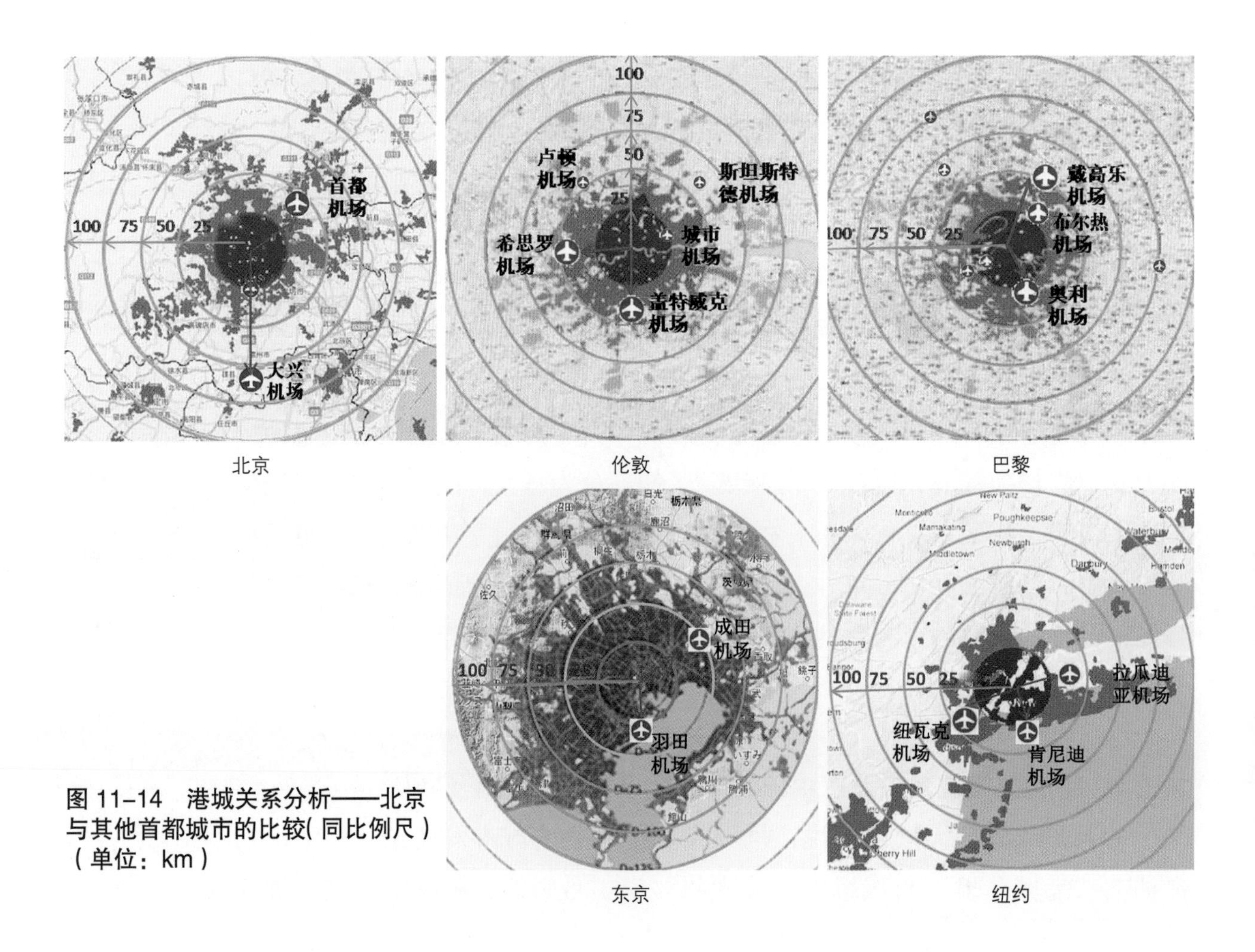

图 11-14　港城关系分析——北京与其他首都城市的比较（同比例尺）（单位：km）

在英国伦敦地区，城市战略显示未来地区发展的5个主要轴线中均布置有机场，包括西部发展轴上的希思罗（Heathrow）国际机场，距市中心24km；西北发展轴上的卢顿（Luton）机场，距市中心56km；东北发展轴上的斯坦斯特德（Stansted）机场，距市中心48km；东部发展轴上的伦敦城市（London City）机场，距市中心6km；南部发展轴上的盖特威克（Gatwick）国际机场，距市中心40km。这些战略发展轴上还同时分布有一系列承担特殊城市或者区域职能的新城或新区。在伦敦—斯坦斯特德—剑桥—彼得伯勒（London-Stansted-Cambridge-Peterborough）发展方向上，以研发、教育、创意、旅游等为产业特色的剑桥和以建筑、物流、金融保险为特色的哈罗（Harlow）新城等便是例证。而在伦敦—卢顿—贝德福德（London-Luton-Bedford）的西北发展方向上，也可以找到以皮革、工程制造、食品加工、金融商贸等为特色的北安普敦（Northampton），以信息通信和工程制造为主的赫默尔·亨普斯特德（Hemel Hempstead），以能源、建筑和制造业为特色的米尔顿·凯恩斯（Milton Keynes），以及以钢铁和企业园区为特色的科比（Corby）等新型城镇。这些都表明，以机场为代表的现代化的便捷高速的交通枢纽，是区域整体发展的重要触媒点和催化剂。

在法国，距离巴黎市中心25km的戴高乐机场是法国最为重要的机场，年客运量高达6000万人次。戴高乐机场及其周边地区的发展经验显示，有效的公共交通组织不仅能促进机场地区的自身发展，对周边地区的带动作用也非常明显。戴高乐机场由于实现了公路、铁路、轻轨三种交通方式的相互配合，扩大了机场的地面辐射能力，使其日渐成为欧洲中转能力最强的机场和重要的国际交通枢纽。机场所在地鲁瓦西（Roissy）得益于此，在整个大巴黎地区保持着持续的良好发展势头，并被称为“法兰西之门”。它从原来单一的机场交通枢纽地转变为综合性的潜力地区，包括特伦布莱（Tremblay-en-France）、维勒班（Villepinte）、戈内斯（Gonesse）和鲁瓦西等地域在内，代表性的地区经济和产业类型包括交通枢纽、仓储、物流、高科技产业、商业、办公和展览等。

综合上述有关机场与城市中心区之间的“港—城”关系研究，可以得到以下两点重要结论。

第一，机场周边空间的组织和发展通常呈现出多中心结构模式，整体上常表现出以机场为中心的“圈层”效应，即依托机场一圈圈向外发展。其中，与机场枢纽联系最为紧密的物流及相关产业区通常布置于以机场为核心的1~5km范围内，主要包括物流加工、仓储、自由贸易、货站以及相关产业园等；机场综合配套设施基本在距离机场10km范围内分布，少数在10km范围内结合自然及用地设置旅游景区；距离机场更远的地区则会涌现出特色的新区、新城等发展节点。

第二，中心城与较远布局的机场之间会形成廊道发展态势。由于机场推动了区域条件改善、人流物流通畅顺达等，中心城与机场之间往往会形成重要的城市发展走廊，这充分体现出机场的建设意义已经远远超出了交通本身，更是地区和区域性的发展带动要素。因此，考虑机场建设对城市发展的未来影响时，需要从这个角度切入并给予充分重视和积极引导。

这些经验对北京中轴线南延地区未来发展的预判带来重要的启示：其一是应考虑机场周边经济产业要素的圈层式布局和成长的可能性，即机场作为北京中轴线的南端，所具有的重要经济意义；其二是将北京中轴线的南延视为重要的城市未来发展方向和战略廊道区，对这个地区的引导需要在保证自然生态格局安全的前提下，给予重要职能的安排。

11.2.3　新城建设视角对北京中轴线南延地区的建设规模预判

（1）生态约束视角的建设规模研究

在《北京市大兴区土地利用总体规划（2006—2020年）》中，为了落实土地战略，保护耕地，协调建设用地与农业用地的关系，按照土地利用的一致性和土地利用的趋向性，以及土地功能的导向性，把全区土地划分为7种类型和国家级、市级开发区。这7种类型分别为：①基本农田保护区423.8km^2，占全区土地总面积的41%；②一般农地区111.8km^2，占全区土地总面积的10.8%；③城镇建设用地区242.0km^2，占全区土地总面积的23.4%；④村镇建设用地89.1km^2，占全区土地总面积的8.6%；⑤独立工矿用地 9.1km²，占全区土地总面积的 0.9%；⑥生态环境安全控制用地 27.1km²，占全区土地总面积的 2.6%；⑦风景旅游用地 54.0km²，占全区土地总面积的 5.2%。

适宜开发建设土地仅占全区土地面积的约 30%。在大兴区主要规划调控指标方面，“允许建设区面积为 296.0km²，有条件建设区面积为 45.8km²，限制建设区面积为 668.6km²，禁止建设区面积为 27.1km²”（图 11–15）。新机场建设带动的中轴线南延地区开发建设主要集中在允许建设区和有条件建设区范围内。

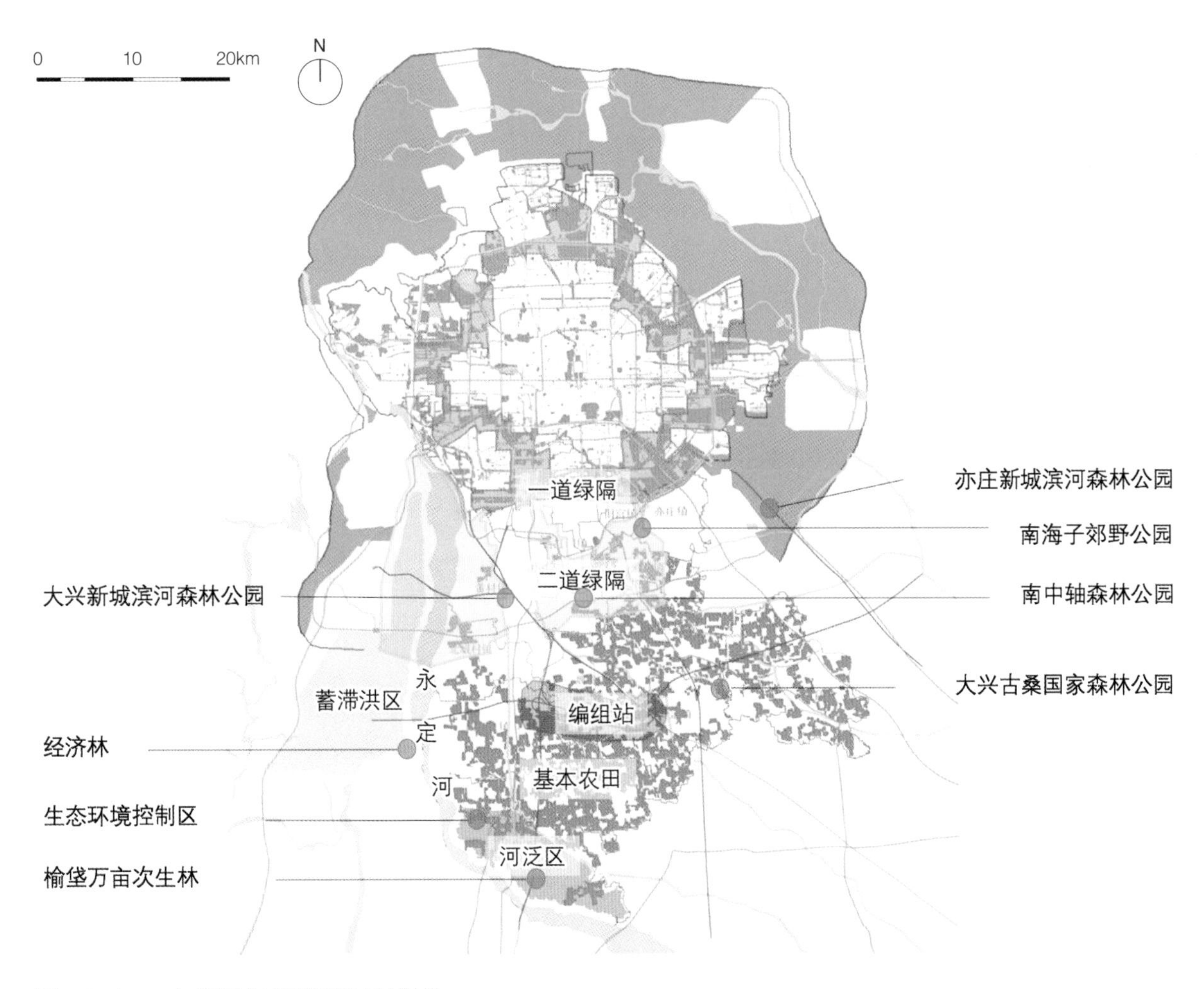

图 11–15　大兴区各类建设限制条件

（2）平衡协同视角的建设规模研究

对比北京中轴线北延长线的主要城市功能区，中关村科技园海淀园起源于1980年的“中关村电子一条街”。1988年，经国务院批准，“北京市新技术产业开发试验区”成立，这是中国第一个国家级高新技术产业开发区，规划占地面积133km^2。其经历20多年的发展后，2012年10月，国务院调整中关村示范区空间布局，园区规划占地面积增至174.4km^2，并设有上庄科技产业基地等10个区域，拥有大学科技园19个。海淀园管委会与海淀区科委合署办公，为海淀区政府统一领导协调海淀园建设管理工作和区科技工作提供支撑。园区将重点发展软件、集成电路、新材料、生物医药、光机电一体化等产业，继续巩固和保持电子信息产业的主导地位，培育潜在的具有自主知识产权的明星企业，发挥产业基地和专业园区在产业聚集中的作用，发展产业的核心竞争力，把发展大学科技园和留学生创业园作为培育新兴产业的重要平台。在园企业可享受国家、北京市、中关村示范区的各类优惠政策[5]。

从北京新机场周边区域新城建设发展规模比较来看，环北京郊区新城规模为60~100km^2，其中顺义新城（含空港）规模达到162km^2，距市中心最近的产业新城亦庄的用地规模在100km^2，近年也显现出用地紧张限制产业升级发展的问题。由此看来，中轴线南延地区与主城之间联系紧密，且发展阶段、条件有所差异。依托北京城市创新转型发展和新机场建设契机，为了保障首都新机场未来建设发展空间充足，空港功能延伸充分，在保持必要的生态空间条件下，城乡建设活动预留用地规模宜控制在200~350km^2（表11-1）。

北京新机场周边区域建设发展规模对比　　表11-1

片区	发展特色	发展定位	用地规模（km^2）	人口预测（万人）
昌平	高新技术、先进制造、旅游会展	科教创新基地、人文生态景区、和谐宜居新城	66.8	60
顺义	先进制造、会展、商务、物流	现代制造业基地、空港产业中心	162	90
通州	文化创意、高端服务	综合服务中心、区域服务中心、文化产业基地、滨水宜居新城	85	90

续表

片区	发展特色	发展定位	用地规模（km^2）	人口预测（万人）
亦庄	高新技术、先进制造	高新技术产业化中心、产业服务基地、宜居新城	100	70
大兴	生物医药制造、商贸物流、文化教育、文化创意	宜居新城、物流中心、现代制造业、创意产业培育地	67.33	60
房山	高新技术、现代制造、石化建材	京冀区域枢纽、友好产业新区、山水文化名邑、宜居宜憩新城	61.6	55
廊坊	高新技术、现代服务	京津冀城镇群重要区域中心城市、生态宜居名城	118	118
武清	商贸、物流、文化旅游、先进制造	—	80	40

11.2.4　区域职能视角对北京中轴线南延地区的产业发展预判

结合北京都市区产业发展和区域分工协作，对北京中轴线南延地区的发展态势预判主要基于以下几个方面。

①在北京都市区层面，“两带”“两轴”功能格局逐渐明晰——以顺义、通州、大兴等为中心的东部发展带开始成为制造业集聚的态势，并且在最近几年一直得到政府的高度扶持；在以门头沟、丰台、大兴西侧等永定河走廊为重点的西部发展带上，生态涵养、科研、旅游业发展态势强劲。

②北京滨水地区发展态势浮出水面——沿永定河、潮白河、温榆河等滨水地区的居住、产业园区的发展呈现“带状”发展趋势。

③南城高新技术和现代制造业成主导趋势——在北京五环内基本以中心城区服务业功能为主导，五环外南、北部地区则呈现显著分异。五环外北城以自主创新的研发产业为主导，如中关村、上地、未来科技城、海淀山后、北清路等走廊和聚集区；五环外南城则以高新技术和现代制造业为主导，包括亦庄、大兴城区以及丰台、房山和通州一带（图 11-16）。

北京中轴线南延地区在产业发展上区域空间布局呈现“二三三”结构，即两个发展聚集核、三条职能廊道和三个中间地带。

两个发展聚集核是指：①依托中心城区的亦庄、黄村、南苑机场的服务

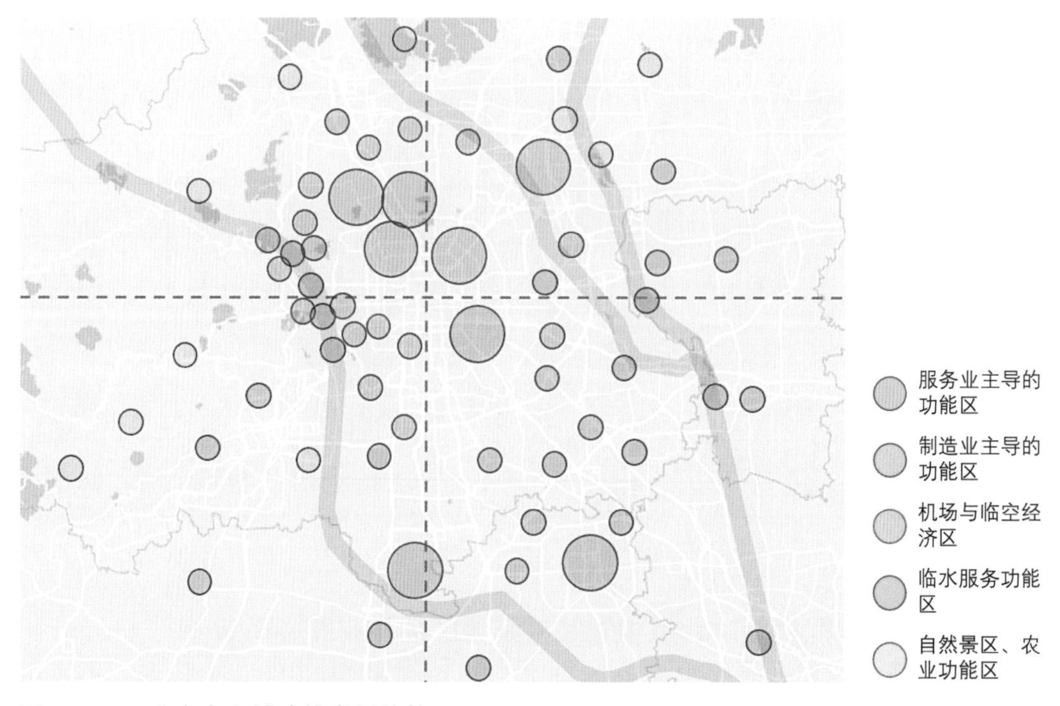

图 11-16 北京中心城功能发展趋势

业为主导的聚集核；②依托北京新机场、服务京畿新区的高新产业服务为主导的聚集核。

三条职能廊道是指：①沿北京中轴线的文化生态廊道，承载文化表征和其他首都职能；②京津走廊的高新技术产业发展廊道；③永定河滨水区的生态涵养走廊，承载宜居、自主创新等职能。

三个中间地带是三个生态保护地区，分别是南海子保护区、永定河生态带和建成区隔离带（图 11-17）。

据上述中轴线南延地区定位、北京新机场交通地位和京津冀三地交界区位等基本条件，本研究认为中轴线南延地区（京畿新区）的发展应与大国崛起的首都"四大定位"紧密吻合。综上所述得出结论，中轴线南延地区（京畿新区）定位如下。

①北京国际城市门户区：北京建设国际城市的新动力；

②国家首都功能集聚区：北京国家首都功能的重要承接地；

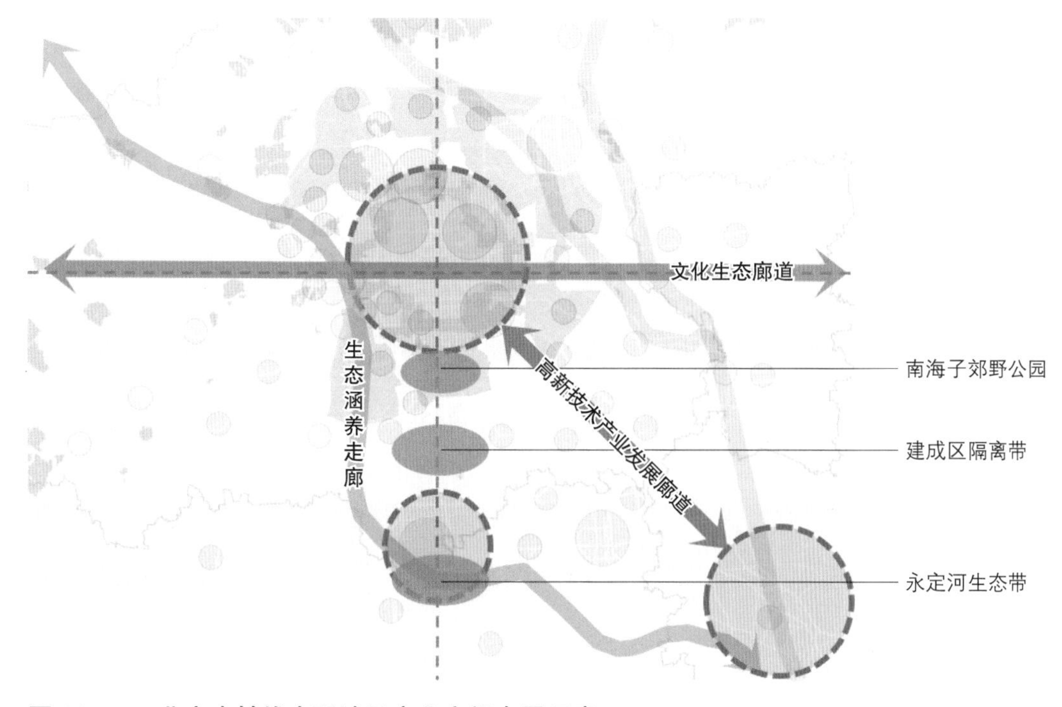

图 11-17　北京中轴线南延地区产业空间布局示意

③中轴线南延文化中心区：北京历史名城继承和发展；

④京津冀新兴产业增长极：大北京世界城市地区区域合作的合力点，促进区域美好人居环境建设的重要抓手。

11.3　北京中轴线南延地区空间策略

11.3.1　北京中轴线南延地区空间节奏

根据 2004 年版北京城市总体规划的定义，北京中轴线分为历史轴线、时代轴线以及未来轴线：历史轴线（又称传统中轴线）南端为永定门，北端为钟楼，全长共 7.8km；未来轴线是由历史轴线南延（永定门至南苑），也被称为南中轴；时代轴线由历史轴线北延（北二环至奥林匹克森林公园），也称北中轴[6]。

当代北京中轴线全长 29.5km，形成“北中轴—传统中轴线—南中轴”的格局，既是北京作为国家首都、历史名城的典型代表，也是北京建设世界城市、宜居城市的规划设计重点。通过对中轴线及周边空间使用特征分析可以看出，现今北京城市中轴线空间保持了“继续南延，北收南展”的节奏，是由道路和重要建筑物共同构成的轴线。其在传统旧城中，是由皇城、宫城的一系列重要建筑串联成的空间序列；在北部经过中轴道路与两侧的奥林匹克体育场馆、会展中心，以及北侧奥林匹克森林公园连接；在南部则以道路形态串联起南苑机场和南海子公园等绿地（图 11–18）。

通过对空间尺度和节奏的分析可以发现，可以 8km 为基本空间节奏对当代北京中轴线进行划分，从北至南经过奥林匹克森林公园、鼓楼、永定门、南苑、六环阙、魏善庄、新航城入口几个重要节点，据此能够划分出京北商务区、旧城文化精华区、京南新城区、南郊郊野公园、影视文化休闲区、临近空港的临空过渡区以及新机场周边的新航城区等几个重要空间片段。

对此，针对北京中轴线生长于延长模式的空间解读可以概括为，沿中轴线从北到南，形成了 3 个相辅相成的城市核心，围绕这 3 个核心，构成了南、北、中 3 个相对独立的城区：以奥林匹克森林公园为主体的文化商务中心是北端核心，代表着中华传统文明浸淫和诠释下的现代科技和知识工业文明；以皇城为主体的政治文化中心是中央核心，承载着中国的政治智慧和文化精神，也代表着具有悠久历史的城市生活，旅游观光和服务业是其经济重心；以南苑新城为主体的工作商务中心是南端核心，它可以是面向全国的商团和产业团体，代表着都城文明吸引和凝聚下的大众工商文化，它将以地方性、民间性、多样性、原生性的工商业和服务业为经济核心，为城南地区引入强劲而持久的活力源头。

中轴线上的 3 个城市核心既彼此独立又相互联系，每个城市核心都有各自相对独立的城市腹地、城市空间结构、社会经济特点、环境氛围和文化气质。同时，3 个城市核心又在地理空间上“共生”在一起，使得人流、物流、信息流和货币流能够方便地相互融会贯通[7]。

中轴线可以在更大空间尺度上拓展和延伸，容纳更多空间要素，成为人文精神的更佳载体。例如，中轴线可以穿越大型城市公园，以公园或绿地为

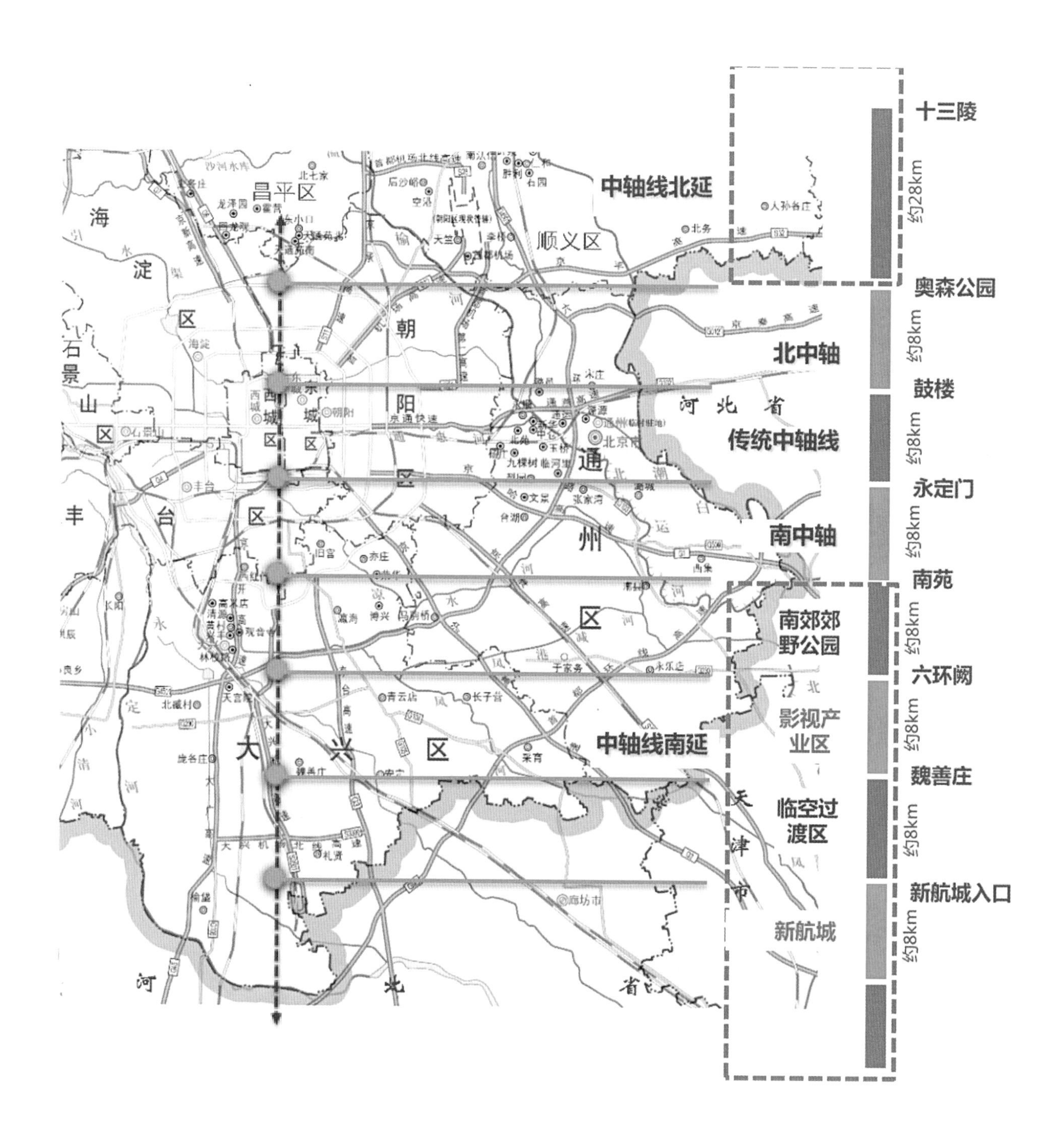

图 11–18　北京中轴线 8km 节奏示意

起讫点。它主要串接的内容包括绿化景观区、标志建筑群、城市建设路段等，并以适宜的交通路线进行连接。中轴线也可突破城区，连接或整合区域山水格局（图 11-19）。

具体来说，北京中轴线在建成区可以从旧城向南、向北延伸，在城市层面则由“实轴”和“虚轴”共同组成。“实轴”部分南端可以到达南苑，北端到达奥林匹克森林公园；除此之外，向南北延伸的“虚轴”轴线将从区域空间格局进行整体考虑，结合山水关系、城镇群形成“山—水—城”格局（图 11-20）。

11.3.2 北京中轴“实轴”空间意向

北京中轴线在建成区继续往南、往北延伸，其中“实轴”部分以奥林匹克森林公园和南苑分别作为起点和终点。南苑作为皇家苑囿的特殊历史背景、奥林匹克森林公园所具有的时代精神以及二者的绿地公园属性，均为以建设为主体的“实轴”和以绿地为主体的“虚轴”之间的良好过渡。从奥林匹克森林公园至南苑北端 24~25km，距离故宫均 12.5km，形成以紫禁城为中心的南北对称的空间格局，整体构想也完美地契合了北京中轴线的“8km 分段”节奏。

南中轴“实轴”部分以南苑为起点，根据南苑地区开发改造的不同强度，以及“实轴”南端点的不同落址，讨论 3 种可能的未来建设愿景（图 11-21）。

（1）愿景一：国学文化展示基地

以南苑机场搬迁改造为前提，充分利用其在南四环以南地区腾出的用地，建设集绿化景观和开发建设于一体的中轴线南端终点。其中，建设用地面积约 1.5km^2，与南城已有城市建设有机融合在一起，绿化景观用地面积约 1.5km^2（可局部进行建设）。该愿景对南中轴“实轴”部分的定位为展示国学和国粹文化的基地，具体形式可以为博物馆、纪念馆、遗址公园、纪念园林等建设，在 3 个愿景中的开发强度比较中属于中等等级（图 11-22）。

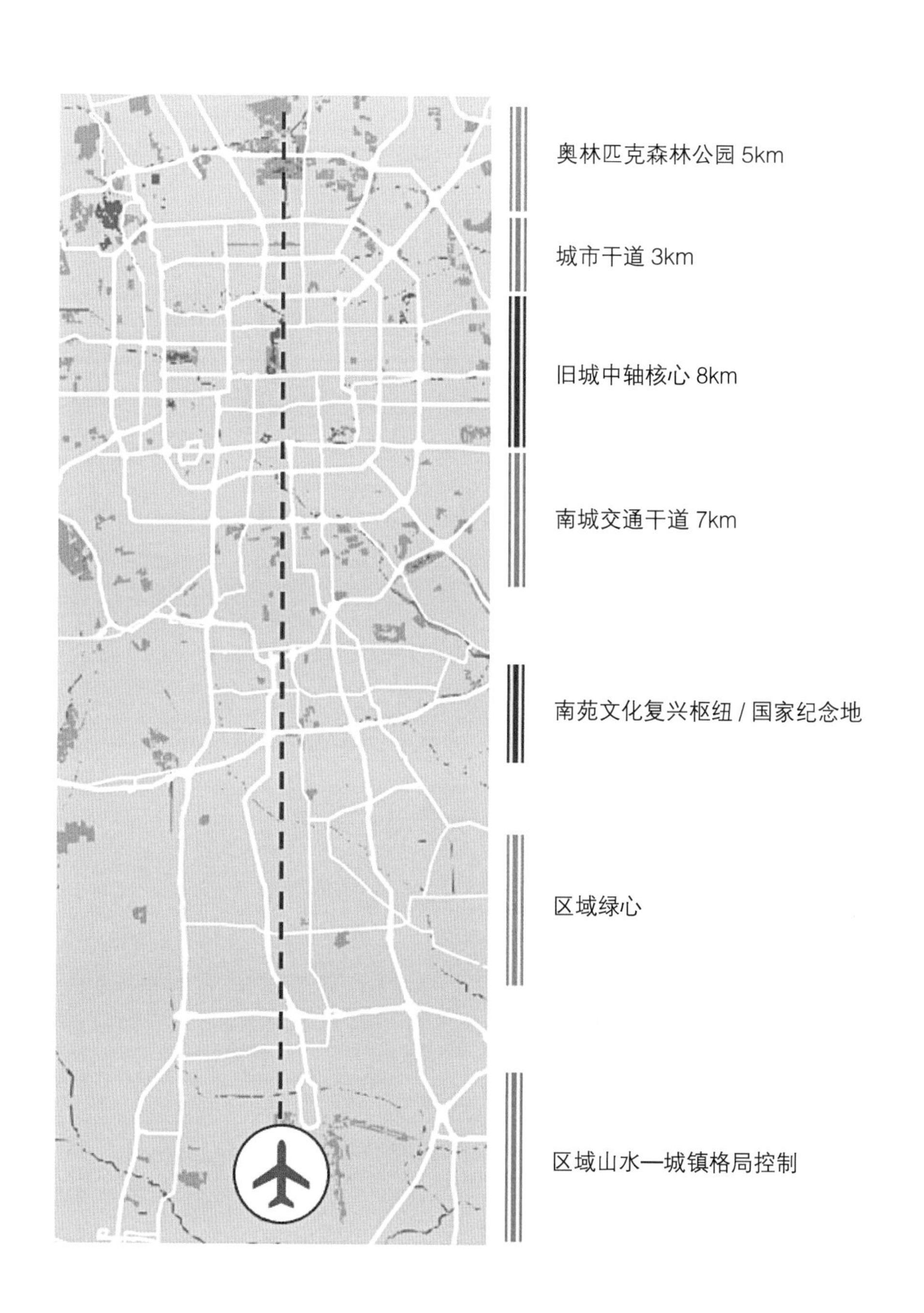

图 11-19　北京中轴线空间布局

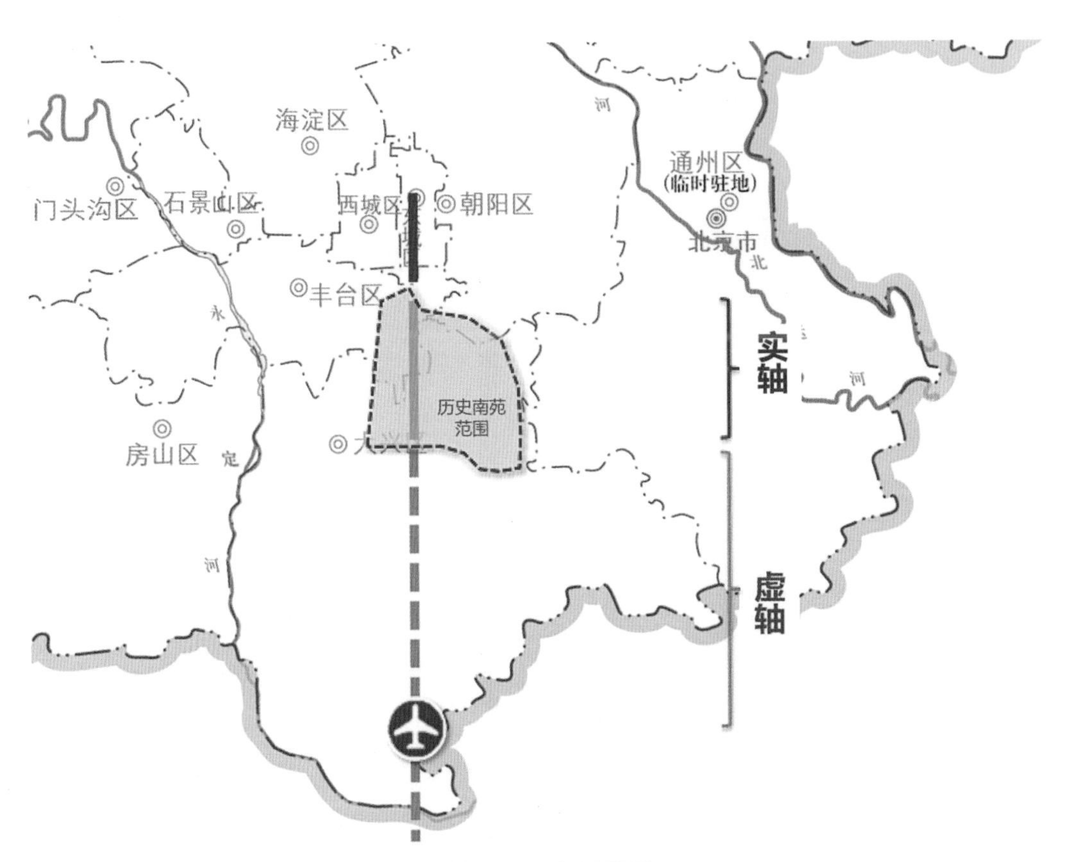

图 11-20　北京中轴线的“实轴 + 虚轴”空间布局愿景

（2）愿景二：国家纪念地

我国的文明史和近现代奋斗史的成就理应被后人铭记，因此，利用南苑机场以南的两道城市绿隔，并结合南苑作为皇家苑囿的特殊历史文化背景，在南五环附近建设“国家纪念地”，建设中华文化枢纽，主要纪念为中华人民共和国崛起献身的英雄先烈和无名烈士；纪念为民族工业、现代化工业、科技文化作出贡献的伟大先辈；纪念近现代对外交往的重大历史事件，如海上丝绸之路等；以及纪念 5000 年中华文明崛起的伟大历史。

概念构想将南苑历史格局的恢复与南城市民的休闲游憩活动相结合，其中绿化景观用地面积约 2.5km^2（可局部建设）；建设用地面积约 3km^2，点

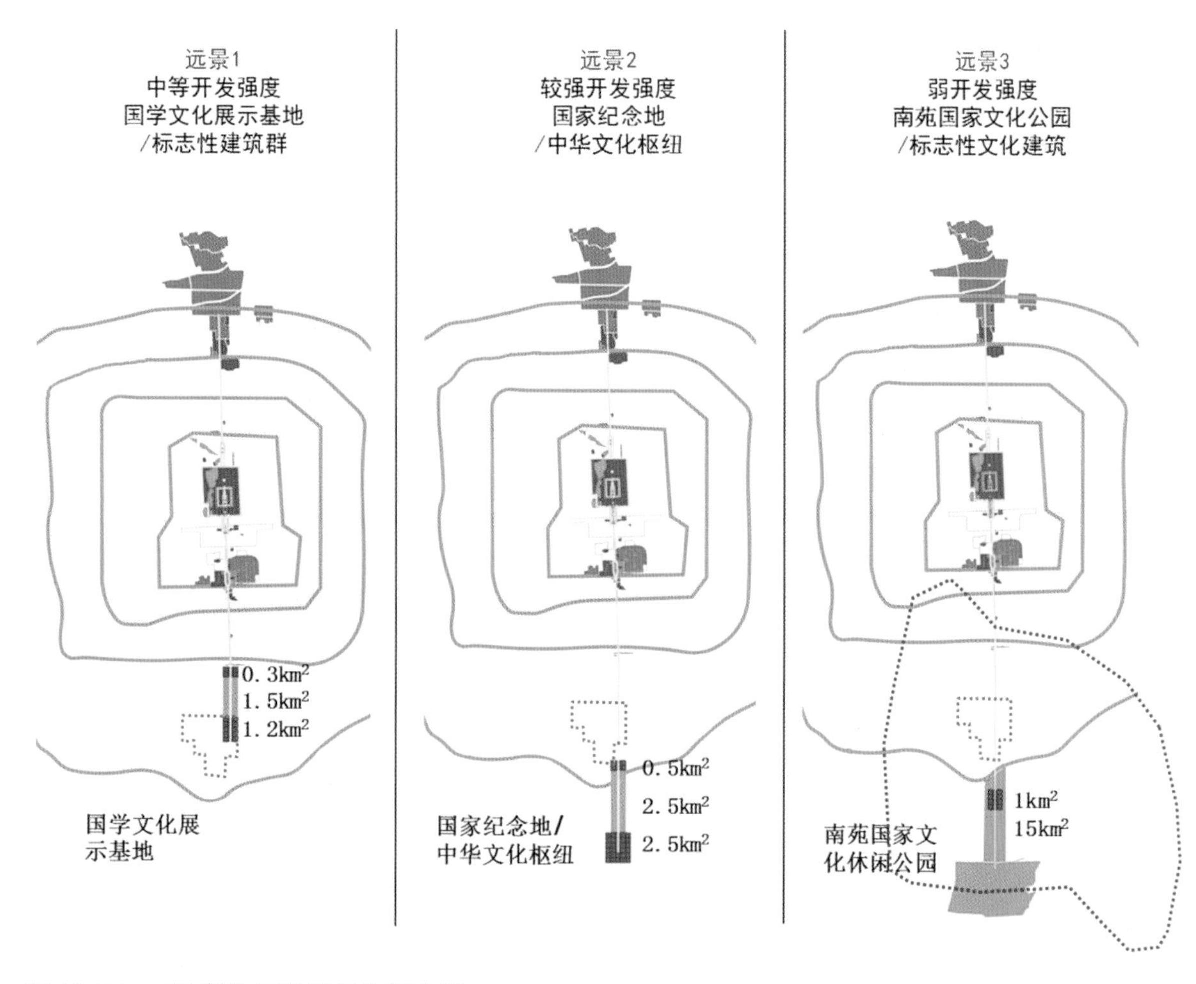

图 11–21　“实轴”三种愿景比较分析

缀在南苑国家公园中，以疏通、恢复南苑历史水系为契机，通过水网、绿网、绿廊将团河国家公园内部大型绿地斑块之间连接起来，同时套嵌以文化中心、教育中心和高品质居住等职能用地，恢复南苑的历史水系和四大行宫遗址，采用现代形式展现二十二苑门的遗址位置。在苑门所在地设置解说牌，对苑门形制、名称，以及历史风貌进行解说和展示。属于较大的开发强度，需要对区域内的村落进行统筹安排（图 11–23）。

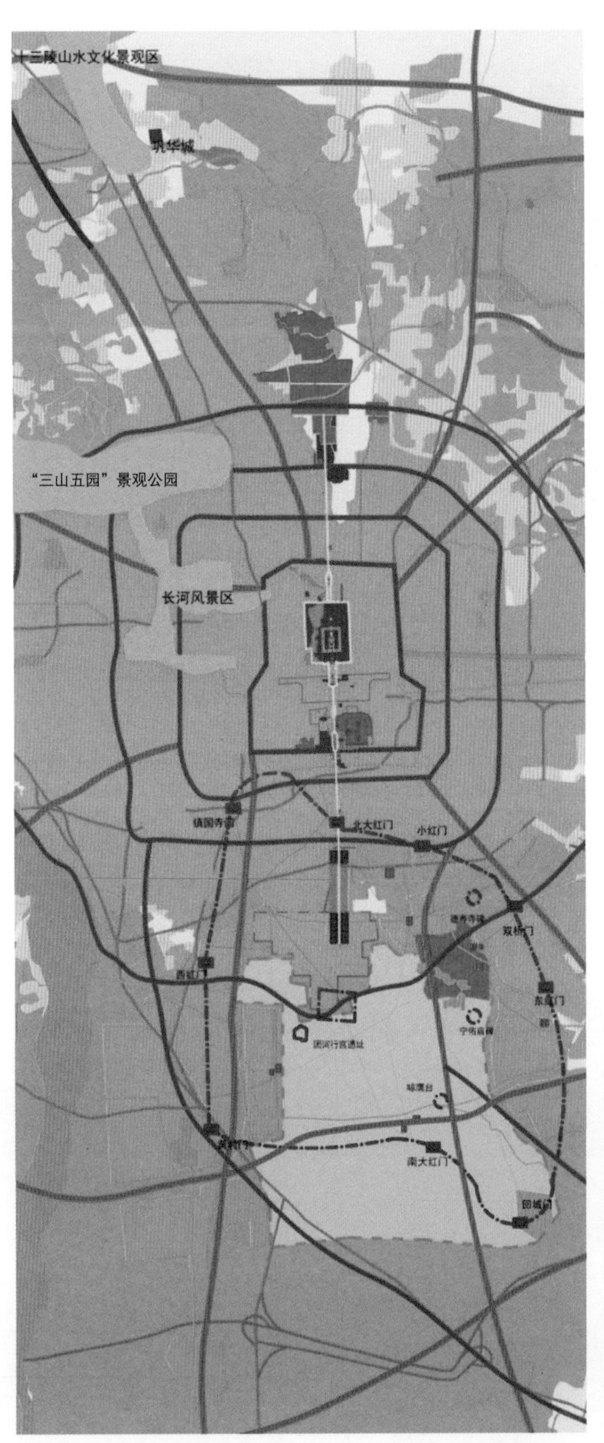

图 11-22　北京中轴线“实轴”空间意向愿景一：国学文化展示基地

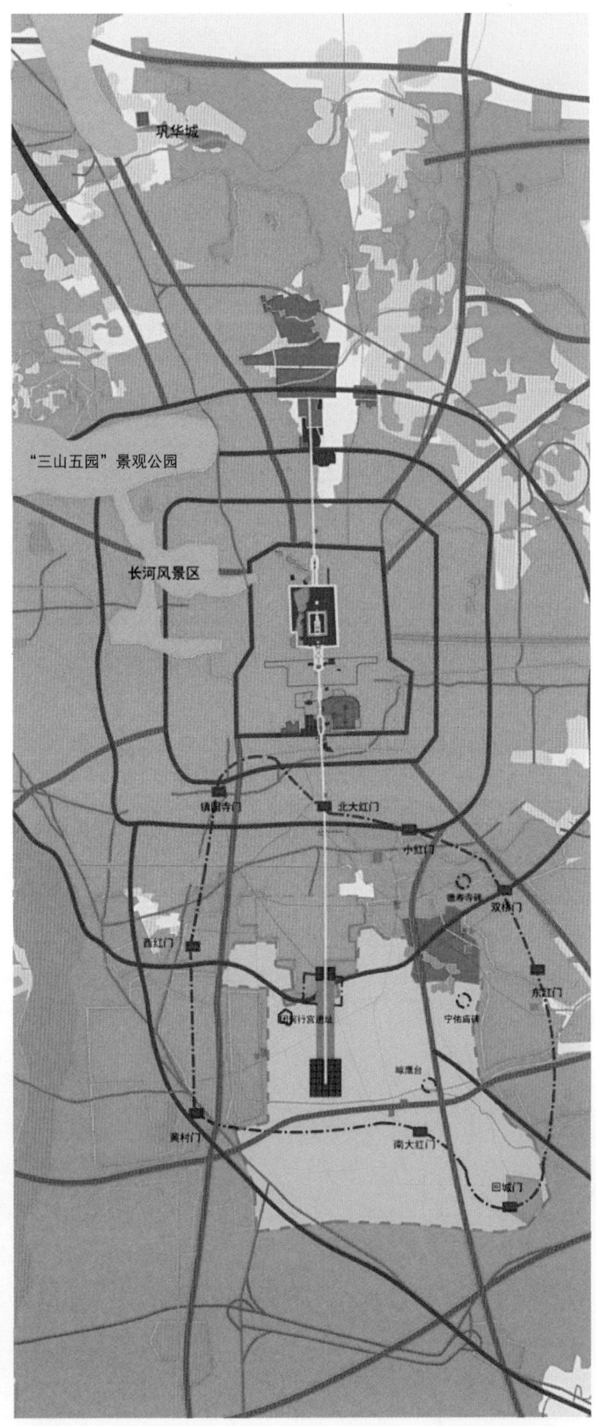

图 11-23　北京中轴线“实轴”空间意向愿景二：国家纪念地

（3）愿景三：文化休闲公园

为了传承并弘扬北京悠久的历史文化传统，完善北京城市绿地及公园体系，建议续写北京中轴线的壮丽之美，以恢复南苑盛世历史格局为依托，构建北京南城团河国家公园。

该愿景依托南五环以南的现状郊野绿地，以及南苑作为皇家苑囿的特殊历史地位，建设类似中轴线北端奥林匹克森林公园的“南苑国家文化公园”作为中轴线的南端终点，公园北侧结合“团河行宫遗址”建设标志性文化建筑，其中绿化用地面积约 15km^2，建设用地面积约 1km^2。

从开发强度上看，其属于以保留绿地打造景观公园为主，建设力度较弱。主要在新机场建成后，将原南苑机场用地职能转变为面向城市、富有特色的开放空间绿地。

它将与现状的团河行宫、南海子公园相连接，成为能够与北中轴奥林匹克森林公园相匹配的南中轴国家公园。

在空间布局上，通过绿廊、绿道再现南苑历史边界，并以现代形式展现南苑边界的二十二苑门遗址，建立自行车和步行游憩体系（图 11–24）。

11.3.3　北京中轴线南延地区“虚轴”空间意向

以新机场建设为契机的北京中轴线南延地区未来将形成以机场为核心的新城市组团群落地区，与原有以北京旧城为中心的中心城区南北相邻，均位于中轴线上，两个地区空间规模相当，职能互补。考虑到不同的地区建设空间模式、不同的开发建设规模、不同的生态绿心规模和空间形态，北京中轴线南延地区的“虚轴”部分空间策略可分为如下 3 种愿景。

（1）愿景一：大绿心模式

大绿心发展模式的特点包括：①沿京开高速公路和京津走廊进行组团式开发建设；②形成从南苑至新机场的国家公园，成为区域发展的绿心；③机场周边形成庞各庄、廊坊、固安、永清等组团，以绿化带与新机场相隔，形成区域性的组团群落。

各组团的功能定位分别为：绿心西侧的大兴作为综合性地区，庞各庄作

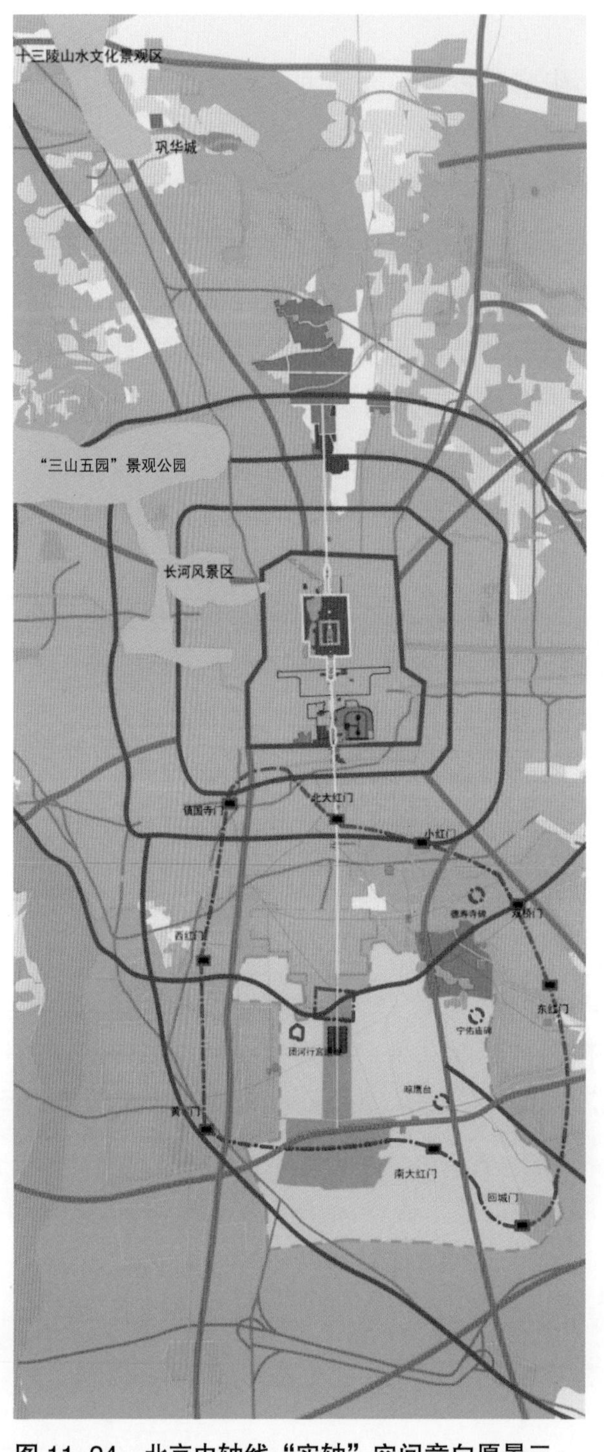

图 11-24 北京中轴线“实轴”空间意向愿景三：文化休闲公园

为国际机构组织地区，涿州重点发展文化产业，固安作为服务外包基地；位于绿心东侧的亦庄作为现代研发制造基地，廊坊作为现代研发制造基地，永清则作为现代服务业基地；新航城位于绿心以南的中轴南延线上。

该情景下地区绿心的边界北至二道绿隔，西至京开高速公路，东接生态环境保护区西界，南至新机场北边界 3km 处，总面积约 420km^2，位于大兴区内的可供建设的用地规模约为 220km^2（图 11-25）。

（2）愿景二：分绿心模式

分绿心发展模式的特点包括：①基于庞各庄、采育等乡镇进行开发建设，紧邻机场，有利于物流园区发展；②有效组织交通及换乘，进一步发挥交通枢纽优势；③六环一侧围绕魏善庄进行适当开发建设，为大兴、亦庄的发展预留潜力空间；④沿廊涿高速公路形成“涿州—

固安—新航城—廊坊—永乐店”发展带，形成京津冀区域联动开发。该情景需要对南侧固安、永清等物流园区进行相应控制，避免形成河北境内开发蔓延态势。

各组团的功能定位分别为：大兴、亦庄、魏善庄作为国际服务导向的综合开发区，庞各庄作为国际机构组织地区，涿州重点发展文化产业，固安作为服务外包基地；亦庄作为现代研发制造基地，廊坊作为现代研发制造基地，永清则作为现代服务业基地；新航城位于中轴南延线上。

该情境下绿心分为三个部分，北侧绿苑部分边界东至生态环境保护区亦庄西界，南至六环，西至大兴新城，北至五环，总面积约 50km²；位于中间部分的绿轴面积约 10km²，位于南侧的绿带东接生态环境保护区西界，西至永定河绿化带，面积约 340km²；绿心总面积约 400km²。在大兴区内的新开发建设面积约 340km²（图 11-26）。

（3）愿景三：强建设模式

强建设发展模式叠加了愿景一和愿景二的建设规模，其模式特点包括：①充分利用交通廊道对地区发展的带动作用，沿京开高速公路、京台高速公路、六环路、廊涿高速公路等交通廊道进行组团式的开发建设；②以魏善庄为中心建设片区的中心组团之一，与已经形成的亦庄新城、大兴新城和未来的新航城共同成为未来的发展中心；③在魏善庄南、北两侧形成两个中心绿地。

各组团的功能定位分别为：大兴、亦庄、魏善庄作为国际服务导向的综合开发区，庞各庄作为国际机构组织地区，涿州重点发展文化产业，固安作为服务外包基地，亦庄作为现代研发制造基地，廊坊作为现代研发制造基地，永清则作为现代服务业基地；新航城位于中轴南延线上。

该情境下绿心分为两个部分：北侧绿苑部分边界东至生态环境保护区亦庄西界，南至六环，西至大兴新城，北至五环，总面积约 65km²；位于南侧的绿带东接生态环境保护区西界，西至永定河绿化带，面积约 330km²；中间由约 5km² 的狭长绿廊相连，绿心总面积约 360km²。在大兴区内的新开发建设面积约 420km²（图 11-27）。

图 11-25 北京中轴线南延地区“虚轴”策略的愿景一：大绿心模式

图 11-26 北京中轴线南延地区“虚轴”策略的愿景二：分绿心模式

图 11-27　北京中轴线南延地区“虚轴”策略的愿景三：强建设模式

11.4　研究结论

以北京新机场建设为契机，北京中轴线南延地区应承载一定的首都职能；以京畿空间尺度为背景，在保障、强化、提升首都职能的同时，将首都优势转化为区域优势；发挥城市中轴线在传承中华文化方面的空间骨架作用，建设国家纪念地、国家游憩地等畿辅地区文化工程。

对北京中轴线南延地区的空间发展提出建议，即利用北京中轴线南延契机，延续都城格局，组织“山—水—城”关系，体现国家首都空间组织秩序，适应自然、地形条件，利用区域产业联系、交通走廊，组织城镇空间布局。

参考文献

[1] （宋）黎靖德 . 朱子语类（第一册）卷二：理气下 · 天地下 [M]. 北京：中华书局，1986：29.

[2] （元）陶宗仪 . 南村辍耕录 卷二十一：宫阙制度 [M]. 北京：中华书局，1959：250.

[3] （明）丘浚 . 大学衍义补（中册） 卷八十五：治国平天下之要 · 备规制 · 都邑之建（上）[M]. 北京：京华出版社，1999：720.

[4] 梁思成 . 北京——都市计划的无比杰作 [M]// 梁思成 . 梁思成文集（四）. 北京：中国建筑工业出版社，1986：58-59.

[5] 中关村科技园区管理委员会 . 中关村国家自主创新示范区京津冀协同创新共同体建设行动计划（2016-2018 年）[Z/OL]. [2017-02-28]. http：//zgcgw.beijing.gov.cn/zgc/zwgk/ghjh/158065/index.html.

[6] 夏成钢，赵新路 . 续写北京中轴壮丽之美——北京南中轴绿地景观设计思路 [J]. 中国园林，2004（11）：8-13.

[7] 段进宇 . 试论北京中轴线有机生长模式——对北京城市未来空间格局的思考 [J]. 北京规划建设，2003（10）：13-15.

12

第十二章　专题八

全国与首都地区国家纪念地

从世界范围来看，国家首都往往都承担着重要的国家行政职能，同时也是众多境外和国际组织机构入驻之地，是国家的符号和象征，也是构建国家形象的核心地区。世界大国首都多以丰富悠久的历史文化资源作为基础，构建首都地区完善的纪念地体系，集中体现国家形象，强化民族身份，并突出本国在国际上的地位和特色[1]。

北京拥有800年建都史，是我国国家形象的集中代表，同时拥有丰富的与国家政治相关的代表性文化资源。新版城市总体规划提出北京作为中国迈向民族复兴的大国首都、建设国际一流的和谐宜居之都的目标，并承担政治、文化、国际交往的战略职能。当今国际环境也为我国提升文化软实力和文化影响力，向世界传递和平稳定、合作共赢的发展理念，以及抵抗经济冲击、文化安全挑战、领土不稳定因素提出更高要求。北京“在首都的概念上”，应该“研究一个大国首都所应具有的发展格局”，作为构建国家凝聚力、展现国家形象的重点地区[2]。

对于“国家纪念地”的概念，国际上没有完全统一的标准，但具有较强国际影响力和国际地位的国家或传统意义上的文化强国，在其全国范围，尤其是首都地区，均会重点建设一些具有国家性纪念意义的文化资源，体现一定的政治和文化职能。不同于普通的纪念地和纪念碑，该类纪念文化资源除纪念历史事件和逝去人物外，在内容上着重强调对国家和民族的历史记忆、文化精华的记载，在内涵上隐喻国家价值取向，在空间上塑造国家典型形象，起到国民教育和文化传承的作用。而在首都地区的规划建设层面，“为了提升首都功能，增强国家治理能力和凝聚力，要完善北京的首都空间格局，建立国家首都核心功能区和国家纪念地。[2]”国家纪念地本质上是历史文化资源，根植于一个国家的文化基因，并在当今时代节点承载着更宏大和严肃的价值。

综合以上角度，本研究从追溯我国历史上的国家纪念基因，对比研究世界大国国家纪念地体系出发，探讨我国首都地区构建国家纪念地体系的价值、内涵及空间格局。

12.1　中国国家纪念地传统追溯

中国的国家祭祀文化博大精深，祭祀本身带有民族信仰和国家政治色彩，而本研究更多关注其与政治之间的密切关系。从这个角度来看，中国国家祭祀及国家纪念地传统主要可分成三个阶段：第一阶段是1840年以前，自从中国历史上开始有“国”的概念，从王国到帝国，国家祭祀和国家纪念地传统从原始的自然崇拜逐步发展为具有政治和社会功能属性的仪式与场所；第二阶段是从1840年到1949年，也是我国近代史时期，我国从一个古代帝国发展成为现代国家，这个时期的国家祭祀与国家纪念地体现出传统与现代的冲击，同时体现出与国家主权和国运紧密联系的特点；第三阶段是1949年中华人民共和国成立以来，我国留存有一些纪念性传统。

12.1.1　古代社会：从自然崇拜演化成政治社会职能

（1）祭祀天地日月

中国古人出于对自然的原始敬畏，形成对天、地、日、月、山川等自然力进行祭祀崇拜的传统，并随着文明发展，逐渐演化成神权与政权的统一，成为帝王用以强化皇权，进行政治和社会控制的工具。

对天的祭祀，在原始时期是对日月星辰等自然力的崇拜与祭祀。商周时期，称天子乃上帝之子，祭天开始具有加强政治统治的意味，直至秦、汉之后出现封禅天地之礼，祭天成为彻头彻尾的政治大典。对地祇的崇拜，始于原始社会对土地的崇拜，从商、周开始，社稷成为代表领土的政治神，是国家存亡的标志和国家的代称，开始具备浓厚的政治意味[3]。

（2）祭祀山川

对山岳崇拜的传统则更为丰富。我国古代山岳崇拜的传统源于原始先民对自然的依赖和恐惧，山川为人类提供维持生存的基本条件，山洪、山火、地震等使人类产生畏惧心理。伴随着历史的发展，山川崇拜开始具有政治功利色彩，由最早的祈求风调雨顺逐渐附加祈求战事胜利等多重社会功能。

从周代开始，山岳祭祀常态化、制度化，形成与国家制度密切结合的宗教活动[4]，体现以天命、王权为核心的政治理念。山川祭祀也因此具有了领土和等级的概念。五岳四渎、五镇四海，皆开始作为疆土象征来进行祭祀，且“天子祭天下名山大川……诸侯祭名山大川之在其地者”（《礼记·王制》），不可僭越。秦汉时期体现明显，秦始皇东巡登泰山祭天地，为著名的封禅大典。此时的山川祭祀则强化了政治统治、炫耀功德的目的[4]。

自唐代开始，山川崇拜虽依然具有政治功效，但已经逐渐走向平民阶层[4]。至明清，随着中国近代战乱和西学东渐，带有政治功利色彩的山川祭祀活动不再适应社会发展的需要，随着帝制王朝的覆灭逐渐消失[5]。

总的看来，山川崇拜文化的基本功能可以总结为以下几点。

一是政治职能。古代中国的帝王为了维护统治地位，对山川祭祀加以神化，用以肯定其正统地位与无上皇权，蕴含着一定的政治意味和“天赋王权”思想。例如，“封禅”的活动将简单、原始的自然崇拜加入政治因素，成为皇权象征的形式。同样，天子可以祭祀天下的名山大川，诸侯只能祭祀当地的山川，不能僭越，也体现了皇权等级制的思想。

二是宗教职能。自古以来，宗教的自然观和庙宇规划建设都追求人与自然的和谐，山川崇拜与宗教结合在一起交互影响，为对方发展提供土壤[4]。

三是民俗观念。古代后期，山岳崇拜逐渐体现出寻常百姓的道德观、价值观和对美好生活的向往。但归根结底，政治职能还是山岳崇拜文化的根本（表 12–1）。

（3）祭祀人物

我国古代社会也有对人物进行祭祀的传统。

一方面体现在对祖宗的崇拜。宗法社会，本质是家族制度的政治化。统治者为维护政治秩序，必然将政治权力与祖先祭祀权力密切结合起来，从而衍生出宗法制度下的祖先崇拜。几千年来都以帝王一姓家天下作为国家象征的正统观念，将祖先祭祀作为国家祭祀，实现政治控制，同时是凝聚民族力量的行为[4]。

古代具有象征意义进而受到公祭的山岳　　表12-1

<table>
<tr><th>等级</th><th colspan="2">名称</th><th>地理位置</th><th>象征意义</th></tr>
<tr><td rowspan="10">国家</td><td rowspan="5">五岳</td><td>东岳泰山</td><td>山东泰安</td><td>·战国以来华夏人民最为崇拜的山岳
·泰山封禅
·历史上进行封禅的皇帝：秦始皇、汉武帝、汉光武帝、唐高宗、唐玄宗、宋真宗
·欲封禅未果者：魏明帝、南朝宋文帝、梁武帝、隋文帝、唐太宗、宋太宗等</td></tr>
<tr><td>西岳华山</td><td>陕西华阴</td><td>唐代较为重视，在华山进行封禅</td></tr>
<tr><td>南岳衡山</td><td>湖南衡阳</td><td>·唐代开始，政治意义相对较淡，与民俗结合更为紧密
·“元旦朝圣”“庙会”“八月香火”
·追求现世人生幸福、平安好运、实现个人家庭幸福</td></tr>
<tr><td>北岳恒山
（曲阳北岳庙）</td><td>山西大同
（河北曲阳）</td><td>·占有无可比拟的军事地位：“得恒山者得天下”
·“人天北柱”“华夷之限”“中原门户”“华北锁钥”的军事地位
·与长城文化紧密相关
·爱国主义、英雄主义、改革开放的象征
·北岳庙原名，俗称窦王殿，是古代帝王为祭祀“北岳恒山之神”而建立，用以遥祭恒山</td></tr>
<tr><td>中岳嵩山</td><td>河南开封</td><td>西周春秋时期盛行，周代人的天神崇拜，实为嵩岳崇拜，古称天室山</td></tr>
<tr><td rowspan="5">五镇</td><td>东镇沂山</td><td>山东临朐与沂水县交界</td><td>—</td></tr>
<tr><td>南镇会稽山</td><td>浙江绍兴</td><td>—</td></tr>
<tr><td>中镇霍山</td><td>山西省</td><td>—</td></tr>
<tr><td>西镇吴山</td><td>陕西宝鸡</td><td>—</td></tr>
<tr><td>北镇医巫闾山</td><td>辽宁省</td><td>·北镇庙：医巫闾山的山庙
·古代东北少数民族的聚集地</td></tr>
<tr><td rowspan="2">地方</td><td colspan="2">长白山</td><td>—</td><td>·金代作为民族的祖山来祭祀
·满族发祥地，与清朝开国传说相关联，是皇权和神权的象征
·清乾隆皇帝东巡，望祭长白山</td></tr>
<tr><td colspan="2">黑山</td><td>—</td><td>·契丹国人的圣山，冬至祭天
·现称“赛汗山”“罕山”，人死后魂归黑山</td></tr>
</table>

（资料来源：刘锡诚，游琪．山岳与象征 [M]. 北京：商务印书馆，2004.）

另一方面，帝国时期同样注重对功臣圣贤的崇拜。我国古代能世代受到隆重崇拜的功臣圣贤不多，较为典型的有南宋抗金将领岳飞（西湖岳飞庙），以及被神化的圣贤，典型的是孔子和关公。孔子作为儒家学说创始人，死后受到推崇。汉高祖刘邦过鲁，“以太牢祀孔子”，汉平帝追谥“褒成宣尼公”，后历代帝王不断加封，尊为“万世师表”。山东曲阜孔庙规模不断扩大，前后历经61次扩建，是中国现存规模仅次于北京故宫的古建筑群。关羽为三国蜀将，以其勇武忠义的性格深受推崇，历代帝王对其一再加封。自周人祀孔，唐朝阙里庙制，设立文庙、武庙，宋以降各府州县皆设文庙、武庙。

12.1.2 近代社会：走向现代

（1）国家祭天

清朝时期，清廷基本还继续仿行明朝汉族的祭天制度，强调符合儒家经典。国家等级的祭天仪式主要出于对汉文化中“敬天法祖”的尊重和继承，主要的祭祀场所是天坛[6]。晚清时期，象征国家稳定的祭天仪式也开始黯然衰落，祭祀仪式减少，天坛设施也在战乱中遭到破坏。民国时期，“民主”“科学”的思想在中国盛行，祭天作为中国封建社会迷信的代表逐渐失去地位，退出历史舞台。

（2）国家祭孔

孔子自汉朝起延续至清朝，一直在中国历史上占据着正统地位，是“圣人之道与帝王之势的结合与联姻”[7]。从国家层面对孔子进行祭祀，是将儒家文化与国家政治制度相关联的考虑。因此，在很大程度上，孔子在中国古代统治者的塑造下由学者转变成为政治文化的符号。

近代国家祀孔仪式在清朝及晚清末期达到巅峰。民国初期，随着新文化运动的兴起，国家祀孔仪式一度遭到反对。1934年，先师孔子诞辰纪念日创立，孔子作为中国文化象征的意义逐渐被恢复。中华人民共和国成立后，1984年，曲阜孔庙恢复民间祭孔，之后大陆其他地区陆续恢复祭孔活动。2006年，山东省曲阜市申报的祭孔大典经国务院批准列入第一批国家级非物质文化遗产名录。国家祀孔仪式的主要场所是北京文庙和山东曲阜的孔庙（图12–1）。

（3）历代帝王与民国时期的“国父”祭祀

清朝统治者承袭明朝之前对帝王的祭祀传统，将对前朝和本朝帝王的祭祀作为国家行为，不仅是对家国同构的宗法社会的继承，也是一种政治控制手段。民国时期开始出现“国父”祭祀。1925年3月12日，南京临时政府总统孙中山于北京逝世，暂停灵于香山碧云寺，逝世后的孙中山在群雄逐鹿的民国时期成为国家权力合法化的符号象征[6]。南京国民政府每年对“国父”孙中山进行国家祭祀，其中最为隆重的是1929年5月在南京举行的“奉安大典”（图12–2）。

（4）黄帝陵祭祀

黄帝陵祭祀在明清之前即有，主要目的是展示君主权力秩序和传统礼乐文化。在战乱频繁的民国时期，黄帝陵祭祀成为凸显民族主义和抗日爱国精神的象征。

1932年“一·二八”事变后，民族危机日益严重，“五族共和”方针提出，希望团结中华儿女。“黄帝”作为华夏始祖，凝聚着中华民族血缘认同感、文化自豪感和祖国归属感，将黄帝陵祭祀作为国家盛典，更能在强大的仪式感的熏陶下，强化对中华民族这一共同身份的认知（图12–3）。

1937年4月5日，抗日战争爆发前夕，为唤起同胞抗击日本帝国主义，建立抗日民族统一战线，国共两党分别派出代表，赴陕西黄陵县桥山共祭黄帝。两党各有《祭黄帝陵文》，我党的祭文为毛泽东主席亲笔撰写。

（5）国家忠烈祭祀

忠烈祭祀对一个国家至关重要，一方面是因为其可强化现存政治的合法身份和正统地位；另一方面可以提升为民族牺牲的责任感与神圣感，即个体牺牲以获得整体生命力，是对国民的一种教化和鼓舞[6]。国家忠烈的认可标准具有随政权更替而变革的特征，因此更强调不因时代推移而泯灭价值的抵御外侵而牺牲的民族忠烈情怀。近代国家忠烈祭祀仪式从某种程度上来看实现了向现代国家的转型，抛弃掉更多不合时宜的繁文缛节，开创了简明而庄严的现代忠烈纪念传统（表12–2、表12–3）。

（6）其他公祭传统

我国近代历史上还有其他公祭传统，难以纳入国家公祭的范畴。虽然其存在时期和祭祀范围存在一定局限，但其祭祀行为仍旧具有一定的文化和

图 12–1　北京孔庙（左）及民国时期山东曲阜祀孔仪式（右）

（图片来源：左图 http：//www.kmgzj.com/common/index.aspx?nodeid=211；右图 http：//www.chinakongzi.org/zt/2018jikong/jksh/201809/t20180925_182918.htm）

图 12–2　北京香山碧云寺孙中山衣冠冢（左）和 1929 年南京“奉安大典”（右）

（图片来源：左图 http：//gb.cri.cn/3821/2005/03/31/148@499214.htm；右图 http：//www.taiwan.cn/plzhx/zhjzhl/zhjlw/201110/t20111011_2100965_5.htm）

图 12–3　1937 年清明节国共两党代表共祭黄帝陵（左）与今陕西桥山黄帝陵（右）

（图片来源：左图 http：//news.takungpao.com/mainland/focus/2015-09/3159818.html；右图 张锦秋．为炎黄子孙的祭祖圣地增辉——黄帝陵祭祀大院（殿）设计 [J]. 建筑学报，2005（6）：20–23.）

近代国家忠烈公祭仪式汇总　表12-2

时期	事件	内容	场所
晚清	每年春、秋仲月，取吉日遣官致祭	·祭祀为国捐躯的忠臣勇将； ·加入对外战争牺牲者入祀	昭忠祠
1912 年	罢祀晚清忠烈，祭祀民国死难先烈	·为特别烈士建造专祠：辛亥革命先烈彭家珍，建彭大将军专祠； ·改繁文缛节，香花、清酒、鞠躬代替三跪六拜	京师忠烈祠
1929 年	确立黄花岗国祭	·纪念 1911 年 3 月 29 日黄花岗起义	国民党中央党部大礼堂
1933 年	祭祀抗日英烈	·祭祀十九路军阵亡将士（上海淞沪会战）	—
1943 年	隆祭张自忠将军	—	—

（资料来源：李俊领．中国近代国家祭祀的历史考察 [D]. 济南：山东师范大学，2005.）

民国时期中国共产党进行的国家忠烈祭祀汇总　表12-3

时期	事件	场所
中华苏维埃共和国时期	1933 年 6 月，实施苏维埃共和国六大工程：中央政府大礼堂、红军烈士纪念塔、红军烈士纪念亭、红军检阅台、公略亭和博生堡	红军烈士纪念塔
陕甘宁边区政府时期	1940 年 8 月，边区政府沉痛追悼张将军等抗日英烈，毛泽东《在纪念孙中山逝世十三周年及追悼抗敌阵亡将士大会的讲话》，边区政府为刘志丹、谢子长等“人民的英雄”建造陵园进行纪念	—
1949 年 9 月 30 日	天安门广场建立“为国牺牲的人民英雄纪念碑”	天安门广场

（资料来源：李俊领．中国近代国家祭祀的历史考察 [D]. 济南：山东师范大学，2005.）

政治功能，在此也一并归纳总结。

一是晚清到民国初期对关羽和岳飞的国家祭祀。自宋代以来，关羽在中国政治文化的神灵谱系中占有越来越重要的地位，成为具有忠勇内涵和具有精神统摄力的文化符号。清顺治、雍正、乾隆时期，关羽被列入群祀范畴，晚清时期等级提高到中祀。民国初期，关羽和岳飞一同被列入国家祀典，开创关岳合祀的新传统，并于 1915~1926 年每年在京师关岳庙对关羽、岳飞进行祭祀。关羽、岳飞成为文武双全的楷模，以及儒家“忠义”“尚武”精神的代表。产生这样的祭祀传统，在很大程度上是因为在民国成立之初内忧外患的双重刺激下，人们的精神寄托倾向于向传统历史上的英烈靠近，以获得精神上的寄托[6]。

二是民国时期中国共产党对成吉思汗的祭祀。1939年6月，南京国民政府迁移成吉思汗灵柩前往甘肃兴隆山，于6月21日途经延安。当时边区政府举行盛大的祭祀活动，并建立“成吉思汗纪念堂”，并于1940年继续在成吉思汗纪念堂举办纪念大会。对成吉思汗的祭祀是在当时中国共产党联合蒙古族同胞共同抗日的必然结果，成吉思汗作为蒙汉两族人民共同认可的文化符号，在当时具有强大的民族凝聚力和号召力，有助于增强民族团结共同抵抗外敌[6]。

中国近代的百年历史，是一段跌宕起伏的历史，也是封建时代到现代国家过渡的时期。在这段复杂的历史时期，我国用“民主”代替“专制”，“科学”取代“迷信”，而这也反映在国家祭祀的传统上。国家祭祀逐渐走向更简洁、更注重内涵的纪念仪式，更多地注重民族文化的溯源和民族团结的建设，强调战争年代对英烈的崇拜和肯定，以及达成国家统一的心愿。

12.1.3　1949年以后：官方开始重视国家纪念日和纪念设施

（1）中华人民共和国成立初期具有影响力的国家公祭活动减少，更多成为地方或民间习俗

1949年以后，我国的国家公祭活动减少，具有宗教性质的纪念活动逐渐转为地方或民间习俗。例如，每年春节天坛庙会会举办带有民俗性质的祭天活动，每年在山东曲阜的孔庙举行祭孔仪式。黄帝陵祭祀在中华人民共和国成立后是陕西地方性祭祀，直至2004年黄帝陵祭祀再次升级为国家祭祀[6]。习近平总书记在陕西视察时也曾表示，“黄帝陵是中华文明的精神标识”，再次肯定了黄帝陵的地位。

（2）国庆阅兵成为国家纪念活动

1949年以后，我国多次在国庆节当天，在首都北京天安门广场举行阅兵活动，是国家纪念活动之一，也是中华人民共和国成立后新创建的国家级别的纪念活动。国庆阅兵主题也会根据不同的年份和纪念事件进行调整。

据统计，1949年以来一共举行了16次大阅兵，分别为：1949年开国大典大阅兵、1950年国庆大阅兵、1951年国庆大阅兵、1952年国庆大阅兵、1953年国庆大阅兵、1954年五周年庆典大阅兵、1955年军衔制换装大阅兵、1956年国庆大阅兵、1958年国庆大阅兵、1959年十周年庆典大阅兵、1981年国庆大阅兵、1984年国庆大阅兵、1999年世纪大阅兵、2009年甲子大阅兵、2019年庆祝中华人民共和国成立70周年大阅兵，以及2015年9月3日纪念中国人民抗日战争暨世界反法西斯战争胜利70周年阅兵式（图12-4）。

（3）逐渐开始重视国家公祭，并上升到立法层面

世界反法西斯战争胜利70周年的到来，为我国重视国家纪念仪式提供了契机。2014年，我国一次性建立了包括中国烈士纪念日在内的四个国家级纪念日，显示出对国家公祭的重视（表12-4）。此外，我国也曾为一些重大的自然灾害事件举办过全国范围的哀悼仪式（表12-5）。

我国对国家公祭的重视不仅体现在设立国家纪念日，还体现在对相应纪念场所进行强化和保护。2014年，党中央、国务院公布了第一批、第二批国家级抗战纪念设施、遗址名录，将我国抗战相关重要纪念设施和文化资源上升至国家级别的高度，展现我国对国家抗战历史的重视（表12-6）。

图12-4　1949年开国大典大阅兵（左）和2015年纪念抗战胜利70周年阅兵式（右）

（图片来源：左图 https://www.sohu.com/a/30827431_136914；右图 http：//www.gov.cn/xinwen/2015-09/04/content_2924888.htm）

我国法律确定的国家级纪念日　表12-4

纪念日	日期	历史由来	依据
抗战胜利纪念日	9月3日	1945年9月2日日本在无条件投降书上签字	十二届全国人大常委会第七次会议
中国烈士纪念日	9月30日	1949年9月30日是人民英雄纪念碑奠基日	《关于烈士纪念日的决定（草案）》
国家宪法日	12月4日	中国现行宪法在1982年12月4日正式实施	十二届全国人大常委会第十一次会议
国家公祭日	12月13日	1937年12月3日日军攻陷南京	十二届全国人大常委会第七次会议

我国曾举行过的全国性哀悼仪式　表12-5

日期	纪念主题
2008年5月19日至21日	“5.12”汶川地震全国哀悼日
2010年4月21日	“4.14”玉树地震全国哀悼活动
2010年8月15日	“8.7”甘肃舟曲特大泥石流遇难同胞全国哀悼活动
12月13日	南京大屠杀死难者国家公祭日

京津冀地区范围内第一批、第二批国家级抗战设施、遗产名录　表12-6

地区	第一批	第二批
北京市	中国人民抗日战争纪念馆 宛平城、卢沟桥 平北抗日烈士纪念园	赵登禹将军墓 佟麟阁将军墓 平西抗日战争纪念馆 北京焦庄户地道战遗址纪念馆 古北口战役阵亡将士公墓
天津市	在日殉难烈士·劳工纪念馆 盘山烈士陵园	—
河北省	华北军区烈士陵园 苏蒙联军烈士陵园 潘家峪惨案纪念馆 清苑冉庄地道战遗址 狼牙山五勇士跳崖处 晋冀鲁豫烈士陵园	梅花惨案纪念馆 冀东烈士陵园 潘家戴庄惨案纪念馆 喜峰口长城抗战遗址 涉县八路军一二九师纪念馆 晋冀鲁豫抗日殉国烈士公墓旧址 晋察冀边区革命纪念馆 晋察冀烈士陵园 雁宿崖、黄土岭战斗遗址 热河革命烈士纪念馆 马本斋纪念馆

（资料来源：依据中央人民政府网站公示材料整理，第一批名录见 http：//www.gov.cn/zhengce/content/2014-09/01/content_9058.htm，第二批名录见 http：//www.gov.cn/zhengce/content/2015-08/24/content_10118.htm）

12.2　美、英、法国家纪念地状况

美、法、英三国均具有丰富的国家纪念地性质的资源，在内容上均偏重于对国家历史遗迹、战争、重要历史事件和历史人物的纪念。但是在不同国家，国家纪念地的概念和管理体系有所不同。美国具有一整套完整体系，在国家层面，国家纪念地与其他文化资源同隶属于国家公园体系，进行统一管理；在首都地区，特殊强调纪念地与纪念碑的独立体系以及其政治形象的独特作用。法国国家纪念地体系独立，内容与战争、军事关联更为紧密。英国虽然具有国家纪念地性质的资源，但并不存在一套独立完善的体系，而是与其他文化资源相混合（表 12-7）。

12.2.1　美国：隶属于国家公园体系完整且层次分明的国家纪念地

（1）全国层面的国家纪念地

美国国家纪念地包括全国范围的纪念地体系和首都地区的纪念地体系。

美国、法国、英国国家纪念地资源及特点总结　　表12-7

国家	美国	法国	英国
具有纪念地属性的资源的概念	National Monument （国家纪念地） National Memorial （国家纪念碑） National Battlefield （国家战场） National Battlefield Park （国家战场公园） National Battlefield Site （国家战场遗迹） National Military Park （国家军事公园）	Les hauts lieux de la m é moire nationale （最高级别国家纪念碑） Lieux de m é moire （纪念地） Les monuments et lieux historiques （历史纪念地） Monument National （国家纪念地） Monument aux morts （战争纪念建筑）	Listed Buildings （登录入册的名胜古迹建筑物） Scheduled Monuments （纪念碑） Protected Wreck sites （事故遗址） Registered Parks and Gardens （公园和花园） Registered Battlefields （战争遗址） War Memorials （战争纪念碑） War Graves （战争墓地）
体系性	有单独的体系， 首都地区格外强调	独立	没有独立体系，整体管理体系十分分散，相关纪念性内容分散在现有的文化遗产体系之中
内容	偏重于政治、军事、文化历史	偏重于军事文化历史	偏向文化遗产性
总结	各国具有关于政治、军事、文化历史的纪念，不同国家体系略有不同		

（资料来源：根据 http：//news.hexun.com/2014-12-13/171395937.html 整理）

全国范围的国家纪念地体系隶属于美国国家公园体系，由美国国家公园管理局进行统一管理维护。大不列颠百科对美国国家纪念地（National Monument）的定义为："国家纪念地是以保护特定时期历史事件、文化价值为目的，受国家统一管理和法律保护的众多地区。"同样，美国《古迹遗址保护法案》（*Reorganization Act*）（1906年）授权总统"以公告宣布历史遗迹、历史和史前建筑和其他有历史、科学价值的遗迹作为国家纪念地。[8]"

梳理美国国家公园体系，与国家纪念相关的门类有10类，具体如下。

国家纪念地（National Monuments）主要保留规模较小的具有国家意义的资源，包含内容很多，涵盖大的自然保留地、历史上的军事工事、历史遗迹、化石场地以及自由女神像等。

国家纪念碑（National Memorials）主要用于有纪念意义的场地，不一定需要建筑来表现其历史主题，如华盛顿哥伦比亚特区的林肯纪念碑。

国家战场（National Battlefield）、国家战场公园（National Battlefield Park）、国家战场遗址（National Battlefield Park）、国家军事公园（National Military Park）四类用于与美国军事历史相关的资源。

国家历史公园（National Historical Parks）以人文景观为主，将一些具有历史纪念价值的场所保护起来，供游客参观，如位于肯塔基州的林肯出生地历史公园。

国家历史遗址（National Historical Sites）为有历史意义的纪念场所。

国家公园大道（National Parkways）为欣赏优美景色而设置，如华盛顿特区波托马克河岸边的乔治·华盛顿纪念大道。

其他门类（Other Designations）中也有部分与纪念性相关的资源，如美国国家广场（National Mall）、白宫等[8]。

研究对美国国家公园下的此10类资源进行梳理总结后，发现美国授权的国家纪念地资源包括地质资源、文化遗迹、重要历史建筑、重要历史人物和历史事件纪念碑以及重要历史事件的发生场所等方面。从主题来看，美国国家纪念地可归纳为6类，分别为史前印第安文明纪念、欧洲探索殖民时期纪念、重大战争纪念、美国独特的地质自然资源纪念和对一些重要历史人物

图 12-5　美国不同主题国家纪念地空间分布示意图

与重大历史事件的纪念（表 12-8）。纪念内容都在很大程度上反映了美国建国历史上的重大转折，也包括民族文化的精华部分。其中，纪念史前文明、殖民探索、战争、地质资源和历史事件多是根据其发生地和遗址、遗迹所在地设立纪念地，而对历史人物和战争的纪念大多在首都地区进行选址纪念（图 12-5）。

美国国家纪念地纪念主题分类　　表12-8

纪念内容	数量	具体阐释	举例
史前印第安文明	22 个	与史前印第安文明相关的历史遗迹	阿兹特克废墟、大河谷国家纪念碑
欧洲探索殖民时期	9 个	欧洲早期殖民者最初在美洲登陆和殖民时遗留下的防御工事等	马坦泽斯堡国家纪念地、圣马科斯堡国家纪念碑
战争	70 个	纪念美国历史上重要战争，独立战争、南北战争、第一次世界大战、第二次世界大战及其他重要战争，以及在战争中的重要事件或无名英雄等	国王山国家军事公园、里士满国家战场遗址、第一次世界大战纪念碑、第二次世界大战纪念碑、越战纪念碑
地质自然资源	36 个	美国特有的地质自然资源，体现美国之于世界的贡献	大峡谷国家纪念碑、约翰化石床国家纪念碑
重要历史人物	23 个	美国历史上的重要人物，政治领袖，民族英雄，科技领域的杰出人物等	林肯纪念堂、马丁・路德金纪念碑、莱特兄弟纪念碑
重大历史事件	8 个	除以上之外的美国历史上重大事件的纪念	93 号航班纪念地、自由女神国家纪念区、约翰逊洪水国家纪念地

（2）首都地区的“纪念地与纪念博物馆”

首都地区是美国国家纪念地体系的核心。从空间分布来看，其体系更为完整，规划设计意图更强，更能体现出国家纪念性的强化和国家形象的代表意义[5]。其致力于在统一的城市设计框架内结合公共空间与城市骨架，布局国家纪念地与文化博览建筑，并逐步实施。

华盛顿特区的纪念体系最早来源于皮埃尔·朗方构想，即华盛顿地区将来要作为一座具有象征意义的城市，为美国和“伟大帝国的首都”进行新民主实践而服务。其后的纪念地空间体系均是在此基础上发展演化：1901年，麦克米兰委员会计划提出国家广场构想，将原有纪念地核心区的范围拓展至波托马克河岸，打破行政边界，实现整体规划；1997年，美国国家首都规划委员会提出“传承遗产”的愿景和理念，提出将纪念性景观进行拓展，鼓励通过一系列博物馆和纪念碑的设立，引导华盛顿纪念地核心区的整体提升，成为具有重要象征和展示意义的国家首都，成为市民性和纪念性的中心场所；2001年，《纪念碑和博物馆总体规划》出台，确立了华盛顿最终的纪念地空间体系（图12–6）[9]。

美国首都地区的纪念地资源相对于全国层面来说，内容主要侧重于纪念历史人物和重大历史事件的纪念碑与纪念建筑，而没有包含大型地质资源和文化遗迹的纪念内容。从华盛顿纪念地设立主题来看，更多体现与时俱进的理念，倡导多元化，并更多地将“自下而上”作为设立纪念地的出发点，地方属性从无到有开始逐渐加强。纪念主题从早期以军事主题为主导逐步转向向社会、文化和国际交往等更加多方面、多元化发展。

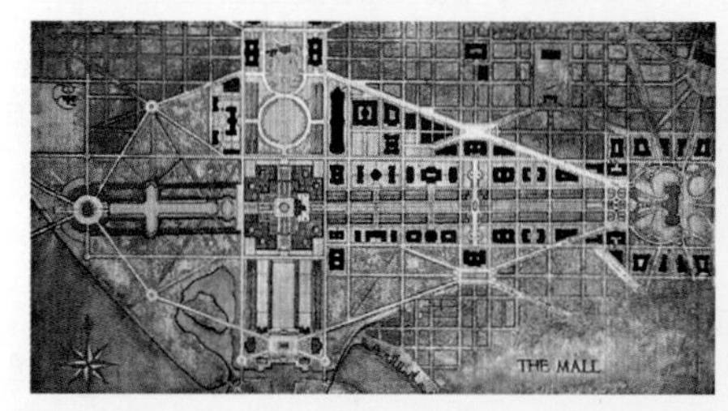

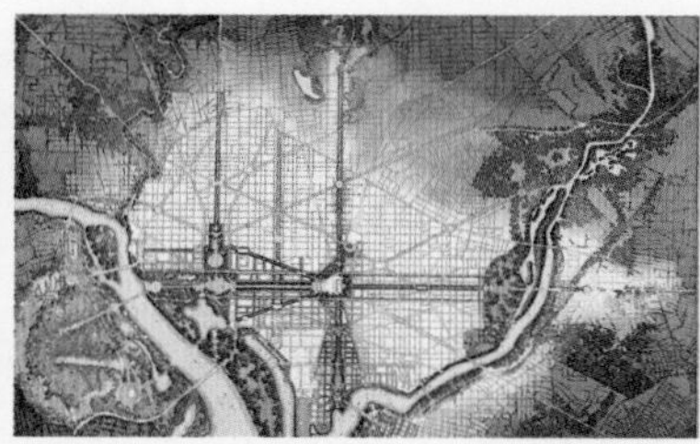
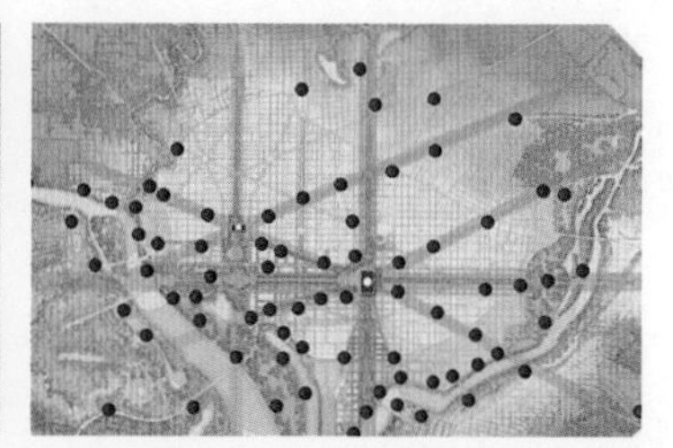

图12–6　1901年麦克米兰委员会计划构想（左）1997年“传承遗产”计划构想（中）2001年《纪念碑和博物馆总体规划》构想（右）

（图片来源：NCPC. Memorial Trends&Practice in Washington，2012. https://www.ncpc.gov/DocumentDepot/Planning/NCPC_Memorial_Trends_Practice_Report.pdf）

从纪念主题来看，首都地区更强调对重要历史人物和战争的纪念。这些历史人物多为美国总统和其他政治领袖，在美国历史发展中起到关键作用，战争包括了美国历史发生重大转折的几次关键战争。可见，美国的首都地区是美国成为现代国家后对历史脉络进行集中纪念的核心地区。

（3）国家形象的集中象征：华盛顿“国家广场”

在美国首都华盛顿特区中占据核心位置的国家广场是美国人极其重视的城市纪念性公共空间。整个广场由数片绿地组成，面积为 2.78km^2，从林肯纪念堂延伸到国会大厦，是美国进行国家庆典和仪式的首选之地，也是美国历史上举行重大示威游行、民权演说的重要场地。

国家广场最初在 1791 年皮埃尔·朗方的华盛顿规划方案中提出，但当时未实现，直至 20 世纪的麦克米兰计划才得以实施。国家广场上有数个美国国家纪念地和国家纪念碑，是美国国家典型形象代表之一（图 12–7）。

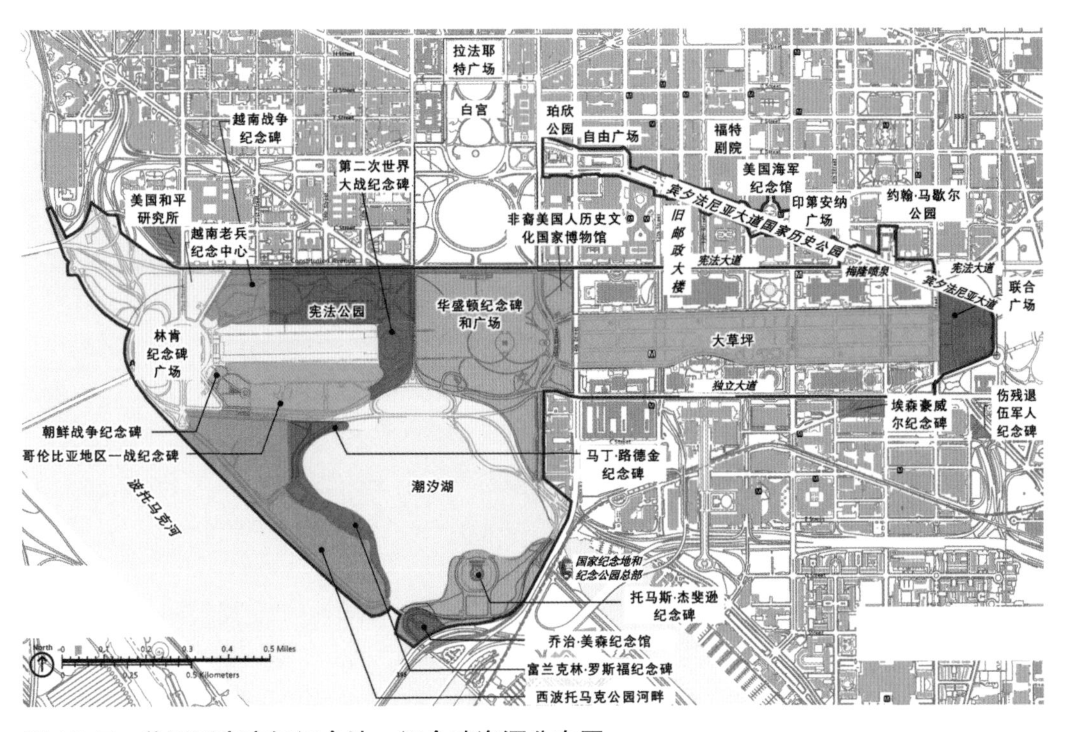

图 12–7　美国国家广场纪念地、纪念碑资源分布图

（图片来源：National Park Service. National Mall Plan–National Mall Areas. https://www.nps.gov/nationalmallplan/Maps/AreaswithinNMall.pdf）

国家广场是美国人极其珍视的历史文化和集体记忆的物质载体，是华盛顿最无与伦比的绿地空间，是美国人民主与自由理念的核心象征[10]。2003年，美国国会通过保护法案，加强对这片开放空间的保护，限制在国家广场区域拓建任何工程项目。

（4）首都地区国家纪念地的空间特征

从空间特征来看，美国首都地区的纪念地空间体系有以下几方面特点：一是强调纪念地规划的整体性和完整性；二是结合具体条件发展具有不同特色、特征的地段；三是尽量贴近现有的特色自然资源；四是强调对生态环境和历史资源的保护（图12–8）；五是纪念地的设立要与区域现有的城镇、交通、生态、文化网络相结合，充分考虑对城市空间品质的提升和对经济的带动作用（图12–9）。首都城市的纪念地资源与周边的城镇体系一起，在纪念地的主题和空间联系上相互呼应，形成一个整体。

（5）内涵丰富的国家级纪念日

美国对国家纪念日的庆祝十分隆重。美国首都华盛顿的国家广场拥有相当丰富的纪念地和纪念碑，也因此成为美国许多国家庆典和政治活动的举办场所，同时发展成为很有活力的城市公共空间（图12–10）。

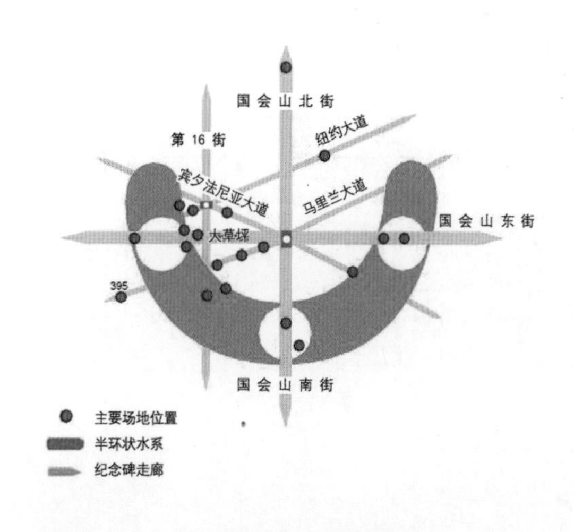

图12–8 华盛顿地区纪念地选址

（图片来源：https://www.ncpc.gov/DocumentDepot/Planning/NCPC_Memorial_Trends_Practice_Report.pdf）

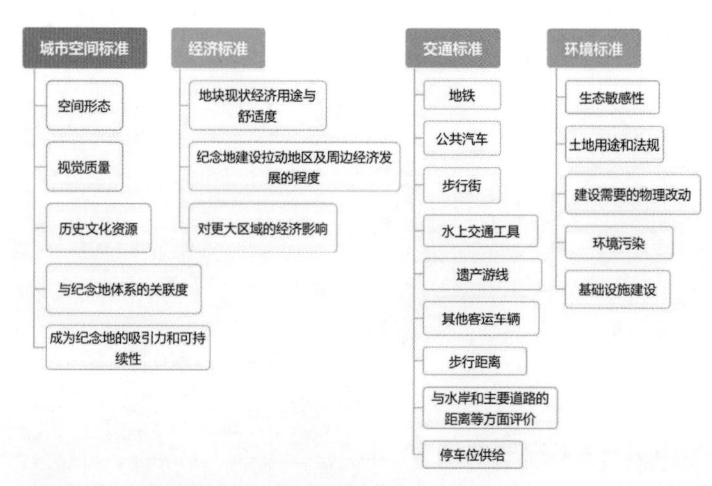

图12–9 美国国家纪念地选址标准

（图片来源：https://www.ncpc.gov/DocumentDepot/Planning/NCPC_Memorial_Trends_Practice_Report.pdf）

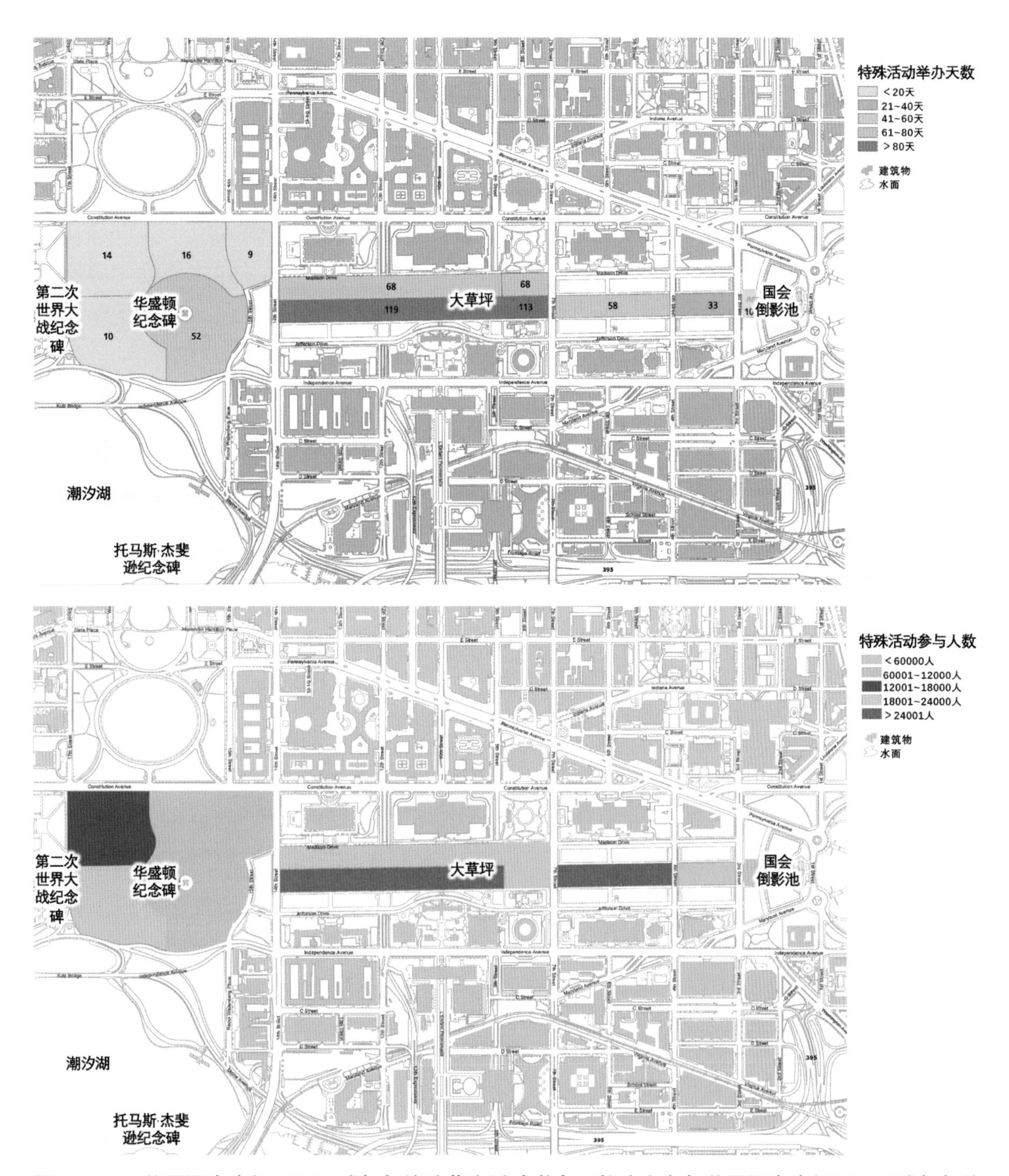

图 12–10　美国国家广场不同区域每年特殊节庆活动举办天数（上）与美国国家广场不同区域每年特殊节庆活动参与者人数（下）

（图片来源：National Park Service. National Mall Plan–National Mall and Memorial Parks，2010. https://www.nps.gov/nationalmallplan/National%20Mall%20Plan.html）

据美国国家公园管理局收集的2008年和2009年的数据资料显示，每天有超过30个在国家广场举办的活动被批准，内容包括国家庆典和一些特殊的纪念性活动，在内容上与国家广场的内涵和主题契合。在最受欢迎的10个活动申办场地中，有6个与纪念意义紧密相关，包括林荫大道、华盛顿纪念碑及广场、林肯纪念堂前水池、联合广场、亨利·培根大道（邻近林肯纪念碑和越战纪念碑）和林肯纪念碑。美国国家广场不仅是许多重要的国家政治和纪念活动的举办场所，还将活动内容丰富化，举办富有民族文化和娱乐特色、面向市民的多样化的节庆活动。

12.2.2　法国：侧重于军事历史纪念的独立国家纪念地体系

法国国家纪念地资源体系较为明确，并与法国的文化遗产体系相区分。

法国文化遗产在国家行政上进行统一的管理保护。中央设有文化部建筑与文化遗产司，对全国范围内的建筑、考古、城市遗产以及人类学意义上的遗产进行普查、研究、保护、修复和宣传。大区层面有大区文化事务局，对文化遗产进行研究、登记、保护和利用[11]。而法国的纪念性资源主要由国防部管辖，其下具有专门版块“记忆与遗产”（Mémoire et patrimoine）用以进行与法国军事历史相关的纪念活动和物质空间的建设。

在法国国防部管理下的法国国家纪念地（Les hauts lieux de la mémoire nationale）包含9项纪念资源，内容均与法国1870年后战争中的牺牲者纪念相关（表12–9）。受法国国防部直接管辖的国家级纪念性资源还包括纪念地（Lieux de mémoire）和军事文化遗产两部分。其中，纪念地主要是与军事和战争事件相关的历史遗迹、集中营、纪念碑、公墓等，军事文化遗产主要包括与军事相关的图书馆、档案馆、军事研究院、酒店等历史建筑和与法国军事历史相关的博物馆。总的来看，法国的国家纪念地体系相对独立和完整，并且由于受国防部管理和保护，内容与国家军事历史紧密相关（图12–11）。

此外，法国很重视国家纪念日，从国家层面确立了11个官方国家纪念日（表12–10），均受到法律保护，用以纪念那些为保卫共和国荣誉而战争

法国国家纪念地列表　　表12-9

类型	举例
最高级别纪念地 （Hauts lieux de mémoire）	洛里昂国家公墓、弗勒里德旺杜奥蒙国家公墓、纳茨维勒纳粹集中营、驱逐出境烈士纪念碑、蒙吕克监狱纪念碑、盟军登陆蒙法龙纪念碑、印度支那战争纪念碑、突尼斯和摩洛哥战争纪念碑
无名英雄纪念碑 （Sépultures et monuments aux morts）	—
历史建筑纪念地 （Les monuments et lieux historiques）	圣路易教堂巴黎军事学院、文森城堡、皇家修道院、1814 年酒店、国家残疾人酒店
博物馆 （Les musées）	传统博物馆、国家军事博物馆、国家海洋博物馆、国家航天航空博物馆

（资料来源：根据 http：//www.defense.gouv.fr/memoire/memoire/hauts-lieux-de-memoire 整理）

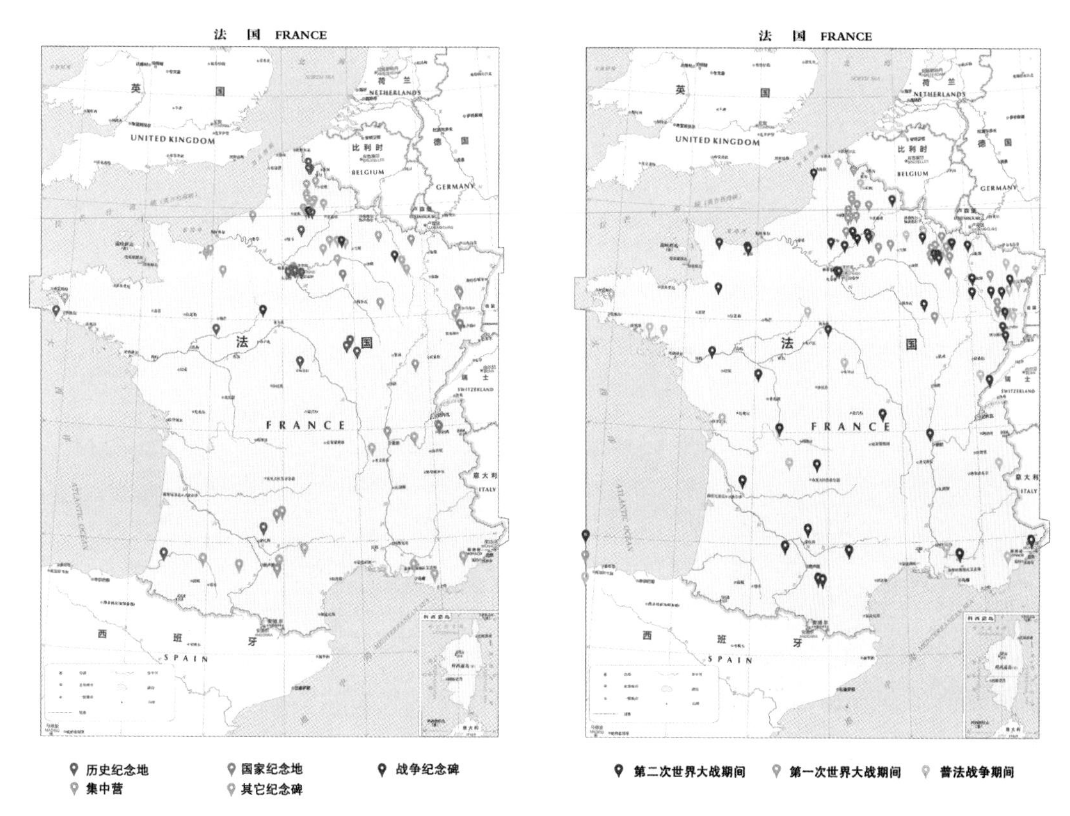

图 12-11　法国国家纪念地分布示意图（左）法国不同时期国家战争纪念地分布示意图（右）

的人，并对战争中的受害者致以敬意。此外，针对第一次世界大战和第二次世界大战，法国还专门设立了 30 个国家级纪念日，并于 2015 年反法西斯战争胜利 70 周年之际进行隆重纪念（图 12-12）。

法国国家纪念日汇总 表12–10

日期	纪念内容
3 月 19 日、12 月 5 日	阿尔及利亚战争、突尼斯和摩洛哥战争中牺牲的平民、军人的纪念、追悼日
4 月最后一个星期日	被驱逐出境的受难者和英雄的国家纪念日
5 月 8 日	1945 年 5 月 8 日胜利纪念日
5 月第二个星期日	圣女贞德爱国纪念日
5 月 27 日	国家反抗纪念日
6 月 8 日	印度支那“为法国献身”国家纪念日
6 月 17 日	让・穆兰纪念日，以及其他重要事件的重要年份纪念日，如第二次世界大战 70 周年纪念日，第一次世界大战百年纪念日
6 月 18 日	国家纪念日：戴高乐将军呼吁法国人民抵抗德军
7 月 16 日（星期日）	国家纪念日：纪念种族运动和反犹太人运动的牺牲者，向法国正义致敬
9 月 25 日	纪念北非（法国前殖民地阿尔及利亚）本地军人
11 月 11 日	胜利与和平纪念日、停战纪念日，纪念所有为法国献出生命的人

（资料来源：根据 http：//www.defense.gouv.fr/memoire 整理）

图 12–12 法国举行国家纪念日的活动场景

（图片来源：Ministere De La Defense. Les Ceremonies Commemoratives，2013. http：//www.defense.gouv.fr/content/download/97908/947730/DMPA_ceremonies.pdf）

12.2.3　英国：与文化遗产相结合的国家纪念地资源

相比于美国和法国，英国的纪念地资源相对分散，并没有形成相对独立完整的体系。

英国的公共文化管理体系本身较为复杂：中央领导层为国家文化媒体体育部，主管国家文化政策和政府文化拨款；中间层级为主管具体分配拨款和相关领域文化遗产资源咨询、调研工作的众多非政府组织，其中比较著名的有英国古建筑保护协会、遗产英国（English Heritage）、国民信托和一些遗产彩票基金等；基层是地方政府与文化艺术团体，主要负责接收拨款，实施国家文化政策和提供文化服务[12]。

英国最为著名的与文化遗产保护相关的非政府组织为遗产英国，由英国文化部资助，负责制定和管理英国文化遗产名录，包括超过400个历史建筑、古迹和遗址。英国文化遗产名录包括登记入册的名胜古迹建筑（Listed Buildings）、纪念碑（Scheduled Monuments）、事故遗址（Protected Wreck Sites）、战场遗址（Registered Battlefields）和世界文化遗产（World Heritage Sites）等。

英国众多具有国家纪念性的资源都收录于遗产英国的文化遗产名录并受到相应机构保护。例如，伦敦中央活动区（CAZ）有一块具有强烈国家形象特征的用地，包括议会大厦、威斯敏斯特教堂、财政部、外交部、国防部、首相府、皇家马场等在内的核心建筑群，是具有很强政治符号和行政代表的纪念性资源（图12-13）。承载着众多纪念建筑和纪念碑的伦敦郡八大皇家公园也在文化遗产名录中。

英国文化遗产同样包含对军事和战争历史的纪念。文化遗产名录中目前包括43个战场遗迹，并在最近开始不断增加战争纪念碑到遗产名录中。另外，英国有关战争纪念的资源由战争纪念碑信托（War Memorial Trust）负责管理，以帝国战争博物馆作为根据地，建立战场纪念碑名录（War Memorials Registers），由来自全国各地的工作人员和志愿者更新战争纪念馆的信息和名录。此外，还有英联邦战争墓地委员会（Commonwealth War Graves Commission）负责管理英国的战场公墓等。

图 12-13 威斯敏斯特核心地区的重要国家政务建筑

（图片来源：https://www.civilserviceworld.com/articles/culture/just-about-managing-history-management-consultants-government）

注：1—议会大厦；2—威斯敏斯特大教堂；3—财政部；4—外交部；5—国防部；6—唐宁街 10 号首相府；7—卫生部；8—皇家马场

总之，从美国、法国、英国的经验来看，第一，国家纪念地具有历史性，究其根本是以保护特定时期历史事件、文化价值为目的，是受国家统一管理和法律保护的地区。第二，国家纪念地兼具文化属性和政治属性，纪念地资源往往与国家的政治历史和军事历史紧密相关，反映国家历史上的重大转折，或者是对国家历史上具有突出贡献的政治人物进行纪念；但不同国家的偏重点不同，如美国更偏重于文化属性，法国更偏重于政治和军事属性。第三，国家纪念地具有纪念性，是具有纪念意义的物质空间载体。第四，国家纪念地受到法律保护，并且具有较高的国家保护地位。

对于国家纪念地的体系性，则同样没有统一的标准，有的国家体系性很强，如美国首都地区、法国；有些国家体系性不强，如美国国家层面的纪念地与文化资源并列，而英国则混杂在文化保护资源中。

12.3　北京首都地区国家纪念地构想

12.3.1　设立国家纪念地的目的

（1）增加现有文化保护体系，进一步挖掘文化资源的纪念性意义

我国具有独特的纪念地传统，但是随着时间的推移，许多文物的纪念性被削弱甚至丧失；现有文化保护体系更多注重文化遗产性的保留，但忽视了其承载的纪念性价值和纪念性传统文化[13]。全国文物保护单位中的古遗址、古建筑、古墓葬等文化资源，包括具有山岳崇拜意义的东岳庙，具有维护国家统一和民族团结目的的历代帝王庙等，目前对其背后深厚的纪念文化内涵的挖掘显然不够。与美国以荒野文化象征民族身份和民族开拓精神，日本以富士山作为国家象征相似，我国古代具有很丰富的山岳崇拜文化，并且与我国的民族特性、古代宗教信仰息息相关。这些纪念性内涵值得传承和保护，却没有在当今文保体系中充分体现，我国对山川大河等自然资源的纪念性也有待挖掘。

（2）补充完善国家历史纪念的空间场所

对国家历史进行纪念、对国民进行爱国主义教育需要以物质空间为载体，以达到深入共情的目的。缺乏相应的历史纪念场所，纪念形式单一死板，会使历史文化教育成为空洞的说教，降低民众的接受度。国家纪念地资源盘点和体系的建立，将为国家纪念活动、爱国主义教育等提供丰富生动的空间场所，强化民众对国家历史的感知共情和深刻反省，进而提升当代民众的凝聚力和荣誉感。从我国纪念性资源现状来看，重点应强化以下三个方面的内容。

一是对国家战争历史的纪念。阵亡军人和平民是战争中最大的牺牲品，隆重纪念国家烈士和无名英雄是一个国家立场的表达，也最能检验一个国家的价值观[14]。以抗日战争为例，我国抗日战争是世界反法西斯战争的重要组成部分，中国人民在这场战争中作出了巨大的民族牺牲。据不完全统计，抗日战争期间，中国军民死伤3500多万人，全国发生的各类重大惨案事件共173起，分布于全国22个省份[15]。而针对这些惨案事件真正建立起纪念设施的仅有48个，且其中很多纪念碑年代久远，破败不堪。后人凭吊英雄和亲人时，若连在他牺牲的地方献枝花都找不到地方，则实属悲凉。

二是对近代民族工业、现代科技文化创新事件、人物的纪念。近代民族工业在半殖民地半封建社会的夹缝中艰难生存，其探索本身带有救亡图存、寻求国家自主独立的内涵，也是值得当代进行纪念和传承的精神遗产。例如，民族工业代表项目江南制造总局、汉阳铁厂等，代表人物张謇、侯德榜、詹天佑等，代表事件“五卅”运动等。中华人民共和国成立后，我国在物质生活条件极其匮乏的年代，在缺乏技术支持的条件下，独立自主研发，实现一个又一个的科技突破，加快国家现代化进程。在这个过程中无数先辈吃苦耐劳、无私奉献、为国争荣的精神值得纪念，如“两弹结合”试验成功、载人飞船成功发射升空等。

三是对部分灾难事件、政治运动的纪念反思。中华人民共和国成立后我国经历多次自然灾害事件，人民身心受到巨大伤害。纪念此类自然灾害事件以表达国家对国民生命的尊重，培养国民对同胞的爱与同情，有利于提升国家凝聚力。此外，也应增加对中华人民共和国成立后发生的部分政治运动事件的反思总结内容。

（3）构建向国际社会传达中国立场的载体

我国如今面临愈加复杂的国际、国内形势，领土争端、贸易战、意识形态差异导致我国在寻求自身发展、民族复兴的同时要愈加谨慎地处理好同国际社会的关系。近年来我国多次提到和平发展、构建“人类命运共同体”等概念，向世界展示我国友好和平、合作共赢的理念。对我国促进世界和平发展作出贡献的事件建立相应的纪念地，将对我国向世界展示中国立场形成重要补充。

一是通过纪念共同经历的伤痛寻求情感共鸣和价值。例如，中国目前在第二次世界大战中的贡献仍被西方社会远远低估，应设立反法西斯主题纪念馆，强化中国抗日战争与世界的关联性，并强调国际社会对中国的援助，如新闻采访、医疗援助、建设援助、军队援助[16]等。进而将国家战争灾难上升至世界共同经历的灾难以及国际社会的团结，引发情感共鸣，传递我国爱好和平的理念。二是通过纪念我国历史上多次主动进行的友好贸易往来和文化交流（如郑和下西洋、丝绸之路）来彰显我国一直以来的和平理念。三是通过“一带一路”倡议，强化我国合作共赢的理念。

在传递和平理念的同时，对领土争端问题，我国同样需要表达严肃、坚定的立场，强化国民和国外爱好和平人士对我国领土范围的认知、认可。

12.3.2　首都地区设立国家纪念地的特殊价值

根据彼得·霍尔等对首都地区的研究，世界上的国家首都均承担重要的国家行政职能，同时也是众多境外和国家组织机构入驻之地，是国家的符号和象征。同时，世界大国的国家首都均以丰富悠久的历史纪念吸引着各国游客，应利用首都地区的文化遗产和景观资源，突出本国在国际上的地位和特色。首都地区应该注重统筹国家行政与国际交往的关系，通过国家纪念地体系，形成民族凝聚的空间载体。首都地区是体现民族凝聚力的核心区域，是加强对外交往、展示世界自然文化遗产的重要领地，也是弘扬民族精神，铭记近现代奋斗传统，为国民提供文化凝聚和国民教育的核心场所[2]。

北京有着辉煌的历史，是拥有“世界文化遗产”项目数最多的城市，全球只有极少数城市像北京一样长时间作为国家的政治和经济中心而存在[11]。北京的伟大不仅仅在于城市建设与建筑艺术上的成就，还在于它是中华文化的集中体现之地。如今，京津冀协同发展需要从区域范围疏解非首都功能，同时提升北京的首都核心功能。北京作为国家首都具有“政治中心、文化中心、对外交往中心、科技创新中心”的重要战略地位，需要通过强化首都核心功能，进而树立国家民族的文化自觉和文化自信。作为国家主权的象征，北京需要建设集中体现民族凝聚力的国家首都核心功能区，并以此传承中华五千年的文明传统，同时结合当代中国的发展主题，弘扬社会主义核心价值观，进而树立民族文化信心，提升民族凝聚力，展现中华人民共和国的文明未来[2]。

从首都功能的角度来看，北京需要对首都的核心功能进行集聚和整合，完善国家首都核心功能布局，提升首都形象。目前北京的首都形象不够鲜

图 12-14 美国华盛顿纪念碑（左）与北京中轴线（右）

（图片来源：左图 https://pixabay.com/photos/washington-dc-c-city-urban-1622643/；右图 http：//www.pep.com.cn/meishu/rjbms/rjmstp/201311/t20131114_1599860.html）

明，首都核心功能在城市整体布局中地位不够突出，纪念设施和文化场所比较分散。过于零散且不成体系的国家纪念地与文化场所难以体现国家凝聚力。当前，高质量的国家级纪念、教育、休闲场所数量依旧较少，与北京市级的纪念、教育、休闲场所相互混杂，辨识度也不高，难以起到应有的作用[2]。

从城市空间的角度来看，国家纪念地往往与城市地标和城市公共绿地空间密切相关，优质的国家纪念地建设有利于提升城市的功能和空间品质。国家纪念地可以强化城市的历史空间特色，作为城市景观的重点要素以及城市重要的公共空间，作为连接城市主要经济活动区域和居民社区的纽带，并成为塑造城市空间和城市形象的重要元素（图 12-14）。

12.3.3 首都地区国家纪念地的内容及空间格局

（1）国家纪念地的概念和内涵

结合我国纪念地传统追溯、国际对比以及我国设立国家纪念地的目的，总结我国国家纪念地的内涵为：国家纪念地是指集中体现我国历史文化精华、民族精神和核心文化价值观，记录我国重要历史事件及重大历史转折，纪念重要历史人物，受我国统一管理和法律保护的纪念性文化资源。

在国家纪念地概念的基础上，本研究对我国国家纪念地的内涵进行解读。国家纪念地是我国民族文化精华、民族精神和核心文化价值观的集中反映。本研究对我国历史文化内核、我国社会主义核心价值观进行分析总结，得出文化核心价值包括：①爱国奉献，追求民族独立、统一、团结的坚定信仰；②主动、友好、包容、和平地面向世界的信念；③天人合一、与自然和谐共处的理念；④天下兴亡，匹夫有责的社会责任感和追求；⑤勇于反思、探索、开拓，寻求进步、创新、发展的精神；⑥中华民族长久生命力和文化连续性。

从资源类型上看，国家纪念地的空间表现形式主要有自然资源、原址遗迹、独立建筑、公园绿地、构筑物、建筑工程等不同类型（表 12–11）。

（2）首都地区国家纪念地的内涵

首都地区是国家纪念的核心地区，应是国家纪念地内容和内涵的完整体现。因此，根据之前对国家纪念地概念和内容的解读，本研究对首都地区国家纪念地的资源进行总结。

首都地区国家纪念地的选取标准如下：①纪念为中华人民共和国崛起献身的重要历史人物、英雄先烈和无名烈士；②纪念为民族工业、现代化工业、科技文化创新作出贡献的伟大先辈；③纪念近现代对外交往的重大历史事件；④纪念 5000 年中华文明崛起的伟大历史。在此标准的基础上，研究对我国历史精华文化资源、重要历史转折、历史人物、战争等军事历史相关的历史事件和纪念性资源进行梳理，并结合当前时代形势、国家新的政策与战略构想，对首都地区的国家纪念地资源点进行补充，以满足当代的文化需求（表 12–12）。

（3）首都地区现有纪念地资源及空间分布梳理

我国首都地区现有纪念地资源主要包括国家遗产、革命意义纪念场所、国家级博物馆、名人故居、公园、绿地、水系等类型（表 12–13、图 12–15、图 12–16）。

国家纪念地的空间表现形式　表12-11

分类	解释	举例
自然资源类	具有纪念意义的自然地质资源	泰山
原址遗迹类纪念地	事件发生原址建筑、构筑物、场地等	平山县西柏坡革命遗址
建筑类纪念地	纪念馆、博物馆、名人故居、宗教建筑等	毛主席纪念堂、中国人民抗日战争纪念馆
公园式纪念地	纪念广场、纪念公园、烈士陵园、革命公墓、战场公园、军事公园等	天安门广场、八宝山革命公墓、圆明园
构筑物类纪念地	纪念碑、纪念塔等	中国人民英雄纪念碑
建筑工程类纪念地	桥梁、铁路、工业遗存等	京张铁路、开滦唐山矿早期工业遗存

首都地区现有国家纪念地资源汇总　表12-12

分类	原则	举例	建议增加
中华民族长久的生命力和文化的连续性	①体现中华民族长久文化精华的重要历史遗迹和纪念建筑； ②体现中华文化深远影响力的历史事件	中国国家博物馆、北京中轴线、圆明园国家遗址公园	反映中华文化5000年集成的建筑或纪念场所
追求民族独立、统一、团结的坚定信仰	①为维护国家独立统一作出巨大贡献的人物的故居、纪念物、纪念建筑； ②近代重要的革命战争战场遗址； ③近代革命时期重要历史事件的发生地； ④ 1949年以后维护民族团结统一的重要人物、事件的纪念场所	天安门广场，毛主席纪念堂，平山县西柏坡革命遗址	近代革命纪念地、无名烈士纪念地、战争纪念公园、维护国家独立的相关事件纪念地、国家海洋馆
为中华崛起、民族富强不懈探索奋斗	①近代民族工业探索的重要工业遗存和建筑工程； ② 1949年以后在国家现代化探索和建设过程中发挥重要作用的人物和建筑物； ③ 1949年以后国家现代化探索和建设过程中重大历史事件的发生地	京张铁路南口段至八达岭段	近现代国家科学技术进步纪念地、现代国家建设先驱纪念地、中华人民共和国成立后“两弹一星”的工程纪念、为国家富强作出贡献、为重大工程建设牺牲的人物的名人堂、海外丝绸之路纪念地
对重大历史事件的纪念	—	新文化运动纪念馆	1949年以后的重大历史事件纪念地

（4）首都地区纪念地未来空间格局探讨

我国首都地区国家纪念地的空间体系，首先要遵循首都地区整体的自然特征。华北地区山川河流走势关系甚紧，太行山前大道“截断了数以百计从

首都地区国家纪念地内容　表12–13

类型	举例
国家遗产	中轴线精华区，历代帝王庙，天坛、地坛、日坛、月坛，“三山五园”，国子监、孔庙，万里长城、避暑山庄、北岳庙、北戴河秦行宫遗址等
革命意义纪念场所	天安门广场，人民大会堂、毛主席纪念堂、八宝山革命公墓、中国人民抗战纪念馆、军事博物馆，冉庄地道战遗址、西柏坡中共中央旧址、晋察冀边区政府及军区司令部旧址、北戴河近代建筑群、潘家峪惨案遗址、大沽口炮台遗址等
国家级博物馆	故宫博物院、中国国家博物馆、自然博物馆、中国地质博物馆、中国古代建筑博物馆等
名人故居	宋庆龄故居、郭沫若故居、徐悲鸿故居、茅盾故居、鲁迅纪念馆、李大钊故居（乐亭县）等
公园、绿地、水系	奥林匹克森林公园、景山公园、运河水系、白洋淀等

图 12–15　北京国家纪念地现状

（图片来源：吴良镛，等. 匠人营国——吴良镛·清华大学人居科学研究展 [M]. 北京：中国建筑工业出版社，2016.）

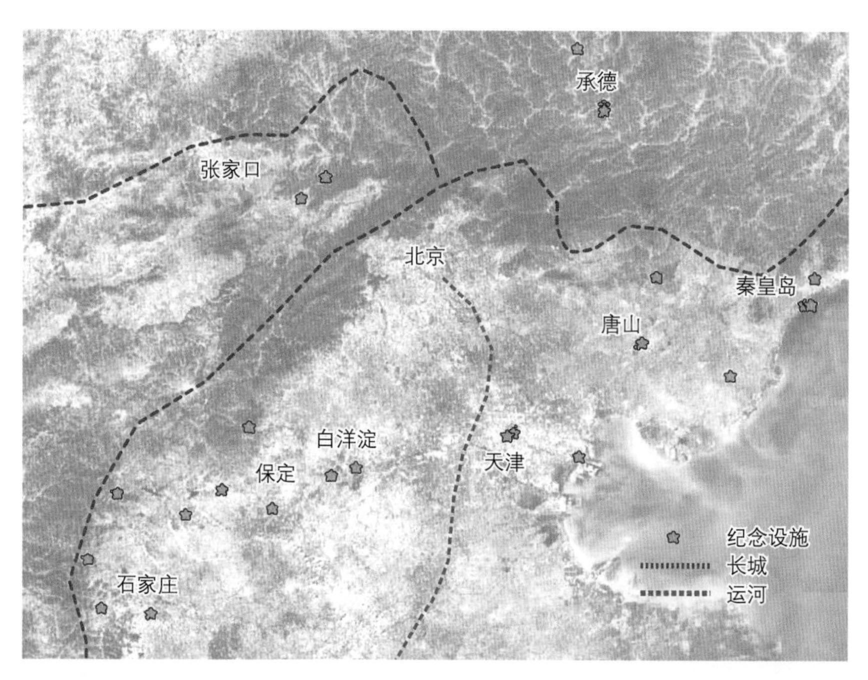

图 12-16　首都地区国家纪念地现状

山中流向平原的大小河流……”太行山走势向北与燕山山脉相交，在北京地区形成一个三面环山的小平原，侯仁之称之为“北京湾”，这促成了北京西北靠山，南、东望水的一个整体的山水格局（图 12-17）。

在对我国首都地区的纪念地现状资源以及我国首都地区山水格局进行梳理的基础上，提出首都地区国家纪念地空间格局的几点原则，形成有主有次、立体化、丰富化的首都纪念地空间格局。

①整体遵循北京山水格局和轴线原则；

②既有纪念地遗迹和现有的纪念地资源结合原址进行规划设计；

③需要新增的纪念地根据山水格局和轴线关系进行布置；

④首都地区的纪念地空间格局既要保证相对完整统一的体系，又要具备不同的层次，包括轴线关系、核心区域和分散在城市公共空间的城市纪念地；

⑤纪念地的布置尽量依托或修补城市绿地空间，促进形成首都地区良好的生态空间[2]。

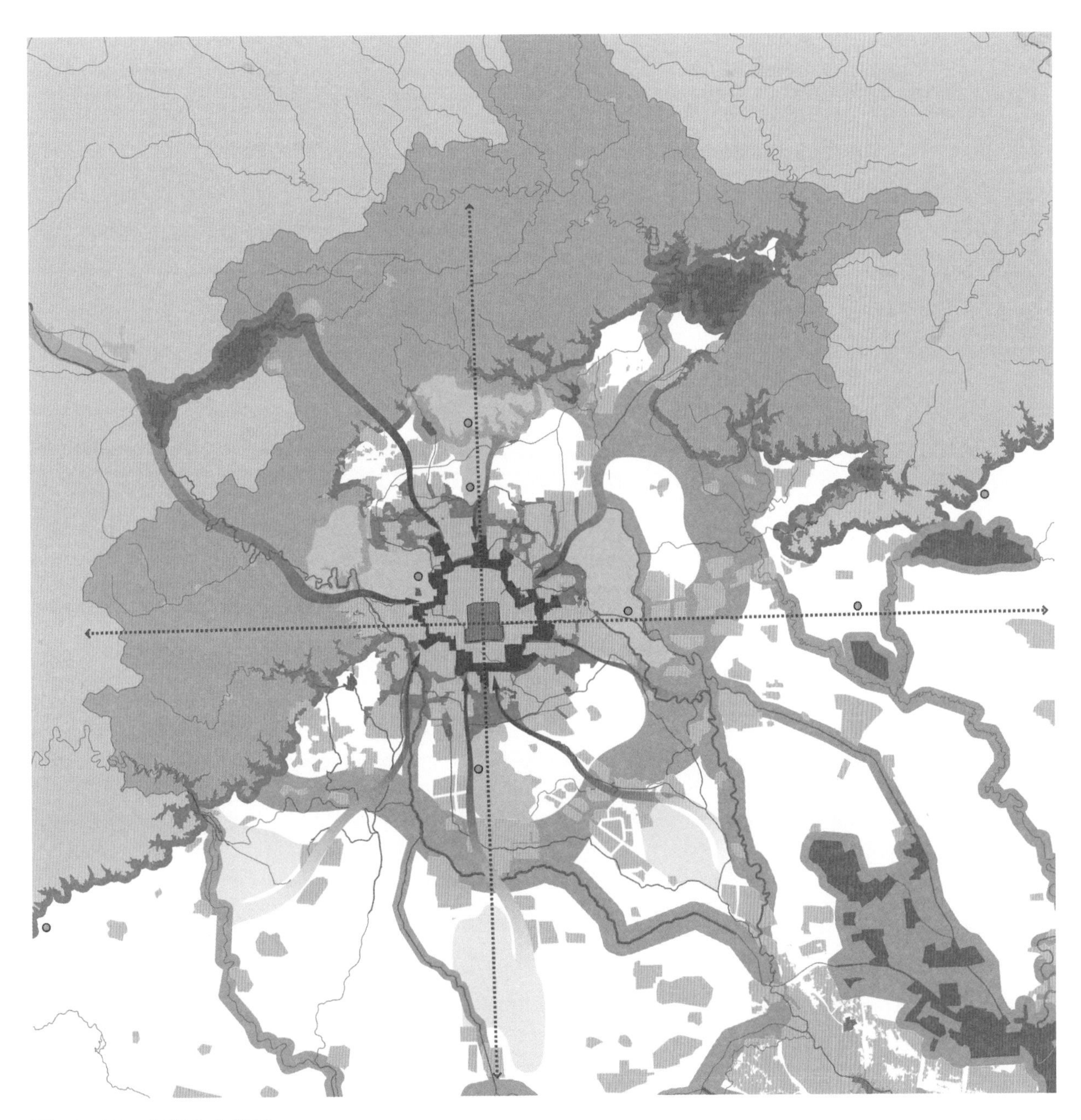

图 12-17　北京山水格局

（图片来源：吴良镛，等. 匠人营国——吴良镛·清华大学人居科学研究展 [M]. 北京：中国建筑工业出版社，2016.）

参考文献

[1] GORDON D L A. Planning twentieth century capital cities [M]. Routledge，2006.

[2] 吴良镛，等 . 人居科学与区域整合——第四届人居科学国际研讨会论集 [M]. 北京：中国建筑工业出版社，2016.

[3] 詹鄞鑫 . 神灵与祭祀：中国传统宗教综论 [M]. 南京：江苏古籍出版社，1992.

[4] 王希 . 中国山川崇拜文化研究 [D]. 咸阳：西北农林科技大学，2010.

[5] 刘锡诚，游琪 . 山岳与象征 [M]. 北京：商务印书馆，2004.

[6] 李俊领 . 中国近代国家祭祀的历史考察 [D]. 济南：山东师范大学，2005.

[7] 林存光 . 历史上的孔子形象 [M]. 济南：齐鲁书社，2004.

[8] 柳尚华 . 美国的国家公园系统及其管理 [J]. 中国园林，1999（1）：46-47.

[9] NCPC. Memorial trends & practice in Washington，D C.[R/OL]. [2015-04-01]. https://www.ncpc.gov/DocumentDepot/Planning/NCPC_Memorial_Trends_Practice_Report.pdf.

[10] SHORT L B. The national mall：no ordinary public space[M]. Toronto：University of Toronto Press，2016.

[11] 教莹 . 法国文化遗产保护的特点及发展前景分析 [J]. 故宫学刊，2013（1）：362-370.

[12] 任明 . 英国公共文化体系及其特点 [M]. 北京：社会科学文献出版社，2007.

[13] 孙华 . 纪念性遗产与纪念碑 [N]. 中国文物报，2014-05-30（005）.

[14] 蔡玉高，蒋芳 . 国家公祭：你应该关注的八个问题 [M]. 南京：南京出版社，2014.

[15] 中共中央党史研究室 . 抗战时期全国重大惨案 1-10[M]. 北京：中共党史出版社，2010.

[16] 《历史不能忘记》丛书编委会 . 国际友人与抗日战争 [M]. 北京：中国民主法制出版社，1999.

[17] 李理 . 世纪的葬礼——孙中山先生移灵南京奉安国葬 [N/OL]. [2017-04-01]. http://www.taiwan.cn/plzhx/zhjzhl/zhjlw/201110/t20111011_2100965_5.htm.

[18] 张锦秋 . 为炎黄子孙的祭祖圣地增辉——黄帝陵祭祀大院（殿）设计 [J]. 建筑学报，2005（6）：20-23.

[19] Ministere De La Defense. Les ceremonies commemoratives. [R/OL]. [2015-04-01]. http://www.defense.gouv.fr/content/download/97908/947730/DMPA_ceremonies.pdf.

[20] Greater London Authority. The London Plan：the spatial development strategy for London consolidated with alterations since 2011[R/OL]. [2016-09-01]. https://www.london.gov.uk/sites/default/files/the_london_plan_2016_jan_2017_fix.pdf.

[21] 吴良镛，等 . 匠人营国——吴良镛・清华大学人居科学研究展 [M]. 北京：中国建筑工业出版社，2016.

13

第十三章　专题九

加快立法，从国家视角统筹处理“都”与“城”的关系

13.1　明确“都”与“城”的空间布局关系和管理事项

13.2　为处理好“都”与“城”分区划定和特定事项提供制度安排

13.3　从国家治理高度，为完善首都空间布局提供法律保障

首都是国家的政治中心、文化中心、对外交往中心。首都功能是首都承担的国家政治、文化、对外交往中心职能。对于北京来说，首都功能还包括国家科技创新中心的职能。作为首都城市，北京要坚持“四个服务”①，为首都功能的高效运转提供服务保障，也要完善城市规划建设管理，为城市职能的有效运转创造积极条件。首都城市的“都”和“城”是国家和地方两个层面的事情，各有侧重。“都”主要是指国家政体的所在区域，是国家政治和文化的表征；“城”是“都”之外的其他区域，是城市经济社会活动的主要地区。首都城市在国家和区域的经济、社会、文化、交通发展中扮演着重要角色，具有重要的带动、引领作用，是所在国家参与区域和全球竞争的重要区域。

我国进入现代化以来，国家治理越来越趋于理性和系统化，首都功能越来越趋于综合和特色化；城市的经济、科技、文化创新机制也使得城市的发展越来越集约和区域化。空间关系相互交织的“都”与“城”，共处于同一个城市空间聚落，服务对象、空间诉求、重要性各不相同，需要进行分类、划区和功能事项的选定研究，以合理组织它们的关系，提高各自的服务效能。从国家治理的视角看，首都城市首先是服务“都”，其次才是“城”。但是，“都”的发展需要“城”的支持，“城”的发展又离不开“都”的带动和引领。加文·帕克和乔·多克在《规划学核心概念》一书中讨论规划的范式与正当性理由时指出，规划在国家的法律系统和结构中得以进行……通过立法以支配规划的类型、目标，乃是时间安排[1]。为此，相互交织的“都”与“城”关系的立法处理，针对的是划区、职责、事项等基本条件的限定，以统筹首都功能和城市功能的布局，服务好首都功能和城市功能，发挥首都城市在国家和区域发展的积极引领作用。

《立法法》指出，立法应当从实际出发，适应经济社会发展和全面深化改革的要求，科学合理地规定公民、法人和其他组织的权利与义务、国家机关的权力与责任。法律规范应当明确、具体，具有针对性和可执行性②。为妥善处理“都”与“城”的关系，立法需要理清相关各方的义务与责任。

为保障首都功能的高效运转，从国家视角上，立法要明确首都功能的空间范围界定、布局原则、目标要求，重大项目建设服务保障职责，“都”与“城”空间关系组织协调，以及与此相关的与其他国家职能部门事权交织的法律、政策衔接等；从城市角度看，通过立法对“都”的规划、建设、服务、管理具体内涵进行界定，也为“城”服务首都功能提供法律指引，以更好地调动市场机制，发挥城市职能，妥善处理“都”与“城”事权和国家利益与城市公共利益的关系。

加快对首都功能的空间布局进行立法，对维护首都功能和城市功能的正常运转，提升国家凝聚力，促进城市经济健康发展，保持国家长治久安具有重要意义。

13.1　明确“都”与“城”的空间布局关系和管理事项

《宪法》第143条规定中华人民共和国首都是北京。

今天的首都北京是一个有着2000多万人口的超大城市。近年来的情况说明，随着北京城市规模越来越大，功能越来越复杂，城市的多中心状况越来越显著，老城也就需要与时俱进，进一步提升中心职能。首都功能核心区控制性详细规划的编制、人口的疏解和一般服务职能的调整，为首都功能的空间布局调整和老城的城市中心职能提升提供了条件。

不断扩大和增长的城市规模，对自上而下的规划治理体制提出了挑战。默罕默德·A.卡迪尔在《关键的规划概念》一书中指出，发达国家在1975~2010年经历了后工业城市发展，规划重点转向市场导向和环境敏感的结合，倾向于采用市场为主的发展模式；房地产和其他公共福利被描述为确保劳动力的再生产。在可持续发展方面，从20世纪80年代的管辖权与成本收益平衡，到20世纪90年代的环境和能源效益，再到2000年后的混合使用与减少汽车使用等，可以看出，规划治理的总体趋势倾向于自下而上。在这种自上而下向自下而上的转型过程中，规划开发权是否完全归属于规划部门引起了争执。对此他建议可以采取的措施是，从国家角度对必须纳入国家的规划开发权范围进行规定和限制，除此之外，其他地方可以更多地采用市场为主的方式进行运作[2]。

城市中心职能的提升和首都空间布局的调整，易于造成用地上的空间交织，为此应研究从哪种角度处理更加合适，进一步明确相关事项的职责和权力。按卡迪尔的说法，“都”“城”关系的处理，应该明确“都”的自上而下管控的空间范围，限制和保护必要的相应规划开发权，以利于首都功能的高效运转和城市市场作用的发挥。

13.1.1 要求明确首都功能的空间范围和服务事项

要明确首都功能的空间范围和服务事项，首先需要明确首都功能的自身诉求。从技术角度，中央和国家机关有多种服务保障需求，包括机构联系、安全保障、对外公共联系的紧密程度等，涉及国家党、政、军等多个部门之间的联系，要求不一；具体到规划技术管理方面，中央和国家机关部门的运营、维护、社会服务、安全保障等与一般机关管理也有不同。由于管理对象不同、标准要求不同，对有关首都核心区、相关片区、政务街区的规范管理要求需要作出明确规范规定。

其次，历史原因使得不少中央、国家机关所在的政务街区中混杂有部分居住、商务等城市功能，导致街区边界划分不清，进而对政务街区的运转效率、服务和安全保障等造成影响。在建设、运营、维护、管理上，政务街区与政务机关不同，涉及了街区的公共空间使用；在服务保障上，政务街区与一般城市街区的街道管理不同，涉及了政务的公共服务与安全保障；在功能运营上，政务街区与一般商业街区不同，涉及了首都职能运作和国家窗口的空间展示。为此，要加强对政务街区划定的目标、原则、程序和标准进行研究，并加以规范规定，以提高政务街区的服务保障效率。目前，首都功能核心区控制性详细规划（街区层面）已经完成，界定的政务街区有 13 个。

再次，在事权上，首都核心区、相关片区、政务街区的建设、投资、运营维护涉及了国家机构以及发改、财政、安全等多个部门；相关的重大工程、公共服务、居住、保障等与住建、国土等部门有关；而国家重大节典、重大国事活动需要更大规模的城市公共空间和公共服务设施保障，与城市其他服务保障部门有关；为应对这类特定事项，发挥综合效率和相关设施的运营效率，也需要制定相关事权和事项特殊规定，以利于首都功能建设、运营的持续开展，便于在特殊事项下利用城市公共服务设施，统筹使用。

此外，首都是国家的象征，是国家文明的标识、对外交往的世界窗口。在首都核心区、相关片区、政务街区、国家机构、国家文化标志工程的规划建设和使用中，适当活化利用历史文化遗产，对提高首都核心区的国家形象、优化文明标识具有重要意义。鉴于历史文化遗产的特殊地位，在国家机关、国家文化标志工程中活化利用历史文化遗产，也要作出特殊规定，以保护历史文化遗产。其在事权上也与文化部门有关。

首都功能除了政治中心、文化中心外，国家交往的工作需要进一步加强。从立法来看，使馆区的布局规划建设运营机制应予以一定的制度规范，这种规范也适用于包括国际组织和非政府组织等在内的国际机构集中区域。

首都功能的安全也很重要，是国家机构正常运行的基本保障。在安全保障上，需要结合首都核心区、相关片区、政务街区的特殊需要，采取适当的管控管理措施，例如美国政府专门针对首都华盛顿特区的安全和反恐等制定有相关的规划和条款规定。

13.1.2　要求强化首都文化传承，突出国家形象

首都是国家的立国根本。国之大者，在戎在祀。中国古代一直重视都城的历史文化延续，历朝历代有很多做法，形成了许多关于“都”的建设制度安排，如“前朝后市”“左祖右社”，以及城的规模大小和礼制安排等。梁思成先生认为北京就是中国都城建设的伟大代表，他指出北京是我国“都市计划的无比杰作”，通过全盘计划的整体布局，组织起空间部署的庄严秩序，形成了宏壮而又美丽的环境，完整表现了伟大的中华民族的建筑和都市计划的智慧与气魄，“以整体的体形环境增强了我们对伟大的祖先的景仰，对中华民族文化的骄傲，对祖国的热爱。证明了我们的民族在适应自然、控制自然、改变自然的实践中的光辉成就”[3]。今天的首都建设和首都空间布局工作应对类似问题进行研究，探讨中国5000年都城文化的传承。

中国和西方国家的最大不同在于对城镇空间形式的文化含义予以特别的关注。即便是西方国家，首都的空间布局形式也是一项重要的工作。美国建国之初，就开始了有计划地建设首都。华盛顿特区规划建设持续了200多年，其间建设速度有起有伏，但大致坚持了当初的朗方规划。建设早期也出现过大而空旷、使用不当的情况，可以归纳为发展进程和阶段的原因。经历100多年的建设完善，华盛顿特区已形成一个相对完整的国家首都空间格局。在今天，华盛顿特区联邦政府机构、公共文化设施的空间布局，道路绿化格局，以及呈现的国家发展历史脉络和价值精神，都在 $100km^2$ 的“都”的区域里面以“都”的要求进行安排，制定了相应的法律、法规、制度来保障国家首都和联邦政府的利益需求，其中包括国家纪念地设置的程序合法性、国家首都的安全保障制度等。此外，华盛顿特区也承担了作为国家精神象征的政治任务，要求其建设成为美国人民心目中的国家政治中心。

习近平总书记曾谈到怎样建设首都和建设怎样的首都的问题。要认识这个问题，首先就需要从北京超大城市发展趋势出发，想深、想透、从大格局上把握首都城市发展规律，总结北京发展的历史经验和“都”“城”的文化特色。从首都形象来看，我国首都布局历来重视大的格局，所谓“天下之中”，中国的城市聚落文化也特别关注山水形势，今天我们还负有民族复兴、国家统一的伟大使命。因此，需要研究新时期首都空间布局的国家形象特点，将首都建设的文明标征与国家统一、民族复兴结合起来。本研究发现，除了中轴线之外，北京的天坛、地坛、日坛、月坛等都与首都核心区有一定的空间联系，可以进行更好的组织安排，以突出国家特点和文明特色。

其次，重大的首都功能建设项目需要从首都空间格局的更大空间范围予以考虑，以强化空间组织的系统性和效率。天安门广场是我国的国家象征。天安门广场及其周边如何进一步安排，体现和承担怎样的国家首都任务，需要制定相应的规划加以统筹考虑。天安门广场又是城市主要公共空间和交通要道，受制于日常城市活动的影响，有些国事活动不好落实，其反过来也会影响城市功能的日常运转，对此需要制定特殊的相关制度，与周边地区进行统筹布局，以提高使用效率。

最后，从首都城市看，国家首都的空间象征也不限于天安门广场及部分建筑群体，还是一个包括天安门广场等在内的国家首都公共空间系统的综合整体，对此可以以更丰富的内容，从5000年的中华文明，到中国革命100多年来的历史贡献，再到中华56个民族和睦相处的空间展现加以系统性地空间组合，形成“两个一百年”中国梦的有形载体。为迎接中华人民共和国成立70周年在香山建设的香山革命博物馆，说明了相关的历史及其科学展示的必要性和紧迫性。

对此，立法要明确提出首都空间布局的国家意义，要求开展首都特色研究，统筹相关的规划设计；要求从国家形象角度对具有国家意义的文化遗产展示利用进行明确规定；要求将首都功能与中华文明的伟大历史相结合，科学、合理地组织安排布局，规范、合理使用，以体现首都建设的严肃性、合法性。

13.1.3 要求开展首都功能布局的区域性、战略性研究，提高使用效率

关于“都”的认识。英国规划理论家彼得·霍尔曾经总结了不同国家的首都类型，包括过去君主国家的首都、单纯的政治和行政管理的行政首都、政治经济管理混合的综合首都等。一般说来，规模比较大的国家的首都城市规模会比较大，功能也比较综合。

许多情况下，首都功能并非都集中在首都城市。英国首都伦敦，面积约1580km^2，人口近900万，首都功能集中在威斯敏斯特地区，面积约5km^2，城市功能与首都功能相邻，集中在中心城区。美国首都华盛顿特区，面积100多km^2，人口60多万，首都功能集中区域，面积约20km^2，华盛顿特区与相邻的马里兰州和弗吉尼亚州部分区域组成了华盛顿都市区，是美国第四大都市区，人口800多万。

英国部分国家机构，如内政部的部分外围和日常工作机构等，由于有很多员工，从安全和土地使用便利、土地征用的可获得性以及城市功能的区

域疏解等角度考虑，被布置在伦敦外围；大伦敦地区部分首都功能分布于周边的新城和城镇中。在美国除了华盛顿特区外，外围的弗吉尼亚州和马里兰州就布局有许多国家机构，包括军事机构，如国防部的一些机构、国家级科研机构、政府咨询研究机构等；部分联邦机构和人员分布于国内其他地方。此外，德国由于历史和区域均衡原因，国家机构分别设置在柏林、波恩和卡尔斯鲁尔等多处。为了安全、管理效率和历史传承，日本东京也采取类似的措施。

从国外经验来看，除了正式的官方场所外，非正式的国家交往地点一般也会选择在具有历史、文化特殊意义的地方进行安排，如美国的戴维营、德国的波茨坦等，通常会在首都城市的外围。

我国历史悠久、地域辽阔，历史文化的关联和传承在相当程度上是国家和民族统一的正当性的重要来源。就政治地域来看，我国是广域的，或者是超大地域的。为整合不同地域的行政治理，通常采用郡县制以及作为国家管理中心的首都和京畿。郡县制以城市体系为基础，具有层级的差别，通过省城与地方城市的层级差别，规范了国家体制下的行政秩序。这种层级差别有历史原因，也是社会、经济、心理的文化规律表达。通过一个强大的国家首都和首都地区，以政治架构和交通网络为支撑，串联郡县，组成全国城市网络和政治体系，在国土空间中将最重要的点控制下来，形成国家治理的框架。首都位于这个国家政治网络或等级体系的最顶端。

北京是国家首都，首都功能的布局需要因应城市的区域发展诉求和效率、服务、安全等多方面的要求，进行区域性的统筹安排。从空间效率看，不是所有国家机构都需要设置在首都，如作为夏季办公地的北戴河、作为国家非官方交往地（博鳌论坛）的海南琼海，以及非首都功能疏解的雄安新区等。处理好首都功能的区域布局，可以为首都的发展提供区域腹地支持，带动区域发展。

为此，需要系统性地把握国家凝聚力、民族复兴、行政效率、首都安全以及现状条件等关键要素和因地制宜的布局规律，对首都功能的区域空间布局进行整体安排，以区域布局提升首都城市的空间使用效率。

13.1.4　要求“以人民为中心”，服务国家凝聚力

此外，首都城市要承担的另一个任务是展现国家的文明、人民的首都。为此也要研究设立国家广场、国家纪念地等的可能性，以及它们对促进民族统一、凝聚国家意识的重要意义。

首都应该让人民切实感受到祖国的伟大，认识到国家机构的高效运转，为此要在妥善安排安全保卫、不影响国家机构正常工作的前提下，研究将国家重要机构的部分空间对人民群众开放；在保障运行通畅，不影响城市交通和空间组织的条件下，研究将国家公共空间体系，包括国家文化设施、纪念设施等，与城市的微型广场、城市服务设施体系相串联，与城市公共空间体系大格局相融合，真正把首都城市建设成一个凝聚民心的地方，展示“以人民为中心”的执政理念。对此，需要对首都功能开放空间的功能使用、展示等进行明确规定。

13.2　为处理好“都”与“城”分区划定和特定事项提供制度安排

首都城市的“都”与“城”有关联，也有差异，要在服务“城”的同时，把服务“都”的职能凸显出来。

首都城市“都”的最大任务要求就是服务国家功能的正常运转。习近平总书记明确指出，北京城市总体规划就是首都城市规划，北京是首善之区，要建设好世界一流的和谐宜居之都，首先要服务好首都功能，其次才是服务好城市功能，引领人民城市的国家风气之先。

与“城”类似，作为一种建设活动和空间使用，“都”的功能服务也涉及区域分区、选定、土地征用、遗产保护等规划职责和程序等；作为服务“都”的重要使命，在规划职责、程序、特殊政策上，也应予以相应的立法规范和保障。

13.2.1　以分区划分，减缓“都”“城”空间使用的冲突

北京城市人口2000多万，规模已经很大，维持城市职能的正常运转，需要相当数量的城市基础设施予以支撑。城市大了，支撑首都功能运转的力

量也就更强大，能够以更好和更多的城市公共服务机构、设施支持开展国事活动和国际交往，提高世界地位。

但是，国事和国际交往活动往往集中、规模巨大，具有瞬时性特点，给城市的日常运转带来负担。突发的事件、越来越拥堵的城市交通等都给首都功能的正常运转带来难题。因此，需要妥善处理“都”“城”在空间使用上的关系，减缓它们之间的冲突。

本研究建议将首都核心区、相关片区、政务街区、管控区等划定为国事优先权区，明确其拥有首都功能优先使用权或者特殊管控权，并建立相应的划区管理机制。为减少对城市功能的影响，要对优先权区的选址和空间位置进行必要性和空间效益研究，努力在有限范围内提高空间组织效率，以减少对城市运营的影响。为提高城市运营效率，针对瞬时性的、必要的大型国事活动，也要划定特殊管控区，明确相应的特殊使用义务。

要依法明确优先区、管控区和特殊管控区的分区划定目标与功能安排、管理程序和活动组织规定。

此外，《京津冀城乡空间规划研究》提出建设“大北京”的区域布局，以便发挥北京超大城市的规模优势，将首都功能的后台服务等非首都功能在区域中适度布局，以减缓“都”与“城”功能牵制，服务区域发展。

13.2.2 确保首都功能的用地能够得到合理利用，妥善处理国家利益与城市公共利益

展现国家的文明标征、协调百姓的正常生活等需要统筹协调国家利益与城市公共利益。

今天，首都核心区政务街区中政务机关用地与一般居住用地混合的布局有其历史原因。中华人民共和国成立初期，社会形势复杂，加之缺乏经济支撑，只能将就现状，使得中央和国家机关驻地与城市街区混在一起。之后为解决机关干部员工的居住问题，出现了机关单位大院等，使得机关办公与居住功能更趋混合，带来交通和安全等管理问题。政务街区的设立，可以在一定程度上化解中央国家机关与普通居住用地过于混杂的难题，提

高机关部门的工作和服务效率，但也面临如何调整和征用已有其他功能用地的问题。

历史上，中央和国家机关除了征用清、民国政府的设施用地外，也征用了部分私人用地、用房。后者征用涉及政策问题，经过多年努力，大部分已解决。首都功能核心区控制性详细规划划定了新的不同功能的街区。对于政务街区，为调整完善政务功能，可能会出现中央国家机关用地与一般城市用地进行交换调整等新的情况，使相关用地能够及时征用，这需要制定用地征用和补偿的必要依据和具体办法。

在实际操作过程中，应按照不同的分区对必要的用地征用进行分层次规定，重点是要将必要的征用限制在有限的范围内。首都功能的用地需求首先是政务街区，其次是为政务服务的服务保障区、重要的管控区，及其国家文化设施用地和国家纪念地等。这些与一般居住生活街区应分开，在用地权属的征用和规划管理方面也要有所区别。

从这个角度来看，为保障政务街区和服务保障街区相对集中与完整，可以将几个街区串联构成一个更大的片区，以处理好高效和安全等方面的要求。然后将代表国家文明、历史纪念、国家公共文化等设施用地等融合进来，满足国家形象、文明标征的建设要求。具体来看，分区保障就是要明确哪些是政务区域和国家文化区域，哪些是服务保障区域和一般居住区域、城市公共服务设施区域。在保障首都功能正常运转的前提下，保护城市公共利益，确保首都功能用地的合理征用、优先使用。

此外，首都核心区承载首都功能的政务街区，承载城市公共服务、居民生活的一般街区的空间布局安排等要制定不同的公共服务标准，这样可以避免所有街区都采取最高标准进行建设管理，也可以避免仅从安全角度考虑，对街区公共服务给予过大限制。

13.2.3　为历史遗产的活化利用提供规范化的法制环境，保护北京老城

中华人民共和国成立初期，首都建设在严酷的国际政治环境和艰难的国家经济状况下进行。梁思成先生提出在古城外西侧设置中央行政区，保

护古城。由于种种原因，尽管开展了一系列研究，梁先生的建议最终未被完全采纳，对首都建设和北京老城保护没有能够及时进行通盘的整体研究和处理。中华人民共和国成立10周年开展十大工程，及其之后天安门广场和长安街两侧的改扩建，奠定了今天北京首都形象的主要基础。北京老城在很长时间内没有能够得到有效维护，老建筑被拆掉不少。为解决居住问题，古城内部分地区进行整治更新，引起了社会关注。吴良镛先生主持的菊儿胡同更新改造在保护老城街巷肌理的同时，探索适合现代生活需要的城市聚落模式。之后，北京开始了对历史街区的保护。随着城市经济社会的迅速发展，人们对首都特色的认识也逐步深化，老城保护和历史文化遗产保护受到高度关注。现实也要求对老城采取更为慎重的保护措施。总体说来，今天北京老城的大格局还在，都城的核心要素没有太大变化，这为弘扬北京都城的中华文明传统留下了重要的条件。

近一段时间以来，社会各界越来越认识到，老城光靠保护不行，重要的是把历史上的古代优秀遗产与今天“都”的现代化功能统筹、协调、整合在一起。保护就是要将历史遗产和特色要素积聚起来；在积聚中寻找适合的机会和场所，予以彰显和强化。北京正在组织中轴线申遗，这是一个好的机会，可以以此为框架，将有价值的相关历史文化遗产和文化要素串联、整合，凸显首都北京的历史文化特色。此外，也需要进一步研究，还有哪些区域、哪些历史要素可以进一步开展保护工作，以进一步弘扬都城的历史特色。这些区域、历史要素肯定不只是历史建筑、文物保护单位、历史街区等有形部分，也包括城市格局、历史事件等，所有这些也需要相应的机制，包括立法将其保护起来。

老城和历史文物遗产、历史建筑的保护，重在保护同时的活化利用。部分国家机构适度利用历史文化遗产进行保护性的活化利用，有利于发挥历史文化遗产的当代价值，服务国家文化凝聚力。对历史文化遗产的积极保护、活化利用也要有利于提高历史文化遗产的保护修缮水平。鉴于文物保护单位等历史文化遗产的重要性，相关的积极保护、活化利用需要立法予以规范和限制。

从中华人民共和国成立后城市历史保护的过程来看，有些经验是至关重要的。通过对历史文化遗产的积极保护，可以减缓城市发展的消极因素对都城历史的侵蚀。提升都城定位的国家文化凝聚价值，也为北京历史文化遗产保护提出了更高要求。

13.3　从国家治理高度，为完善首都空间布局提供法律保障

党的十九届四中全会强调了国家治理体系和治理能力的现代化。首都作为最重要的国家中心城市，在空间组织上，应该成为国家治理体系和治理能力现代化的重要形式组成部分；在规划管理机制上，应该成为国家治理体系和治理能力现代化的一个重要功能表现。

首都功能的空间布局的立法治理，可以探索多种方法，既可以对首都空间布局单独立法，也可以在相关法律中制定专门条款对首都功能的空间布局进行明确要求。具体内容可以吸取已有的经验，进行实践探索。

首都功能核心区、相关片区、政务街区以及其他与首都功能有关联的重要地区的规划，都应该从“都”的角度进行统筹处理，但要区分首都和地方事务的差别。国内外实践中有些好的经验、办法可以适度吸纳，用于首都核心区、相关片区、政务街区的规划。以京津冀协同“一核两翼”中的北京副中心、雄安新区、张家口崇礼等规划建设为例，对不符合首都功能空间布局的有关建设活动，在现有负面清单的基础上，可以采取更积极的措施，设定相应的机构和规则，在规划建设审批监督中予以限制。首都规划建设委员会要特别关注处理京津冀协同战略实施中面临的首都功能空间布局的难点和问题。

13.3.1　明确首都规划建设管理的原则、目标和重大事项的管理程序

在首都城市的治理体系中，要进一步深化研究相关的机制架构。近年来，针对国家空间规划体系的改革，中央发布了多个文件，包括党的十八届三中全会通过的《中共中央关于全面深化改革若干重大问题的决定》，2019 年 5 月发布的《中共中央 国务院关于建立国土空间规划体系并监督实施的若干

意见》等，但是针对具体操作实践，有关部委还在持续探索之中。对此，可以利用完善首都功能空间布局的契机，探索“都”与“城”、中央与地方协调的现代化城市治理体系，形成一种制度安排。

长期以来我们对空间规划、城市建设的特殊立法在不断探索之中。难点在于国家和地方、政府与市场的责权划分。对于“都”，要关注首都功能的保障服务；对于“城”，要关注社会、市场的合作经营；对于“都”与“城”，要妥善处理两者之间的协作，合理把握协作的度。

通过立法，处理好保障服务首都功能“都”的国家事务与服务城市功能运作的地方事务的关系；明确服务首都功能的职责范围、原则、目标要求，以及重大项目建设规划的许可、投资、绩效和监督管理等。具体到建设用地的保障、征用、划拨等也要制定必要的法律法规，以维护国家利益。此外，首都核心区、相关片区、政务街区、服务保障区、商业区、生活区等的运营维护、安全保障等也应该要有明确的法律规定。

其中，首都核心区的政务街区、国家文化设施街区、国家纪念地等最为重要，需要制定规划设计、建设管理等方面的法律程序，体现国家最高标准和要求。

13.3.2 突出首都功能的特殊性，做好与相关法律的衔接

服务首都功能也涉及与其他法律的衔接问题，如与城乡规划、文化遗产保护、行政管理、公共安全等相关法律的衔接，所有这些在立法过程中都需要研究完善相应的配套措施。德国《建筑法典》中有补充条款，专门针对特定地区制定特别条款，如对于柏林、不来梅等地区的特殊情况有特别规定。北京作为首都，其规划建设与一般城市不同，特别是首都功能核心区，在立法过程中也可以吸取德国经验，制定特别的规定。从规划管理来看，首都的管理和一般城市管理之间也有区别。就目前情况看，北京的城市规划就非常特殊，《城乡规划法》第二十三条规定，首都的总体规划、详细规划应当统筹考虑中央国家机关用地布局和空间安排的需要。有关首都建设的重大事项，需要上报中央。

首都建设也需要相关法律的跟进和衔接，尤其是与城乡建设、空间规划、文物保护这些相关法律的衔接问题，需要有专门的深入研究。例如，形式上首都功能展现的国家标征，必然涉及国家文物保护单位和历史文化遗产。为此，如何利用文物保护单位和历史文化遗产服务于首都功能，如何保护好文物保护单位和历史文化遗产等问题需要有相应的法律制度安排。此外，如果设立国家纪念地，有些地方也可能会与文物保护相关联。由此，《文物保护法》在修订时也需要研究是否制定特别条款来应对新的情况。

此外，首都核心区、相关片区、政务街区的建设以及本研究提出的相关管控区，在一定程度上也涉及如何处理相关用地的划拨、征用等问题。例如，在实际工作中，国家公园的土地和地上附着物、财产的保护、使用，因为缺乏相应的法律制度，难以符合国家公园要求，造成了一些新的问题。类似情况，如首都功能使用的历史街区、文物保护单位和历史建筑，也都涉及如何处理财产权属和相关的保护制度。我国《宪法》明确保护国家和个人财产，《物权法》也对相关的物役权予以保护，处理不好的话会引发争议，影响“都”的功能建设和运转。所有这些都要在相关的立法过程中予以充分考虑。建议尽早研究特定区域的征用与补偿相关规定，为首都核心区的实施提供保障。

同时，关于“都”与“城”的公共资产及投资建设问题，哪些是要“都”和国家来承担，哪些是要城市来承担，也需要进一步明确。如果根据产权主体划分物权，各政务街区内产权关系错综复杂，对此也应及时制定相关法规调整治理的大致方向。由于缺乏相应的法律规定，在实践中类似资产和产权的问题在过去许多年中都没有办法很好地解决，为此建议及早划定首都核心区的政策分区，划定一些特别区域，把关系理顺，处理此类问题会相对容易一些。

另外，划定的街区以及多个街区组成的功能单元要与治理单元（行政管理）相对统一，并在立法层面上予以支撑。治理单元与空间单元、功能单元的衔接也需要有个调整过程。规划管理，包括规划、实施、评估、监管等程序要求，也要在立法中予以落实，以突出服务首都功能的重要性和特殊性。

13.3.3 完善专门机构，有效管理首都事务

从现状来看，北京首都功能的布局已不限于东城、西城区，首都的安全保卫也不限于与周边地区的统筹协调，首都功能区域布局的进一步融合，使得首都事务的空间治理不能仅靠行政区划的分区管理，需要有一个专门机构，代表国家对首都功能在各尺度和层面进行有效管理。

举例来说，美国华盛顿特区 $100km^2$ 的面积中有 60% 的土地都属于联邦政府，是最大的土地使用方，设置有美国国家首都规划委员会，委员会成员由内政部、司法部、财政部等部门的首长，华盛顿市长以及技术专家干部组成。美国国家首都规划委员会的任务之一是代表联邦政府对华盛顿特区的联邦土地、设施等进行管理，负责编制特区规划；任务之二是代表联邦政府处理与华盛顿都市区各地方的利益冲突，拥有维护和保障联邦利益的权力，以及否决相关内容的权力。在英国，副首相办公室代表联邦政府，对相关规划具有抽审、否决的权力。联邦政府机构是国家资产，由财政部运作，保证联邦资产不能受损。在德国，内政部下设有一个局，负责国家机构和驻外使馆等国家资产的建设、运营、管理。

此外，北京市属部门毕竟不是中央部门，很难要求从国家机关的运行角度把握“都”的需求。正因为对情况不够了解，规划反映“都”的需要不足，缺乏统筹，造成空档比较多，规划对中央各部门的具体需要把握不够，相关的规划布局、政策和战略研究不足，提供服务保障不够完善。首都功能空间布局、服务保障、都城关系处理等事项承担了更高的使命要求，需要进一步完善首都规划建设委员会职能，更加突出地反映首都功能相关部门的诉求。

早在 1995 年，为提高首都建设水平，国务院将首都规划建设委员会列为国务院议事协调机构，发挥了重要作用。2019 年底中共中央办公厅、国务院办公厅联合印发了《关于调整加强首都规划建设委员会组成人员的通知》，将首都规划建设委员会调整为双主任制；同年，首都规划建设委员会全体会议通过了《关于首都规划重大事项向党中央请示报告制度》。

长期以来，北京首都规划建设委员会是一个议事协调机构，办公室设在北京市规划自然资源委员会。2007 年《城乡规划法》规定，首都的总体规划、

详细规划应当统筹考虑中央国家机关用地布局和空间安排需要[3]。这是一个大的进展，说明对中央国家机关用地和空间布局的重视。但是目前来看，这类改革还需要加强。首都功能和中央国家机关的国家利益，应该在首都规划建设中得到进一步的整体保护和体现。

本研究建议加强首都规划建设委员会建设，统筹“都”与“城”的关系，强化“都”的管理职能。类似于美国华盛顿国家首都规划委员会，我国的首都规划建设委员会除了负责首都核心区的规划建设管理外，对首都功能的区域布局、相关区域的规划拥有管理权和否决权。从管理角度来看，还应深化探索规划管理体制改革，解决“都”与“城”协同管理难点。中华人民共和国成立以来，国家机构设置变动比较大，其中有些规律值得进一步研究、理解，总结哪些经验可以固定下来，以利于首都功能空间布局的建设安排。建议首都功能空间布局优化与行政管理体制改革同时推进。

注释

① 《北京城市总体规划（2016年—2035年）》提出：北京市要履行的基本职责是为中央党、军、领导机关的工作服务，为国家的国际交往服务，为科技和教育发展服务，为改善人民群众生活服务。

② 《中华人民共和国立法法》第6条。

③ 《中华人民共和国城乡规划法》第23条。

参考文献

[1] 加文·帕克，乔·多克.规划学核心概念[M].南京：江苏教育出版社，2013.

[2] 默罕默德·A.卡迪尔[M]// 比希瓦普利亚.桑亚尔，等.城市发展，关键的规划理念：宜居性、区域性、治理与反思性实践.南京：译林出版社，2019.

[3] 梁思成.北京：都市计划的无比杰作[J].新观察，1951，2（7–8）.

[4] 吴良镛，等.京津冀地区城乡空间发展规划研究三期报告[M].北京：清华大学出版社，2013.

[5] 吴良镛，等.匠人营国：吴良镛.清华大学人居科学研究展[M].北京：中国建筑工业出版社，2014.

[6] 吴良镛，吴唯佳，等.北京2049空间发展战略研究[M].北京：清华大学出版社，2012.

[7] NCPC. Memorial Trends & Practice in Washinton，D C [R]. 2012.

[8] 申予荣.随着城市建设事业的发和规划远景目标的具体化，客观上要求对北京的城市建设进行更宏观、更规范、更实际的管理[J].北京规划建设，2009（6）：99–101.

[9] Mayor of London. The London Plan，the spatial development strategy for greater London[R]. 2021.

[10] GORDON D L A. Planning twentieth century capital cities[M]. Routledge，2006 .